ライブラリ　物理を理解しよう　5

ここがポイント！

理解しよう
熱・統計力学

鈴木久男●監修／北 孝文●著

数理工学社

監修のことば

「ライブラリ 物理の演習しよう」を学期末試験や大学院入試対策に役立てている方も多いと思いますが，理解できないのでとりあえず解法を覚えるしかない，とりあえずアルゴリズムを記憶しよう，と思ったことはありませんか？解法の理解のため，テキストを見ても，分量が多すぎてよくわからないといった声も良く聞きます．日本でも海外のテキストの翻訳やそれに準拠した内容が教科書に指定されていることも多いのですが，欧米で標準的な教科書は，週3時間の授業を前提としたものであり，日本のように週1時間半程度の授業時間では，よほど自習しないとすべてを理解していくのは難しいと，感じると思います．他方，皆さんのわからない多くの理由が，基本がわからないことに由来しているのです．

このような背景から，皆さんが真に物理を理解して問題を解いていけるように，「ライブラリ 物理を理解しよう」を刊行いたします．このライブラリでは，「ライブラリ 物理の演習しよう」の問題を理解して解けるようになることを目標とします．

ライブラリ第一弾の本書は，「熱・統計力学」です．とにかく基本が重要ですので，内容を欲張らず，最小限理解してほしい事柄に絞っています．執筆者の北先生は，「演習しよう 熱・統計力学」の著者でもあり，北海道大学で長年「熱・統計物理学」の授業を担当されてきたことから，学生が躓きやすい概念を熟知しています．皆さんはこの本のすべてを理解するつもりで繰り返し読んでください．

また，教員の皆さんの中には，学生が理解できないことに悩んでいらっしゃる方も多いと思います．物理学の授業を，より多数の学生に有益な授業となるように，内容を欲張らない本書を教科書として採用することをお勧めします．教科書として採用してくださった教員には，授業用スライドや定期試験問題サンプルなどのコンテンツを用意していますので，ご希望の方は数理工学社までご連絡ください．

さあ皆さん，物理を理解していきましょう！

2022 年 11 月　　監修者　北海道大学　鈴木久男

まえがき

本書の目的は，熱・統計力学の基礎を初学者にできるだけ簡潔明快な形で提示し，短期間での本質の理解と習熟を助けることにある．物理学は，自然界に起こる現象を「数式」という普遍的かつ厳密に再現可能な言葉で記述し，それにより，自然現象の客観的理解と自然界への働きかけを可能にする学問である．この一般則に従い，熱力学の基礎法則と平衡統計力学の原理も，最初から数式の形で簡潔に提示した．

熱・統計力学は現代物理学の根幹の一つであるが，初学者にとっては学びにくい分野の一つに数えられている．その原因の一つが，多くの教科書で採用されている，歴史的な発展を引きずった解説にあるのではないかと推察する．代表例の一つが「熱力学第二法則」で，「クラウジウスの原理」や「トムソンの原理」といった日常的な言葉による表現で法則が最初に提示され，それらの等価性の証明を経て，「カルノー過程」を使った「クラウジウス不等式」の導出へと進むのが標準的な流れの一つである．そのように歴史的な経過を辿って漸く第二法則の数式表現へと到達するのであるが，多くの初学者がこの過程について行くのに四苦八苦し，何が本質なのかわからなくなってしまっているのではないか，と想像する．結果として，第二法則の数式表現を自由自在に使えない，といったことも生じてくる．ニュートン力学を教えるのに，「ニュートンの運動方程式」の歴史的成立過程を辿ることから始めたのでは，初学者は混乱するであろう．統計力学に関しても，理想気体を確率論的に扱ってマクスウェル分布を出す，あるいは，相互作用のない系のエントロピーを組合せ論で数える，ということを初学者に対して最初に行うのは避けるべきである，と考える．相互作用のない系の統計力学的扱いには特殊な要因が加味され，相互作用のある系には適用できないからである．むしろ，まず相互作用のある系でも使える一般的な確率分布を導出し，その適用例として相互作用のない系を扱うのが王道ではなかろうか．

そこで本書では，熱力学の基礎法則を最初から数式で提示し，その意味する所を簡潔に解説し，どのように使用されるのか・役に立つのかを即座に例示する，というアプローチを選んだ．言葉による表現との等価性の証明は後回しにして補遺として加えてある．法則を数式で提示するための数学的準備も入念に行った．さらに，統計力学では，エントロピーの確率表現をまず導出し，それと熱力学の基礎法則を組み合わせて，一般的な熱平衡状態で使える確率分布を導くことへと進んだ．これにより，平衡統計力学の基礎が明快に理解されるのではないか，と考える．より進んだ（Advanced）内容を扱った節・項には，上つき添字 $^{\mathbf{A}}$ をつけて明示し，基礎学習の過程において省略できるようにした．また，エルゴード問題や確率過程論に関しては，全て省いてある．本書で平衡統計力学の基礎固めをした上で，非平衡系や多体系など，より広汎な領域へと進んで行って頂ければと考えている．

自習には，本書の姉妹編である「演習しよう 熱・統計力学」をあわせて活用して頂ければ，理解が一層深まるであろう．また，講義される先生方へ向けては，講義用資料と定期試験問題の例を用意したので，ご活用頂きたい．

本書は，北海道大学で行った熱力学と統計力学の講義と演習の資料を基に作成した．講義時には，受講者である学生諸氏から様々な質問を受け，それらが講義ノートと演習問題の改善に大変役立った．また，数理工学社の田島伸彦氏，鈴木綾子氏，西川遣治氏，仁平貴大氏には執筆に関する有益なご助言を頂いた．ここに衷心より厚く感謝する．本書が読者のお役に立てれば，筆者のこの上ない喜びである．

2022 年 10 月　　　　著者　北　孝文

目　次

本書を教科書としてお使いになる先生方のために，授業用スライドや定期試験問題サンプルなどのコンテンツを用意しております．必要な方はご連絡先を明記のうえ数理工学社編集部（suuri@saiensu.co.jp）までご連絡下さい．

第1章　熱力学の主要概念

まず，熱力学の主要概念を，経験事実に基づいて概説する．厳密な定義は後の章で行う．

1.1　温度と状態方程式

❶ 物質の熱膨張を用いた定義

温度は，熱力学が成立する以前には，物質の熱膨張率を用いて定義されていた．その典型物質の一つに水銀がある．図 1.1 のように，水銀を細い管に入れた「温度計」を用意する．そして，1 気圧下での水の融点および沸点における上端の位置を，それぞれ 0°C および 100°C として目盛りをつけ，その間を百等分して 1°C とする．ここで °C は温度の慣用単位の一つであり，この温度目盛りによる温度を**摂氏温度**という．

しかし，熱膨張率は温度によって変化し，また用いる物質にも依存するので，この定義には曖昧さが残る．

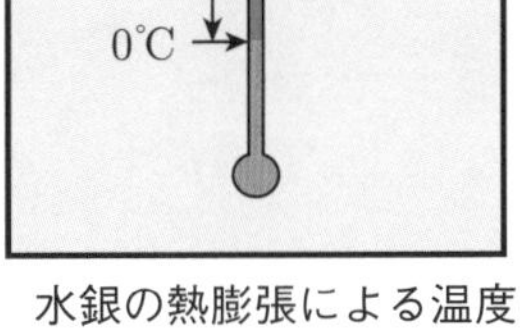

図 1.1　水銀の熱膨張による温度の定義

❷ボイル - シャルルの法則による定義

ボイルは，1662 年，実験により，「気体の圧力 P と体積 V の積は，温度一定の下で不変である」ことを見いだした．つまり，一定温度下の気体について，

$$PV = 一定 \tag{1.1a}$$

が成立する（図 1.2 参照）．これを**ボイルの法則**と呼ぶ．

一方，シャルルは，1787 年，「気体の熱膨張率は，圧力一定の下で一定である」ことを実験により明らかにした．この関係は，T_0 をある正の定数として，次のように数式で表せる（図 1.3 参照）．

$$V = V_0 \frac{t + T_0}{T_0}, \qquad \begin{cases} V_0 & : \ 0\ [^\circ\mathrm{C}]\ での体積 \\ V & : \ t\ [^\circ\mathrm{C}]\ での体積 \end{cases} . \tag{1.1b}$$

T_0 は温度の次元を持ち，室温かつ 1 気圧下での実験によると，273.15 の値を取る．ちなみに，この**シャルルの法則**は，シャルル自身は公表せず，ゲイリュサックが 1802 年に発表した論文で，「シャルルの法則」の名で引用してその名が広まった．シャルルは，水素を詰めた「ガス気球」による世界初の有人飛行（1783 年）を行ったことでも知られる．

(1.1a) 式と (1.1b) 式は，$R' \equiv \frac{PV_0}{T_0}$（$\equiv$ は定義式）を定数として，

$$PV = R'(t + T_0) \tag{1.2}$$

の形にまとめられる．これを**ボイル - シャルルの法則**と呼ぶ．ここで，新たな**温度** T を，t から原点を変更して，

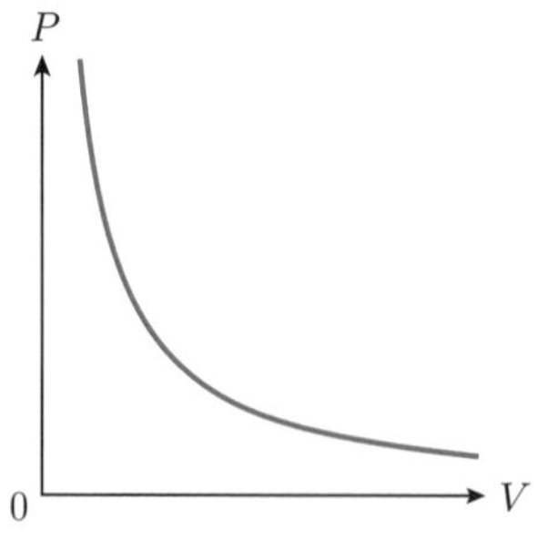

図 1.2　ボイルの法則

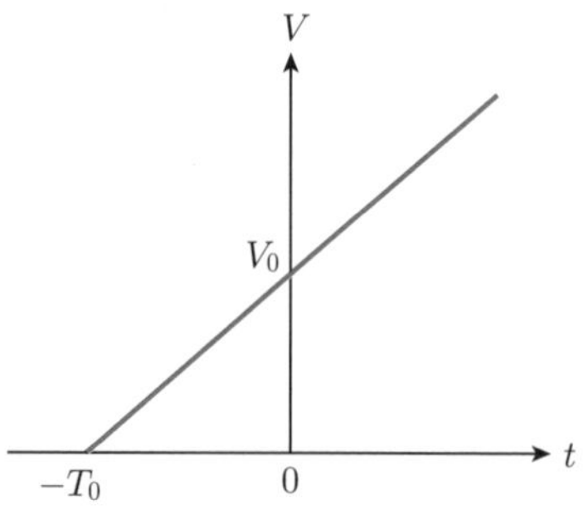

図 1.3　シャルルの法則

$$T \equiv t + T_0 = t + 273.15 \qquad (1.3)$$

により導入する．その単位は K（ケルビン）である．また，物質量の単位を，**アボガドロ数**

$$N_{\mathrm{A}} = 6.022 \times 10^{23} \qquad (1.4)$$

個の分子の集合体に選び，その物質量単位を**モル**（**mol**）と呼ぶことにする．すると，1 モルの場合の (1.2) 式における比例定数 R が，実験から

$$R = 8.314\,[\mathrm{J/mol{\cdot}K}] \qquad (1.5)$$

と得られる．これを**気体定数**と呼ぶ．これらを用いると，n モルの気体に対するボイル - シャルルの法則が，(1.2) 式で $R' = nR$ と置いた式，すなわち，

理想気体の状態方程式　ここがポイント！

$$PV = nRT \qquad (1.6)$$

へと書き換えられる．(1.6) 式より，温度が

$$T = \frac{PV}{nR}$$

により定義できる．

しかし，この定義にも曖昧さが残る．つまり，気体は状態方程式 (1.6) に従うものとみなされているが，それは本当であろうか．この点を突き詰めて考えたのがトムソン（後のケルビン卿）で，「熱機関の最大効率」という普遍概念を用いて絶対温度を定義した（1848 年）．温度 T の単位 K（ケルビン）はその功績に由来する．それは，(1.6) 式と整合するように構成されたのであるが，この点に関しては後述する（4.1 節❸参照）．本書では，(1.6) 式に従う気体があるものと仮定してその温度 T を用いて熱力学の基礎法則を提示し，後に，T が熱機関の最大効率と関連した普遍的な意味を持つことを見る，という論理構成で進めてゆく．結論から言えば，T は理想気体が存在しなくても定義できるのである．

例題 1.1

0°C，1 気圧（$= 1.013 \times 10^5$ [Pa]）の理想気体 1 モルが占める体積を，有効数字 3 桁で求めよ．

【解答】

$$
\begin{aligned}
V &= \frac{RT}{P} \\
&= \frac{8.31 \times 273}{1.013 \times 10^5} = 2.24 \times 10^{-2}\,[\mathrm{m}^3] = 22.4\,[\mathrm{L}]. \quad \blacksquare
\end{aligned}
$$

❸ 状態方程式

実験によると，気体の状態を特徴づける物理量 (V, P, T) は独立ではなく，それらの間に一つの関係式（拘束条件）

$$
f(V, P, T) = 0
$$

が成立する．この関係式を**状態方程式**と呼ぶ．よく知られた状態方程式としては，既に挙げた理想気体の状態方程式 (1.6) や，それを液体領域まで適用できるように拡張した**ファンデルワールスの状態方程式**

$$
\left\{ P + a\left(\frac{n}{V}\right)^2 \right\}(V - nb) = nRT \tag{1.7}
$$

などがある．a と b が新たに導入された二つの正定数であり，それらをゼロとすると (1.6) 式に帰着する．後に 8.1 節で詳しく述べるように，定数 a は分子間に引力が働くことを，また，定数 b は気体を構成する分子に有限の大きさがあることを表している．

❹ 系

熱力学の対象は，上述の気体のように，アボガドロ数 N_{A} 程度の莫大な数の粒子や自由度からなる体系で，その他の例としては，容器内の液体，金属中の電子，磁性体中のスピンなどが挙げられる．このような体系は，単に**系**とも呼ばれる．

1.2　熱平衡状態と熱

❶熱平衡

図 1.4 のように，温度の異なる二つの物体を用意して接触させた後，しばらく放置する．日常経験によると，二つの物体の温度は同一かつ一様になり，その値 T は，最初の二物体の温度 T_{A} と T_{B} の中間に位置する．この「温度が均一な状態」を，大雑把に**熱平衡状態**と定義しよう．より明確な定義は 5.1 節❷で行う．熱平衡でない状態は，**非平衡状態**と呼ばれる．

日常経験では，十分な時間を置くと，必ず熱平衡状態に至る．熱力学は，このことを基本的前提として，理論が組み立てられている．

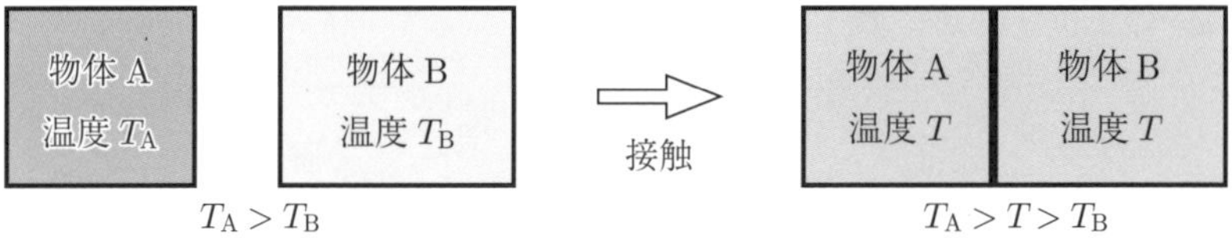

図 1.4　温度の異なる二つの物体の接触

❷熱量

図 1.5 のように，温度の異なる物体を接触させると，その後は温度一定の熱平衡状態へと移行するのであるが，その過程で，高温部から低温部へと移動する何らかの実体があるとみなし，それを**熱**と呼ぶ.「熱」という捉え難いものの本性を理解することは，人類にとっての偉大なる挑戦であった．19 世紀前半に

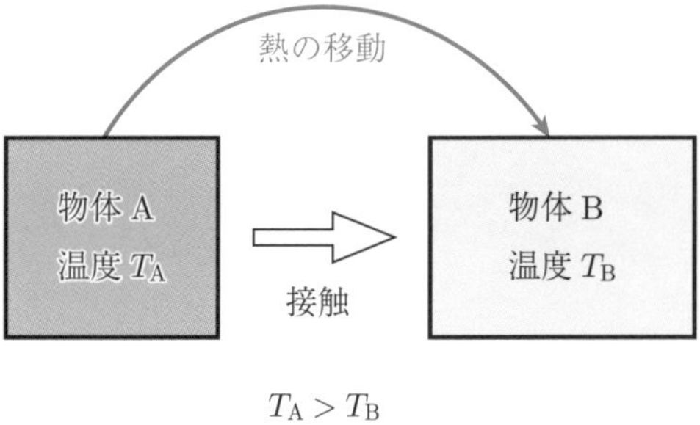

図 1.5　温度の異なる二つの物体の接触

は,「熱は粒子の一種」だとする**熱素説**が広く受け入れられ，熱の波動論も存在していた[1]．その後，デュロンの実験に基づくマイヤーの計算（1842年），および，ジュールの一連の実験（1843年~1847年）により,「熱はエネルギーの一種」であることが確立された．この功績により，エネルギーの単位には，J（ジュール）が使われている．ちなみに，マイヤーの本職は医者であり，ジュールは家業の醸造業を営んでいた[1]．これら二人の「素人科学者」により熱力学の大きな発展がもたらされたことは，熱現象の身近さ・物理学における特殊性と共に，当時の科学を取り巻く状況・雰囲気をよく表している．

熱量の元々の単位は**カロリー**（**cal**）で，歴史的に1カロリーは,「1気圧下で1gの水の温度を1°C上げるのに要する熱量」として定義された.「熱はエネルギーの一種」であることが明らかになった今日では，1カロリーは，直接エネルギーの単位Jを用いて，

$$1\,[\mathrm{cal}] = 4.184\,[\mathrm{J}] \tag{1.8}$$

と定義し直されている．我々が日常取る食事のエネルギーも，このカロリーで表示されている．熱をエネルギーに結びつける(1.8)式は，マイヤーとジュールがその存在を確立した変換式であり，**熱の仕事当量**としても知られている．

例題 1.2

ある成人がある1日に取った食物は2000kcalであった．この熱が体脂肪にならず，全て消費されたとすると，この人の毎秒当りの平均エネルギー消費量は何W（= J/s）か．ただし $1\,[\mathrm{cal}] = 4.2\,[\mathrm{J}]$ とする．

【解答】 $\dfrac{2000 \times 10^3 \times 4.2}{60 \times 60 \times 24} = 97\,[\mathrm{W}]$. ■

❸ 熱容量と比熱

熱容量とは，物質の温度を 1°C 上げるのに要する熱量を意味する．熱容量は，一般に温度の関数で，物質の量にも依存する．物質固有の性質を理解するのに便利なのが，単位量当りの熱容量である**比熱**で，「物質 1 g の温度を 1°C 上げるのに要する熱量」として定義される．表 1.1 は，いくつかの物質の室温付近における比熱の測定値をまとめたものである．水の比熱が大きいのがわかる．これより，表面の半分以上を海に覆われた地球が，「暖まりにくく冷めにくい」という生物の生息に適した条件を持つ理由が理解できる．

単位量として，1 g のかわりに 1 mol を選んだのが**モル比熱**で，本書では専らこのモル比熱を用いる．

表 1.1　**1 気圧 25°C における比熱**

物質	水	鉄	金	銀	銅	アルミニウム
比熱 [cal/g]	1.00	0.107	0.0308	0.056	0.0924	0.215

❹ 熱源

図 1.4 の過程で，物体 A の熱容量が物体 B の熱容量に比べて非常に大きい場合，最終的な熱平衡状態の温度 T は，近似的に

$$T_{\mathrm{B}} < T = T_{\mathrm{A}}$$

を満たすであろう．この場合の（物体 B に対する）物体 A のように，熱を与えてもその温度が変化しないような大きな系を，**熱源**あるいは**熱浴**と呼ぶ．

1.3　過程と仕事

❶ 過程

過程とは,「始状態から終状態までの系の連続変化の経路 C」のことをいう(図 1.6 参照). 過程の中で概念的に重要なのが

準静的過程　ここがポイント！

非常にゆっくりと変化する（熱平衡を常に保つ）過程

である. この準静的過程には,

可逆過程　ここがポイント！

後戻りが可能な過程

であるという性質がある.

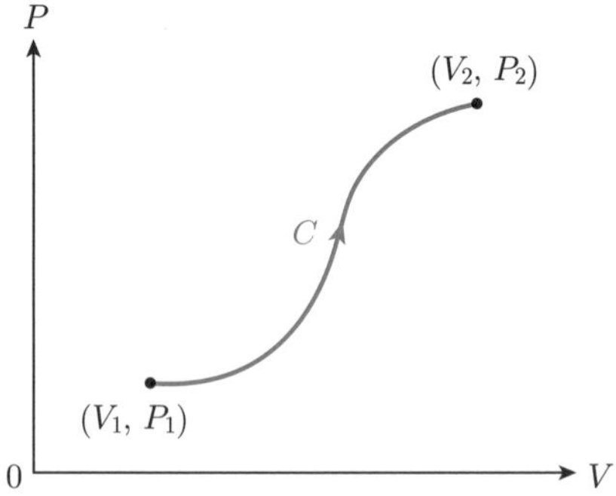

図 1.6　VP 空間での過程

準静的過程や可逆過程は概念的な把握が難しいかもしれない. その理解を助けるには,「準静的」でない**非可逆過程**の例を示すのが有効であろうか. その典型例の一つに, 気体の**自由膨張**がある. 図 1.7(a) のように, 断熱壁で囲まれた箱の左側に気体が入っており, 右側の真空領域と壁で仕切られている. ある時刻に仕切りを取り払う. 日常経験に基づくと, その後の気体は, (b) の非均一な状態（非平衡状態）を経て, (c) の状態すなわち系全体で温度と圧力が一定の熱

(a) 熱平衡　(b) 非平衡　(c) 熱平衡

図 1.7　**気体の自由膨張**

平衡状態に落ち着く．非平衡状態を経るこの過程が「非可逆過程」で，(c) から (a) への自発的な変化は起きない．準静的過程とは，非平衡状態を経ない過程，すなわち，常に系の温度と圧力を均一に保つようなゆっくりとした過程のことである．

過程の中で特別なものに，

循環過程　**ここがポイント!**

始状態と終状態が同じである過程

がある（図 1.8 参照）．蒸気機関やディーゼル機関など，熱を用いて仕事を行う**熱機関**は，全て，熱が関与する循環過程から仕事を取り出している．

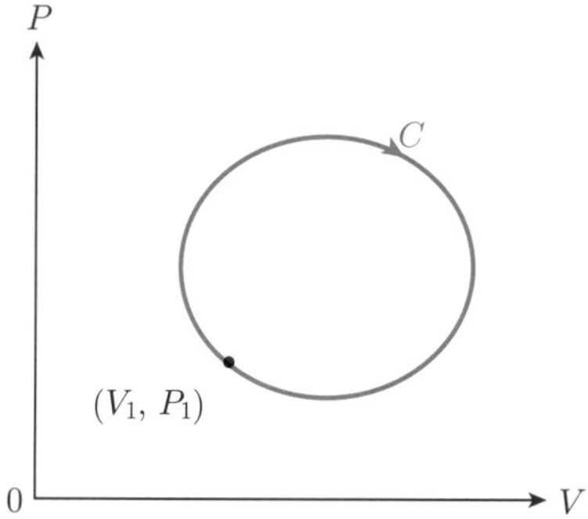

図 1.8　**循環過程**

❷仕事

仕事の典型例として，気体が外部にする**仕事** $-\Delta W$ を考察しよう．熱力学の慣例では，注目する系（この場合は気体）が受け取った仕事を ΔW と定義するので，系が外部にする仕事は $-\Delta W$ と表されることになる．

図 1.9 のように，シリンダー内に気体が閉じ込められ，その圧力 P が外部の力 F によって支えられている状況を考える．

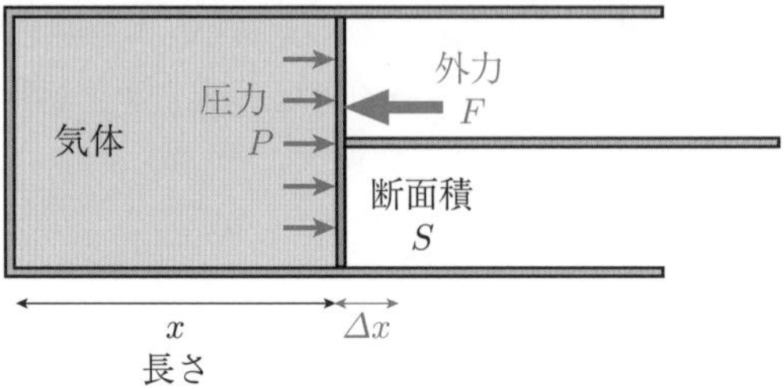

図 1.9　**シリンダー内の気体**

力の釣り合いの条件は，ピストンの断面積を S として，

$$F = PS$$

である．今，気体が閉じ込められている領域の長さが $x \to x + \Delta x$ と微小変化したものとすると，気体が外部にした仕事は，

$$-\Delta W = F\Delta x = PS\Delta x = P\Delta V$$

と表せる．ただし，$\Delta V \equiv S\Delta x$ は気体の微小体積変化である．ここで，変位 Δx が無限小の極限（$\Delta x \to dx$）を取ると，外部への無限小仕事の表式が，

$$-d'W = P\,dV \tag{1.9}$$

と得られる．本書での一般的な表記として，ΔV は有限の微小量を，dV は無限小の微小量を表すものとする．また，無限小仕事 $d'W$ にダッシュがついているのは，仕事が状態量（ポテンシャル）でないことに由来するが，これについては次章で詳しく説明する．圧力 P を用いて表された (1.9) 式は，「準静的過程についての仕事の表式」であることを指摘しておく．

準静的過程で気体が外部にする仕事は，一般に，VP 空間の面積として幾何学的に理解できる．実際，図 1.10 の経路 C の過程で気体が外部にする仕事は，無限小仕事の式 (1.9) を経路 C に沿って積分した（= 足し上げげた）式

$$\begin{aligned} -\Delta W &= \int_{V_1}^{V_2} P\,dV \\ &= \text{水色の領域の面積} \end{aligned}$$

で表せる．さらに，図 1.11 のような循環過程の際に気体がする仕事も，

$$\begin{aligned} -\Delta W &= \oint_C P\,dV \\ &= \int_{\mathrm{I}} P\,dV + \int_{\mathrm{II}} P\,dV \qquad \textbf{II を逆向きに積分} \\ &= \int_{\mathrm{I}} P\,dV - \int_{-\mathrm{II}} P\,dV \\ &= \text{水色の領域の面積} \end{aligned} \tag{1.10}$$

のように，閉領域の面積として幾何学的に理解できる．ここで，一行目右辺の積分記号についた ∘ は，一周積分を表す．

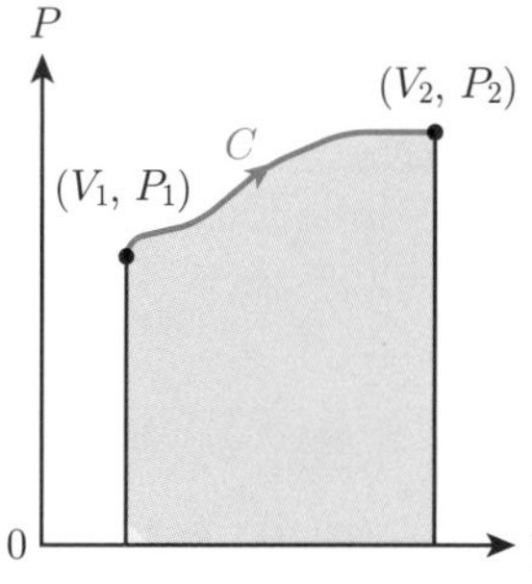

図 1.10　VP 空間での過程と仕事

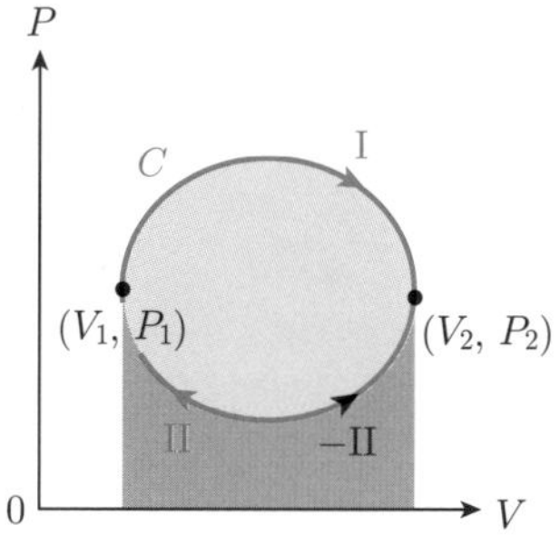

図 1.11　VP 空間での循環過程と仕事

例題 1.3

気体を用いて，VP 空間における楕円

$$\left(\frac{P-P_0}{\Delta P}\right)^2+\left(\frac{V-V_0}{\Delta V}\right)^2=1$$

に沿って時計回りに一周する循環過程を行う．ただし，P_0, ΔP, V_0, ΔV は正の定数で，$0<\Delta P<P_0$, $0<\Delta V<V_0$ を満たす．この一循環過程で気体が外部にする仕事 $-\Delta W$ を求めよ．

【解答】 (1.10) 式より，$-\Delta W$ は VP 平面上の閉曲線で囲まれた領域，すなわち，楕円の面積であることがわかる．従って，

$$-\Delta W=\pi\Delta V\Delta P. \blacksquare$$

演習問題

1.1 水 1 kg を入れた断熱容器の水中に羽根車が設置されている．この羽根車を，質量 1 kg の重りを 1 m 落下させることで引っ張って回した．このとき，水温は何 K 上昇するか．ただし，重力加速度を $9.8\,\mathrm{m/s^2}$，水の比熱を 1 cal/g·K とする．

1.2 15°C の理想気体 1 モルを，等温下で 10 気圧から 1 気圧まで準静的に膨張させる．このとき気体が外部にする仕事は何 J か．

第2章 熱力学を学ぶための数学

熱力学を学ぶには，多変数関数，線積分，ポテンシャル論などの数学の知識が必要である．それらの基礎について解説する．

2.1 偏微分と全微分

❶ 偏微分

初等熱力学で扱うのは，主に，二つの独立変数 x と y を持つ関数 $f(x,y)$ である．f の典型例としては，位置 (x,y) における高度が挙げられる（図 2.1 参照）．f の x 方向の**偏微分**を，

$$\frac{\partial f(x,y)}{\partial x} \equiv \lim_{\Delta x \to 0} \frac{f(x+\Delta x, y) - f(x,y)}{\Delta x} \tag{2.1}$$

で定義する．ここで，$\equiv$ は定義式を表す．すなわち，y を定数と見なして通常の x 微分を行うのである．図 2.1 の地図の例では，(2.1) 式は，位置 (x,y) における $+x$ 方向の**勾配**（gradient）を表す．熱力学では，この偏微分を

$$\frac{\partial f(x,y)}{\partial x} = \left(\frac{\partial f}{\partial x}\right)_y \tag{2.2}$$

とも表現する．すなわち，y 一定の下での微分であることを，下つき添字 y で

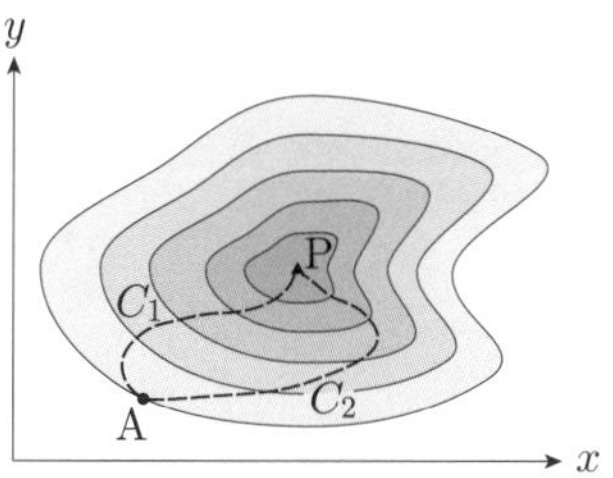

図 2.1　山の等高線と登山道

示すのである．高階の偏微分も同様に定義でき，例えば次のように表される．

$$\begin{aligned}\frac{\partial}{\partial x}\frac{\partial f(x,y)}{\partial x} &\equiv \frac{\partial^2 f(x,y)}{\partial x^2},\\ \frac{\partial}{\partial y}\frac{\partial f(x,y)}{\partial x} &\equiv \frac{\partial^2 f(x,y)}{\partial y \partial x}.\end{aligned} \tag{2.3}$$

例題 2.1

関数 $f(x,y)=x^2y$ について次の偏微分を計算せよ．

(1) $\dfrac{\partial f(x,y)}{\partial x}$, $\dfrac{\partial f(x,y)}{\partial y}$.

(2) $\dfrac{\partial^2 f(x,y)}{\partial x^2}$, $\dfrac{\partial^2 f(x,y)}{\partial y^2}$, $\dfrac{\partial^2 f(x,y)}{\partial y\partial x}$, $\dfrac{\partial^2 f(x,y)}{\partial x\partial y}$.

【解答】

(1)
$$\frac{\partial f(x,y)}{\partial x} = \frac{\partial (x^2y)}{\partial x} = 2xy,$$
$$\frac{\partial f(x,y)}{\partial y} = \frac{\partial (x^2y)}{\partial y} = x^2.$$

(2)
$$\frac{\partial^2 f(x,y)}{\partial x^2} = \frac{\partial}{\partial x}\frac{\partial f(x,y)}{\partial x} = \frac{\partial (2xy)}{\partial x} = 2y,$$
$$\frac{\partial^2 f(x,y)}{\partial y^2} = \frac{\partial}{\partial y}\frac{\partial f(x,y)}{\partial y} = \frac{\partial (x^2)}{\partial y} = 0,$$
$$\frac{\partial^2 f(x,y)}{\partial y\partial x} = \frac{\partial}{\partial y}\frac{\partial f(x,y)}{\partial x} = \frac{\partial (2xy)}{\partial y} = 2x,$$
$$\frac{\partial^2 f(x,y)}{\partial x\partial y} = \frac{\partial}{\partial x}\frac{\partial f(x,y)}{\partial y} = \frac{\partial (x^2)}{\partial x} = 2x. \quad \blacksquare$$

このように，一般に

$$\frac{\partial^2 f(x,y)}{\partial y\partial x} = \frac{\partial^2 f(x,y)}{\partial x\partial y}$$

が成立する．すなわち，x と y についての二階微分は，その順序によらない．

❷ 全微分

x 方向の勾配と y 方向の勾配をまとめて，ベクトルで

$$\nabla f(x,y) \equiv \left(\frac{\partial f(x,y)}{\partial x}, \frac{\partial f(x,y)}{\partial y}\right) \tag{2.4}$$

と表すと便利である．ただし，∇ は

$$\nabla \equiv \left(\frac{\partial}{\partial x}, \frac{\partial}{\partial y}\right) \tag{2.5}$$

で定義されたベクトル演算子**ナブラ**である．(2.4) 式は，簡略化して ∇f とも書かれ，幾何学的には，高度 $f(x,y)$ を持つ山の，位置 (x,y) における**勾配**を表す．この観点から，∇f は,「勾配」を意味する英単語「gradient」の最初の四文字を用いて，$\mathrm{grad}\, f$ のようにも表現される．

勾配 ∇f を用いると，$\boldsymbol{r} \equiv (x,y)$ から $\boldsymbol{r} + d\boldsymbol{r} \equiv (x+dx, y+dy)$ へと無限小移動した際の高さ f の変化 df が，無限小移動のベクトル

$$d\boldsymbol{r} \equiv (dx, dy) \tag{2.6}$$

と勾配 (2.4) を用いて，

$$df = \nabla f \cdot d\boldsymbol{r} = \left(\frac{\partial f}{\partial x}\right)_y dx + \left(\frac{\partial f}{\partial y}\right)_x dy \tag{2.7}$$

と表せる．すなわち，無限小移動に際しての高さの変化 df は，勾配 ∇f と移動ベクトル $d\boldsymbol{r}$ との内積（スカラー積）に等しい．この df を**全微分**という．特に，等高線に沿った微小移動 $d\boldsymbol{r}$ では，高度が変化しない（$df = 0$）ので，

$$\nabla f \cdot d\boldsymbol{r} = 0$$

が成立する．これより,「勾配ベクトルは等高線に垂直」であることがわかる．

記号 dx は,「$+x$ 方向への無限小の変位」を表す．すなわち，(2.1) 式のように，x から $x + \Delta x$ への有限の移動を考え，その変位 Δx が限りなく 0 に近づいた極限が dx である．従って，dx を数とみなして，自由に四則演算を実行できる．例えば，一変数関数 $y = g(x)$ の微分は，次のように書き換えられる．

$$g'(x) = \frac{dg(x)}{dx} \qquad \longleftrightarrow \qquad dg = g'(x)\, dx. \tag{2.8}$$

ただし，二番目の式では，関数 g の引数 x を省略した．この第二の等式は，「x が $x+dx$ へと変化したときの関数 g の増分 dg は，傾き $g'(x)$ に変位 dx をかけたものに等しい」と，直観的・幾何学的に理解できる．なお，$dg = g'(x)\,dx$ は，あくまで dx が無限小の場合にのみ成立することに注意されたい．(2.7) 式も，(dx, dy) が有限の変位 $(\Delta x, \Delta y)$ に置き換わった場合には成り立たないが，その $(\Delta x, \Delta y)$ を無限小とすることで等号が成立するようになるのである．

❸ 偏微分係数の間の恒等式

一つの関係式 $f(x, y, z) = 0$ で結ばれた変数 (x, y, z) の間には，恒等式

$$\left(\frac{\partial x}{\partial y}\right)_z \left(\frac{\partial y}{\partial z}\right)_x \left(\frac{\partial z}{\partial x}\right)_y = -1 \tag{2.9}$$

が成立する．この式は，左辺の微分係数の積がゼロとなるような特殊な点を除いて成立し，$z = z(x, y)$ から $y = y(x, z)$ 等への変数変換に際して便利である．

例題 2.2

(2.9) 式を証明せよ．

【解答】 $z = z(x, y)$ の点 (x, y) における無限小変化は，(2.7) 式より，

$$dz = \left(\frac{\partial z}{\partial x}\right)_y dx + \left(\frac{\partial z}{\partial y}\right)_x dy$$

と表せる．特に，等高線に沿った移動 $(x, y) \to (x+dx, y+dy)$ の場合には，$dz = 0$ より，

$$0 = \left(\frac{\partial z}{\partial x}\right)_y dx + \left(\frac{\partial z}{\partial y}\right)_x dy$$

が成立する．この両辺を dy で割り，「$z =$ 一定」の条件を考慮すると，

$$0 = \left(\frac{\partial z}{\partial x}\right)_y \left(\frac{\partial x}{\partial y}\right)_z + \left(\frac{\partial z}{\partial y}\right)_x$$

が得られる．この両辺に $\left(\frac{\partial y}{\partial z}\right)_x$ を掛けると (2.9) 式となる．■

2.2　微分形式と線積分

(2.7) 式における勾配 $\boldsymbol{\nabla} f$ をベクトル関数

$$\boldsymbol{F}(\boldsymbol{r}) \equiv (F_x(x,y), F_y(x,y)) \tag{2.10}$$

で置き換えたものを**微分形式**と呼び，具体的に次のように表すことにする．

$$d'W \equiv \boldsymbol{F}(\boldsymbol{r}) \cdot d\boldsymbol{r} = F_x(x,y)\,dx + F_y(x,y)\,dy. \tag{2.11}$$

$F_x(x,y)$ と $F_y(x,y)$ は二つの独立な関数で，下つき添字 x, y で区別されている．また，$d'W$ の d' は，(2.7) 式における df の d とは意味が異なるので，$'$ をつけて区別されている．位置 $\boldsymbol{r}$ に依存するベクトル $\boldsymbol{F}(\boldsymbol{r})$ を**ベクトル場**と呼ぶ．例えば台風が接近したときなどの天気予報では，各地点での風の向きと大きさを表す速度場 $\boldsymbol{v}(\boldsymbol{r})$ が，地図上で矢印により可視化されて提供される．(2.11) 式は，$\boldsymbol{F}(\boldsymbol{r})$ が位置 $\boldsymbol{r}$ にある物体に働く力の場合，「物体が $\boldsymbol{r}$ から $\boldsymbol{r}+d\boldsymbol{r}$ へと無限小移動した際に，力 $\boldsymbol{F}$ が物体にした**仕事**」という力学的意味を持つ（図 2.2 参照）．その内積は，移動方向に垂直な力の成分が，仕事に寄与しないことを表している．

この $d'W$ をある経路 C に沿って足し上げる（積分する）と，この経路 C に沿って行った全仕事

$$\Delta W \equiv \int_C d'W = \int_C \boldsymbol{F}(\boldsymbol{r}) \cdot d\boldsymbol{r} \tag{2.12}$$

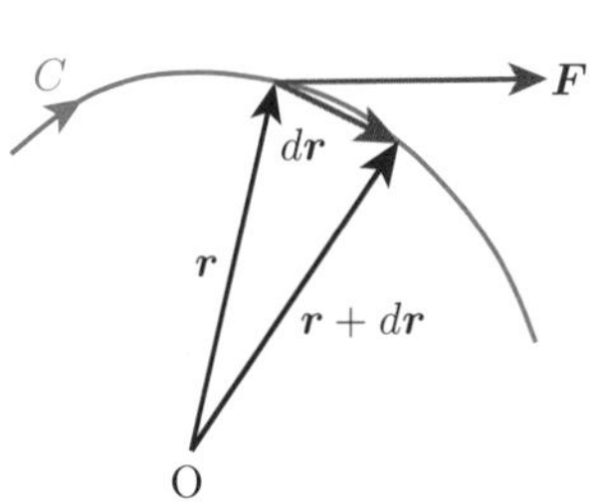

図 2.2　経路 C 上での力 $\boldsymbol{F}$ と微小変位 $d\boldsymbol{r}$

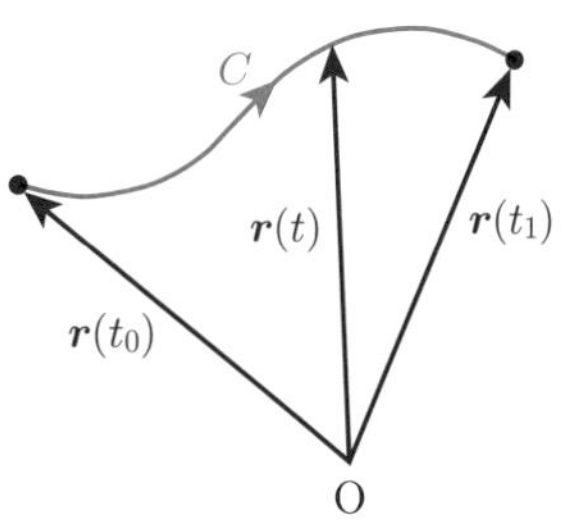

図 2.3　曲線のパラメータ表示

が得られる．経路 C 上でのこの積分を**線積分**と呼ぶ．曲線は，数学的には一次元の物体で，一つのパラメータで表せる．図 2.3 のような有限曲線 C を考えると，その曲線上の位置ベクトルは，適当なパラメータ t を用いて，

$$\boldsymbol{r}(t) = (x(t), y(t)) \quad (t_0 \leq t \leq t_1) \tag{2.13}$$

と表現できる．例えば単位円は，$\boldsymbol{r}(t) = (\cos t, \sin t)$（$0 \leq t \leq 2\pi$）と表せる．従って，以下の例で見るように，線積分も一つのパラメータで表現でき，高校数学の知識で積分を実行できる．

さて，ベクトル関数 $\boldsymbol{F}(\boldsymbol{r})$ を任意に選んだとき，$d'W$ の線積分は一般にたどる道筋に依存するが，経路によらない場合もある．この二つの場合があることを，線積分 (2.12) を実際に実行しながら見ていこう．

例題 2.3

ベクトル場 $\boldsymbol{F}(\boldsymbol{r})$ が次式で与えられる場合について，図 2.4 の経路 C_1 と C_2 に沿って線積分 (2.12) を実行し，それらの値 ΔW_1 と ΔW_2 を比べよ．

(1) $\boldsymbol{F}(\boldsymbol{r}) = (2y, x)$ の場合．

(2) $\boldsymbol{F}(\boldsymbol{r}) = (2xy, x^2)$ の場合．

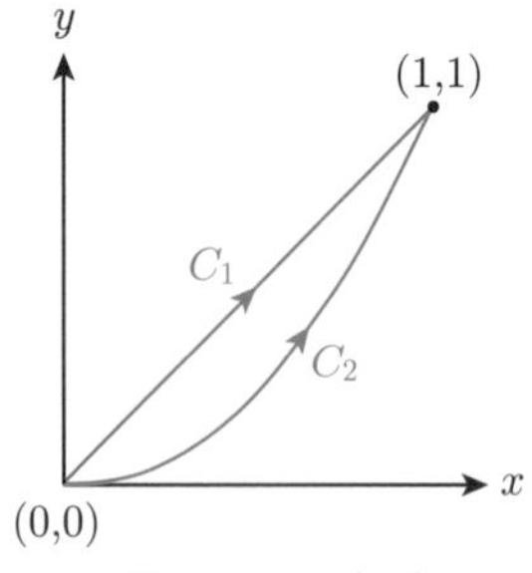

図 2.4 $(0, 0)$ から $(1, 1)$ に至る二つの経路．C_1：直線，C_2：放物線．

【解答】 まず，経路 C_1 と経路 C_2 上の点 $\boldsymbol{r} \equiv (x, y)$ とそこからの無限小変位 $d\boldsymbol{r} \equiv (dx, dy)$ は，パラメータ $t \in [0, 1]$ を用いて，それぞれ

$$C_1: \quad \boldsymbol{r} = (t, t), \quad d\boldsymbol{r} = (dt, dt), \tag{2.14a}$$

$$C_2: \quad \boldsymbol{r} = (t, t^2), \quad d\boldsymbol{r} = (dt, 2t\,dt) \tag{2.14b}$$

と表せる．(2.14b) 式の $d\boldsymbol{r}$ の y 成分は，差

$$(t+dt)^2 - t^2 = 2t\,dt + (dt)^2$$

から無限小量の二乗 $(dt)^2$ を落とすことで得られた．この操作は，dt が無限小であることから正当化される．以上の準備のもとに，線積分を実行しよう．

(1)　$\boldsymbol{F}(\boldsymbol{r}) = (2y, x)$ の場合
　C_1 上の点 $(x, y) = (t, t)$ で受ける力は，$\boldsymbol{F}(\boldsymbol{r}) = (2y, x)$ に $(x, y) = (t, t)$ を代入して，$\boldsymbol{F} = (2t, t)$ と表せる．これと (2.14a) 式の $d\boldsymbol{r} = (dt, dt)$ との内積を取って $d'W$ を構成し，$t \in [0, 1]$ について積分する．具体的に，経路 C_1 に沿った仕事が，次のように求まる．

$$\Delta W_1 \equiv \int_{C_1} d'W = \int_0^1 (2t \cdot dt + t \cdot dt) = \int_0^1 3t\,dt = \frac{3}{2}. \tag{2.15a}$$

一方，C_2 上の一般点は $(x, y) = (t, t^2)$ とパラメータ表示でき，そこで受ける力は，$\boldsymbol{F}(\boldsymbol{r}) = (2y, x)$ より $\boldsymbol{F} = (2t^2, t)$ と表せる．これと (2.14b) 式の $d\boldsymbol{r} = (dt, 2t\,dt)$ との内積を取って $d'W$ を構成し，$t \in [0, 1]$ について積分する．以上を実行すると，経路 C_2 に沿った仕事が，次のように計算できる．

$$\Delta W_2 \equiv \int_{C_2} d'W = \int_0^1 (2t^2 \cdot dt + t \cdot 2t\,dt) = \int_0^1 4t^2\,dt = \frac{4}{3}. \tag{2.15b}$$

このように，$\boldsymbol{F}(\boldsymbol{r}) = (2y, x)$ の場合，ΔW_1 と ΔW_2 は一致しない．

(2)　$\boldsymbol{F}(\boldsymbol{r}) = (2xy, x^2)$ の場合
　C_1 上の点 $(x, y) = (t, t)$ で受ける力は，$\boldsymbol{F}(\boldsymbol{r}) = (2xy, x^2)$ に $(x, y) = (t, t)$ を代入して，$\boldsymbol{F} = (2t^2, t^2)$ と表せる．これと (2.14a) 式の $d\boldsymbol{r} = (dt, dt)$ との内積を取って $d'W$ を構成し，$t \in [0, 1]$ について積分する．具体的に，経路 C_1 に沿った仕事が，次のように求まる．

$$\Delta W_1 \equiv \int_{C_1} d'W = \int_0^1 (2t^2 \cdot dt + t^2 \cdot dt) = \int_0^1 3t^2\,dt = 1. \tag{2.16a}$$

一方，C_2 上の点 $(x, y) = (t, t^2)$ で受ける力は，$\boldsymbol{F} = (2t^3, t^2)$ と表せる．これと (2.14b) 式の $d\boldsymbol{r} = (dt, 2t\,dt)$ との内積を取って $d'W$ を構成し，$t \in [0, 1]$ について積分する．以上を実行すると，経路 C_2 に沿った仕事が，

$$\Delta W_2 \equiv \int_{C_2} d'W = \int_0^1 (2t^3 \cdot dt + t^2 \cdot 2t\,dt) = \int_0^1 4t^3\,dt = 1 \tag{2.16b}$$

と計算できる．今回は ΔW_1 と ΔW_2 の値が一致した．■

2.3 完全微分とその成立条件

❶ 線積分が経路によらないための必要十分条件

(2.15) 式と (2.16) 式の例により，線積分 (2.12) には，積分値が経路による場合とよらない場合があることがわかった．それでは，線積分 (2.12) が経路によらないための条件は何であろうか？ その必要十分条件は，次のようにまとめられる．

定理 2.1 ある二次元領域内で定義された微分形式 $d'W \equiv \boldsymbol{F}(\boldsymbol{r})\cdot d\boldsymbol{r}$ を考える．その線積分が経路に依存しないための必要十分条件は，この領域内で，次式が成立することである．

$$\frac{\partial F_y(\boldsymbol{r})}{\partial x} = \frac{\partial F_x(\boldsymbol{r})}{\partial y}. \tag{2.17}$$

(2.17) 式は，微分形式

$$d'W \equiv \boldsymbol{F}(\boldsymbol{r})\cdot d\boldsymbol{r}$$

の**可積分条件**と呼ばれる．また熱力学では，**マクスウェルの関係式**と呼ばれる重要な関係式となっている．証明は 2.4 節に回して，まず，(2.15) 式と (2.16) 式の場合について，この主張の正否を具体的に確かめる．

例題 2.4

次の二つの場 $\boldsymbol{F} = (F_x, F_y)$ について $\dfrac{\partial F_y}{\partial x}$ と $\dfrac{\partial F_x}{\partial y}$ を計算し，それらが異なるか同じであるかを答えよ．

(1) $\boldsymbol{F}(\boldsymbol{r}) = (2y, x)$ の場合．

(2) $\boldsymbol{F}(\boldsymbol{r}) = (2xy, x^2)$ の場合．

【解答】

(1) $\dfrac{\partial F_y}{\partial x} = 1,\ \dfrac{\partial F_x}{\partial y} = 2.$ ゆえに，$\dfrac{\partial F_y}{\partial x} \neq \dfrac{\partial F_x}{\partial y}.$

(2) $\dfrac{\partial F_y}{\partial x} = 2x,\ \dfrac{\partial F_x}{\partial y} = 2x.$ ゆえに，$\dfrac{\partial F_y}{\partial x} = \dfrac{\partial F_x}{\partial y}.$ ■

❷ 完全微分とポテンシャル

例題 2.3 と例題 2.4 より，定理 2.1 の主張が，

(1)　$\boldsymbol{F}(\boldsymbol{r}) = (2y, x)$

(2)　$\boldsymbol{F}(\boldsymbol{r}) = (2xy, x^2)$

のそれぞれについて，成立していることがわかる．

定理 2.1 の条件を満たす $d'W$ を**完全微分**と呼び，$d'W \to dW$ と書き換えて一般の微分形式と区別する．完全微分 dW は積分可能である．実際，始点 $\boldsymbol{r}_0 \equiv (x_0, y_0)$ を適当に選ぶと，終点 $\boldsymbol{r} \equiv (x, y)$ での積分値は経路によらない．つまり，微分形式 dW に対応した関数

$$W(x, y) \equiv \int_{\boldsymbol{r}_0}^{\boldsymbol{r}} dW = \int_{\boldsymbol{r}_0}^{\boldsymbol{r}} \boldsymbol{F}(\boldsymbol{r}_1) \cdot d\boldsymbol{r}_1 \tag{2.18}$$

が構成できる．この関数 $W(x, y)$ を $\boldsymbol{F}(\boldsymbol{r})$ の**ポテンシャル**と名づける．ただし力学では，慣例として，積分に負符号をつけてポテンシャルが定義される．始点 $\boldsymbol{r}_0$ に依存した定数は，積分定数という意味を持ち，二点間の W の差を考えるときには相殺する．

(2.18) 式の積分は，便利な積分経路を一つ選んで計算すれば良いが，次のようにも実行できる．まず，x 軸に平行な直線に沿って積分する．この経路上では $dy = 0$ であることから，積分変数を x_1 と選び，$dW(x_1, y) = F_x(x_1, y)\, dx_1$ を $x_1 \in [x_0, x]$ について積分すると，

$$W(x, y) = \int_{x_0}^{x} F_x(x_1, y)\, dx_1 + g(y) \tag{2.19a}$$

となる．次に，“積分定数” $g(y)$ を求めるために，「(2.19a) 式の y についての偏微分が $F_y(x, y)$ に一致する」，すなわち，

$$\frac{\partial W(x, y)}{\partial y} = F_y(x, y)$$

を要請する．これより，$g(y)$ の導関数に関する方程式が，

$$g'(y) = F_y(x, y) - \int_{x_0}^{x} \frac{\partial F_x(x_1, y)}{\partial y}\, dx_1 \tag{2.19b}$$

と得られる．この一階の常微分方程式は容易に積分できる．その $g(y)$ を (2.19a) 式に代入することで，$W(x, y)$ が得られる．この導出法では，先に y 積分を行

うことも可能である．

なお，(2.19b) 式の左辺は y のみの関数であるので，右辺も x に依存しないはずである．このことを確かめるために，両辺を x で微分すると，

$$0 = \frac{\partial F_y(x,y)}{\partial x} - \frac{\partial F_x(x,y)}{\partial y}$$

となり，可積分条件 (2.17) が再現された．また，得られた (2.19a) 式の偏導関数は，

$$F_x(x,y) = \frac{\partial W(x,y)}{\partial x}, \quad F_y(x,y) = \frac{\partial W(x,y)}{\partial y} \tag{2.20}$$

を満たす．すなわち，場 $\boldsymbol{F} = (F_x, F_y)$ は，dW を積分して得られる関数 $W(x,y)$ の勾配に他ならない．そして，可積分条件 (2.17) は，

$$\frac{\partial^2 W(x,y)}{\partial y \partial x} = \frac{\partial^2 W(x,y)}{\partial x \partial y}$$

という“当り前の式”となる．

例題 2.5

$\boldsymbol{F}(\boldsymbol{r}) = (2xy, x^2)$ に関する完全微分

$$dW = \boldsymbol{F}(\boldsymbol{r}) \cdot d\boldsymbol{r}$$

を，原点 $(0,0)$ を基準点として積分し，関数 $W(x,y)$ を求めよ．

【解答 1】 便利な積分経路 C として，原点から (x,y) までの直線を選ぶ．C 上の一般の点 $\boldsymbol{r}_1$ は，

$$\boldsymbol{r}_1 = (xt, yt), \quad t \in [0,1]$$

と表せる．また，この点での“力” $\boldsymbol{F}(\boldsymbol{r}_1)$ と微小変位 $d\boldsymbol{r}_1 = (dx_1, dy_1)$ は，それぞれ

$$\boldsymbol{F}(\boldsymbol{r}_1) = (2xyt^2, x^2t^2),$$
$$d\boldsymbol{r}_1 = (x\,dt, y\,dt)$$

と得られる．従って，経路上を $t \to t + dt$ と移動したときの“微小仕事”は，

$$dW = \boldsymbol{F}(\boldsymbol{r}_1) \cdot d\boldsymbol{r}_1 = 2x^2yt^2\,dt + x^2yt^2\,dt = 3x^2yt^2\,dt$$

と表せる．これを 0 から 1 まで積分すると，関数 $W(x,y)$ が

$$W(x,y) = \int_C dW = x^2y \int_0^1 3t^2\,dt = x^2y$$

と求まる．■

【解答 2】　完全微分

$$dW = 2xy\,dx + x^2\,dy$$

を (2.19) 式の方法で積分する．まず，x 軸に平行な経路（$dy = 0$）に沿っての微分方程式

$$dW = 2xy\,dx$$

を x について積分し，

$$W(x,y) = x^2 y + g(y) \tag{2.21}$$

を得る．次に，この $W(x,y)$ について

$$\frac{\partial W(x,y)}{\partial y} = x^2$$

を要請すると，$g(y)$ についての微分方程式が

$$g'(y) = 0$$

となることがわかる．積分すると，$g(y) = a$．ただし，a は積分定数である．この結果を (2.21) 式に代入して，

$$W(x,y) = x^2 y + a.$$

一方，線積分の始点を $(0,0)$ と選んだので，

$$W(0,0) = 0$$

が成立する．従って，$a = 0$．以上より，求める関数が

$$W(x,y) = x^2 y$$

と得られる．■

2.4　定理 2.1 の証明 A

以下では前節の定理 2.1 の証明を行う．詳細に関心のない読者は次節に進んで頂きたい．証明は，(1) グリーンの定理の証明，(2) 定理 2.1 の証明，の二段階で行う．

第一段階として，グリーンの定理を提示してその証明を行う．具体的に，微分形式 $d'W = \boldsymbol{F}(\boldsymbol{r})\cdot d\boldsymbol{r}$ を反時計回りの閉曲線 C 上で一周積分する（図 2.5 参照）．この線積分は，次のように，C で囲まれた領域 R 内の面積分で表せる．

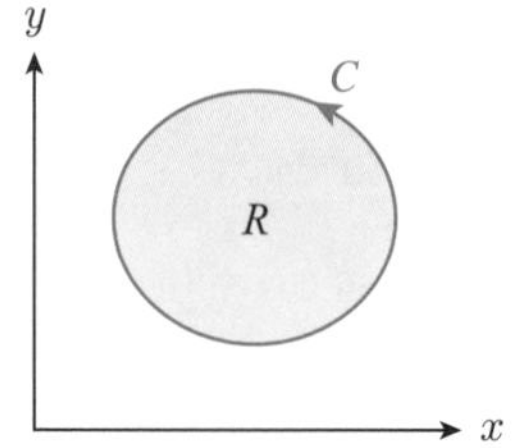

図 2.5　反時計回りの閉曲線 C とその内側の領域 R

定理 2.2　**（グリーンの定理）**

$$\oint_C (F_x\,dx + F_y\,dy) = \iint_R dxdy \left(\frac{\partial F_y}{\partial x} - \frac{\partial F_x}{\partial y} \right). \tag{2.22}$$

左辺の積分記号についた∘は一周積分を表す．一方，右辺は領域 R に関する二重積分で，その詳しい内容は以下の証明で明らかにする．

❶グリーンの定理の証明

まず，(2.22) 式右辺の括弧内第二項の積分を考察する．この積分を，図 2.6(a) のように，① x を決めて縦方向（y 方向）に積分した後，② 横方向に x 積分を実行し，次のように変形する．

$$-\iint_R dxdy \frac{\partial F_x(x,y)}{\partial y} = -\int_{x_1}^{x_2} dx \int_{Y_1(x)}^{Y_2(x)} dy \frac{\partial F_x(x,y)}{\partial y}$$

y 積分は容易に実行できる

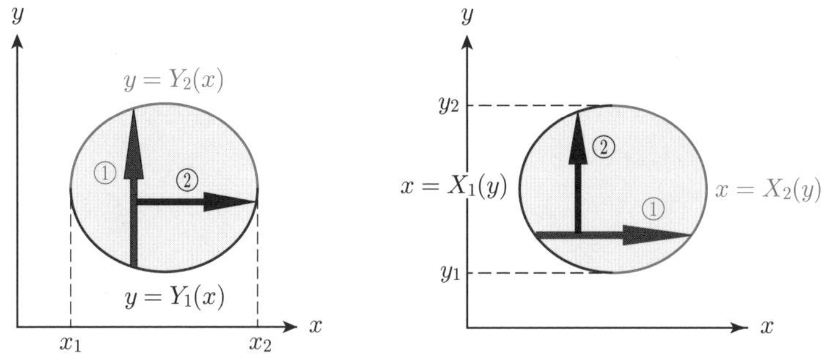

(a) $-\dfrac{\partial F_x}{\partial y}$ の積分　　(b) $\dfrac{\partial F_y}{\partial x}$ の積分

図 2.6　グリーンの定理の証明における二重積分の実行

$$= -\int_{x_1}^{x_2} dx \left\{ F_x(x, Y_2(x)) - F_x(x, Y_1(x)) \right\}$$

第一項で積分の下限と上限を入れ替え

$$= \int_{x_2}^{x_1} dx\, F_x(x, Y_2(x)) + \int_{x_1}^{x_2} dx\, F_x(x, Y_1(x))$$

これは C に沿った反時計回りの線積分

$$= \oint_C F_x(x, y)\, dx. \tag{2.23a}$$

次に，(2.22) 式右辺の括弧内第一項の積分に注目する．この積分を，図 2.6(b) のように，① y を決めて横方向（x 方向）に積分した後，② 縦方向に y 積分を実行し，次のように変形する．

$$\begin{aligned}
\iint_R dxdy \frac{\partial F_y(x, y)}{\partial x} &= \int_{y_1}^{y_2} dy \int_{X_1(y)}^{X_2(y)} dx \frac{\partial F_y(x, y)}{\partial x} \\
&= \int_{y_1}^{y_2} dy \left\{ F_y(X_2(y), y) - F_y(X_1(y), y) \right\} \\
&= \int_{y_1}^{y_2} dy\, F_y(X_2(y), y) + \int_{y_2}^{y_1} dy\, F_y(X_1(y), y) \\
&= \oint_C F_y(x, y)\, dy.
\end{aligned} \tag{2.23b}$$

(2.23a) 式と (2.23b) 式を辺々加えあわせると定理が得られる．■

上の証明における (2.23a) 式の変形は，曲線 C が「一つの x に高々二つの $y = Y_1(x), Y_2(x)$ が対応する二価関数」として表される場合にのみ有効である．従って，例えば図 2.7 のように，曲線 C 上のある $x = x_0$ について「四価関数」となるような場合には，この証明はそのままでは適用できない．しかし，適当な直線 L を引いて C を C_1 と C_2 に分割すると，C_1 と C_2 のそれぞれで上の証明が成立する．そして，挿入した L 上の線積分は，C_1 と C_2 で逆向きとなって相殺される．従って，$C = C_1 + C_2$ についても定理が成立することになる．より一般的な閉曲線の場合も，同様の議論で定理の成立を示すことが可能である．

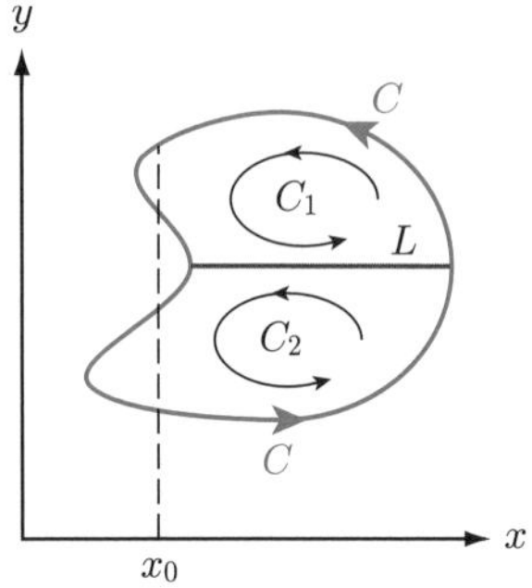

図 2.7　**複雑な閉曲線 C の場合**

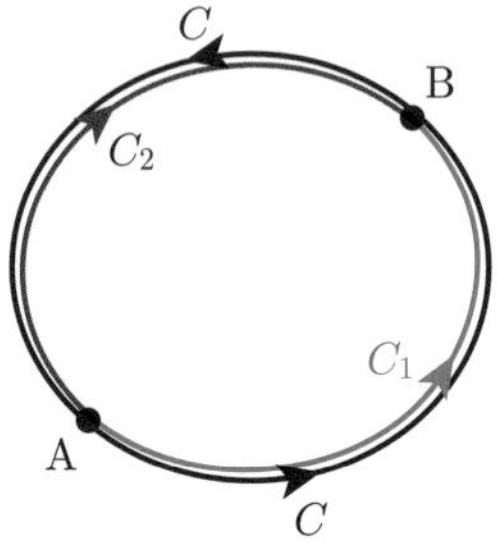

図 2.8　**閉曲線 C を経路 C_1 と C_2 へ分割**

第二段階として，グリーンの定理を用いて定理 2.1 の証明を行う．

❷ 定理 2.1 の証明

グリーンの定理 (2.22) における左辺の閉曲線 C を，図 2.8 における点 A から点 B への二つの経路 C_1 と C_2 に分割する．すると，C_2 が C と逆向きであることを考慮して，(2.22) 式左辺の線積分を書き換えることができ，

$$\int_{C_1} (F_x\,dx + F_y\,dy) - \int_{C_2} (F_x\,dx + F_y\,dy) = \iint_R dxdy \left(\frac{\partial F_y}{\partial x} - \frac{\partial F_x}{\partial y} \right)$$

が得られる．この式より，

$$\left(\text{任意の } C_1 \text{ と } C_2 \text{ で } \int_{C_1} = \int_{C_2} \text{ 成立} \right) \longleftrightarrow \left(\text{領域内で } \frac{\partial F_y}{\partial x} = \frac{\partial F_x}{\partial y} \text{ 成立} \right)$$

が成り立つことがわかる．■

2.5　熱力学と数学

ここでは，上で学んだ数学が，熱力学とどのように関係するのかを簡潔にまとめる．最初から全部わからなくても気にする必要はない．後で見直すと，理解が一層深まるはずである．

熱力学における独立変数は**状態変数**と呼ばれ，粒子数が一定の場合には，体積 V，圧力 P，絶対温度 T の中のいずれか二つを独立変数として用いることができる．実際，実験によると，(V, P, T) の間には，**状態方程式**と呼ばれる一つの関係 $f(V, P, T) = 0$ が存在するので，それらの中の二つのみが独立である．よく知られた状態方程式として，n モルの気体に関する理想気体の状態方程式 (1.6) や，それを液体領域まで拡張したファンデルワールスの状態方程式 (1.7) が挙げられる．状態方程式が成立することから，(V, P, T) は，(2.9) 式に対応した式

$$\left(\frac{\partial P}{\partial T}\right)_V \left(\frac{\partial T}{\partial V}\right)_P \left(\frac{\partial V}{\partial P}\right)_T = -1 \tag{2.24}$$

を満たすこともわかる．例えば，理想気体の場合には，

$$P = \frac{nRT}{V}, \quad T = \frac{PV}{nR}, \quad V = \frac{nRT}{P}$$

と三通りに表せる．これらを用いると，(2.24) 式が成立していることを示せる．

熱力学の**状態量**は，(2.18) 式の下で定義した**ポテンシャル**を意味し，二点間の値の差が経路によらない量である．そして，その微小変化は完全微分で表せる．上述の体積 V，圧力 P，絶対温度 T は状態量である．それらに加え，熱力学第一法則と第二法則により，二つの新たな状態量の存在が確立された．すなわち，**内部エネルギー** U と**エントロピー** S である．内部エネルギーは，力学での**エネルギー**に他ならない．

これらの状態量を，二つの視点から分類する．第一に，分量あるいは系の粒子数の視点で見た状態量は，分量に比例する**示量変数**と，分量に関係のない**示強変数**に分類される．前者の例としては (V, U, S) などがあり，後者の例としては (T, P) が挙げられる．第二に，定義域の観点から状態量を眺めると，エネルギー U や体積 V は，力学的にも定義できることに気づく．そこで，(U, V) を

力学変数と呼ぶことにする．一方，(S, T) の二つの変数は，力学にはない概念で，熱に関係し，熱平衡状態の空間でのみ厳密に定義できる．すなわち，(S, T) は，熱力学固有の**熱力学変数**なのである．また，気体や液体を考察する場合には，圧力 P も熱力学変数となる．なぜなら，気体や液体の圧力を定義する際には，時間に関する統計平均の操作が必要だからである．

熱力学の計算に用いられる経路は，**準静的過程**（非常にゆっくりとした変化）である．準静的過程は，逆向きにたどれる**可逆過程**でもある．可逆過程は，温度 T と圧力 P が厳密に定義できる空間，すなわち，**熱平衡状態**の空間における経路である．そして，それ以外の経路を**非可逆過程**という．図 2.9 のように，粒子数一定の状態は，二つの独立変数 (U, V) で指定することができる．その一つの熱平衡状態 A から別の熱平衡状態 B に移る経路には，熱平衡空間内の経路である様々な可逆過程の他に，熱平衡空間から飛び出てワープする非可逆過程も存在する．その典型例の一つが，図 1.7 で示した気体の自由膨張である．一般に，経路上での時間変化が急激であればあるほど，非平衡度は増す．我々の身のまわりの現象は，そのほとんど全てが非可逆過程である．しかし，熱力学では，温度・圧力の定義できないこの非平衡空間の経路をたどることができない．一方で，始状態 A と終状態 B が熱平衡状態であれば，どの経路をたどろうと，それらの間の状態量の変化は熱力学で計算でき，変化の方向も予測できるのである．

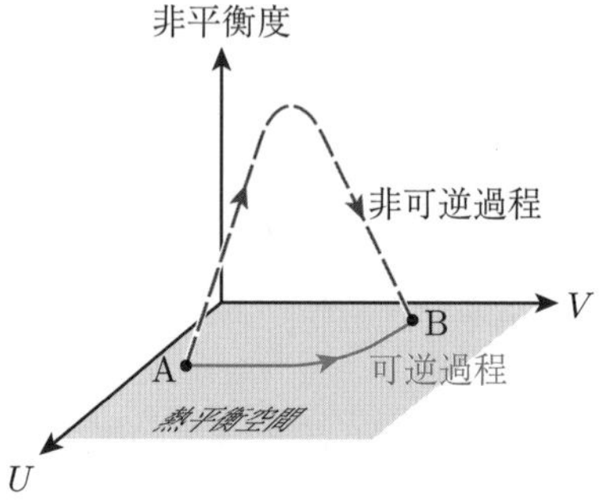

図 2.9　**熱力学での経路**

演習問題

2.1 二変数関数

$$f(x,y) = x^2 + y^2$$

について，以下の問いに答えよ．

(1) 勾配 $\boldsymbol{\nabla} f(x,y)$ を求めよ．

(2) $f(x,y)$ の値が 0, 0.25, 0.5, 0.75, 1 となる等高線の概形を描け．

(3) 点 $(0,0)$, $\left(\dfrac{1}{2},0\right)$, $\left(\dfrac{1}{2},\dfrac{1}{2}\right)$, $\left(0,\dfrac{\sqrt{3}}{2}\right)$, $(-1,0)$ における勾配を，(2) で描いた等高線上に描き入れよ．五つのベクトルについて，方向と相対的な大きさが正しくなるように注意して描くこと．

2.2 関数

$$z = xy + x + 1$$

について，(2.9) 式が成り立っていることを確かめよ．

2.3 ベクトル場 $\boldsymbol{F}(\boldsymbol{r}) \equiv (x,y)$ について考える．ただし $\boldsymbol{r} \equiv (x,y)$ である．

(1) 曲線 C を点 $(0,0)$ から点 $(1,1)$ に至る次のような曲線とする．それぞれの場合について，線積分 $\displaystyle\int_C \boldsymbol{F}\cdot d\boldsymbol{r}$ を計算せよ．

(a) 直線 $\boldsymbol{r} = (t,t)$ $(0 \le t \le 1)$．

(b) 放物線 $\boldsymbol{r} = (t,t^2)$ $(0 \le t \le 1)$．

(c) 円周 $\boldsymbol{r} = (\cos\theta, 1+\sin\theta)$ $(-\frac{\pi}{2} \le \theta \le 0)$．

(2) $\dfrac{\partial F_y}{\partial x} = \dfrac{\partial F_x}{\partial y}$ を確かめよ．

(3) $\boldsymbol{F}(\boldsymbol{r}) = \boldsymbol{\nabla} W(\boldsymbol{r})$ となる関数 $W(x,y)$ を求めよ．

(4) $W(1,1) - W(0,0)$ を計算し，(1) の結果と一致することを確かめよ．

第3章　熱力学の基礎

熱力学の根幹は第一法則と第二法則である．その数式表現を提示し，それを用いて平衡熱力学の基礎を構築する．さらに，平衡熱力学を理想気体に適用し，熱力学ポテンシャルの簡潔な表現が得られることを見る．

3.1　熱力学第一法則と第二法則

❶ 熱力学第一法則

第一法則は，(1) 熱がエネルギーの一種であること，(2)「内部エネルギー」というポテンシャルが存在すること，の二点を主張する．言い換えれば，第一法則は，熱も含めた一般的なエネルギー保存則である．この第一法則は，数式で次のように表現できる．

熱力学第一法則　ここがポイント！

$$d'Q + d'W = dU \tag{3.1}$$

ここで，$d'Q$ と $d'W$ は，図 3.1 のように，注目する系に外部から加えられる微小熱量と微小仕事であり，共に非状態量である．しかし，それらの和 dU は，始点と終点における状態変数（= 独立変数）の値のみで大きさが決まり，変化の経路によらない．つまり，U はポテンシャルで，**内部エネルギー**と呼ばれている．

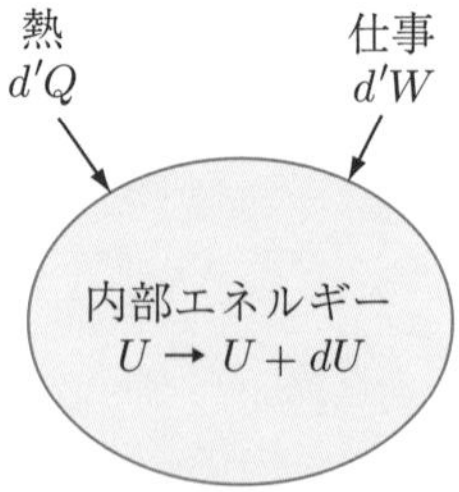

図 3.1　熱力学第一法則

この法則より，次のことも結論づけられる．

ここがポイント！

第一種永久機関は実現不可能である（エネルギーは作り出せない）

例題 3.1

循環過程において系が外部にする仕事 $-\Delta W \equiv -\oint d'W$ は，系が受け取った熱量 $\Delta Q \equiv \oint d'Q$ に等しい．これを証明せよ．

【解答】　循環過程に対して第一法則 (3.1) を線積分すると，

$$\oint d'Q + \oint d'W = \oint dU = 0$$

が得られる．積分記号についた ∘ は一周積分を表す．第二の等式は，dU が完全微分であることに由来する．すなわち，dU の積分は終点と始点における U の関数値の差で表せるが，循環過程では始点と終点が同じであり，差はゼロとなる．これより，循環過程について，

$$-\Delta W = \Delta Q \tag{3.2}$$

が成立することが結論づけられる．■

❷ 熱力学第二法則

第二法則は，(1) 第一法則で同じエネルギーに分類される熱 $d'Q$ と仕事 $d'W$ との質的違いを明確にし，(2)「エントロピー」という状態量が存在することを確立した．具体的に，温度 T が一定の外部熱源から，系に微小熱量 $d'Q$ を加えることを考える（図 3.2 参照）．第二法則によると，$d'Q$ は次の不等式を満たす．

熱力学第二法則（クラウジウス不等式）　**ここがポイント！**

$$d'Q \leq T\,dS \tag{3.3}$$

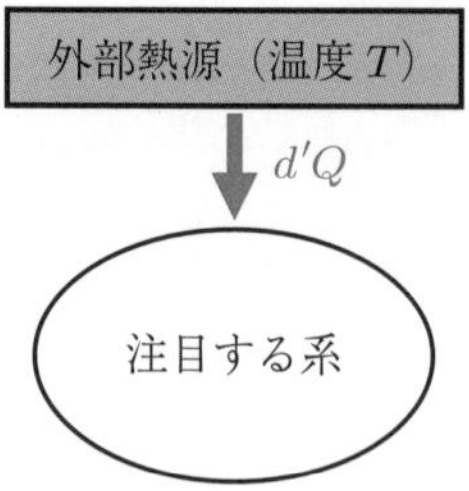

図 3.2　**絶対温度 T の熱源から加えた微小熱量 $d'Q$**

すなわち，系に加えることのできる熱量には上限値があり，その値は，外部熱源の絶対温度 T と，ある完全微分 dS との積に等しい．このような上限値が存在する熱は，仕事と比べると，質の良くないエネルギーなのである．等号が成立するのは,「準静的過程」，すなわち，熱平衡状態の空間を結ぶ「可逆過程」の場合であり，熱平衡空間から飛び出すと不等号となる（図 2.9 参照）．(3.3) 式の始点と終点が共に熱平衡空間にあること，T が外部熱源の温度であること，および，不等号が経路の違いに由来することに注意されたい．新たな状態量 S は，それを導入したクラウジウスにより，**エントロピー**と名づけられた（1865 年）．(3.3) 式は，クラウジウス不等式としても知られている．

第一法則 (3.1) は，完全微分としての内部エネルギーの増分 dU を，仕事 $d'W$ と熱量 $d'Q$ の和として表す．すなわち，仕事も熱も「エネルギー」の一種である．しかし，その一方の担い手である熱量 $d'Q$ には，その源となる外部熱源の絶対温度 T に依存した不等式 (3.3) の制限がつくのである．つまり，この第二法則は，エネルギーとしての熱の特殊性を表現し，同時に，その使える上限値から，エントロピーという新たな状態量が存在することを指摘している．

第一法則と第二法則より，次のことも結論づけられる．

トムソンの原理　　**ここがポイント！**

温度一定の単一熱源から取り込んだ熱を用いて外部に仕事をし，それ以外に何の変化も起こさないような熱機関（**第二種永久機関**）は，実現不可能である．

ここでの**熱機関**とは,「熱の出入りを伴う循環過程」である．

例題 3.2

第一法則 (3.1) と第二法則 (3.3) を用いて，トムソンの原理が成立することを示せ．

【解答】 第二法則 (3.3) を，外部熱源の温度 T が一定の条件下で，任意の循環過程に沿って一周積分すると，

$$\oint d'Q \leq \oint T\,dS = T \oint dS = 0$$

が得られる．ここで，エントロピー S がポテンシャルであることを用いた．すなわち，

$$\Delta Q \equiv \oint d'Q \leq 0$$

が成立する．次に，第一法則 (3.1) を同じ循環過程に沿って一周積分し，U がポテンシャルであることを考慮すると，(3.2) 式，すなわち

$$-\Delta W = \Delta Q$$

が得られる．これら二式より，この循環過程における外部への仕事 $-\Delta W$ が，不等式

$$-\Delta W \leq 0 \tag{3.4}$$

を満たすことがわかる．$-\Delta W$ が正となり得ないことより，単一熱源を用いた循環過程では，外部への仕事はできないことになる．■

歴史的には，トムソンの原理（1851 年）や後述する**クラウジウスの原理**（1850 年）が，最初に第二法則として提唱された．かつて，海から取り込んだ熱のみ（燃料なし）で大洋を航行する船の実現が夢想されたが，トムソンの原理は，それが不可能であることを自然界の基本法則として採用しようというのである．そして，その後約 15 年の歳月を経て，第二法則は簡潔な数式表現 (3.3) へと昇華した[1]．三つの表現は等価であるが，その証明については後述する（4.2 節参照）．実際の計算には専ら数式表現 (3.3) が用いられる．

3.2 平衡熱力学

❶ 平衡熱力学の基本式と定積モル比熱

以下では，(3.3) 式で等号

$$d'Q = T\,dS \tag{3.5}$$

が成立する準静的過程（= 可逆過程）の場合を扱う．また，典型例として n モルの気体を考察する．その場合の微小仕事は，(1.9) 式すなわち

$$d'W = -P\,dV$$

のように表せる．これら二式を (3.1) 式に代入すると，

平衡熱力学の基本式 ここがポイント !

$$dU = T\,dS - P\,dV \tag{3.6}$$

が得られる．

(3.6) 式より，(T, V) を独立変数とするポテンシャル (U, S) の微小変化が，一般的に

$$dU = nC_V\,dT + \left\{T\left(\frac{\partial P}{\partial T}\right)_V - P\right\}dV, \tag{3.7a}$$

$$dS = \frac{nC_V}{T}\,dT + \left(\frac{\partial P}{\partial T}\right)_V dV \tag{3.7b}$$

と表せることが結論づけられる（以下の例題 3.3 参照）．ただし，

$$C_V \equiv \frac{T}{n}\left(\frac{\partial S}{\partial T}\right)_V \tag{3.8}$$

は，準静的定積過程により気体1モルの温度を1K上げるのに必要な熱量，すなわち，**定積モル比熱**である．

例題 3.3

平衡熱力学の基本式 (3.6) から (3.7) 式を導出せよ．

【解答】 (T, V) を独立変数とするポテンシャル (U, S) の微小変化は，一般式 (2.7) に従って，

$$dU = \left(\frac{\partial U}{\partial T}\right)_V dT + \left(\frac{\partial U}{\partial V}\right)_T dV, \tag{3.9a}$$

$$dS = \left(\frac{\partial S}{\partial T}\right)_V dT + \left(\frac{\partial S}{\partial V}\right)_T dV \tag{3.9b}$$

と表せる．これらを (3.6) 式に代入し，dT と dV が任意であることを考慮すると，それらの係数に関する等式

$$\left(\frac{\partial U}{\partial T}\right)_V = T\left(\frac{\partial S}{\partial T}\right)_V, \quad \left(\frac{\partial U}{\partial V}\right)_T = T\left(\frac{\partial S}{\partial V}\right)_T - P \tag{3.10}$$

が導かれる．さらに，ポテンシャル U に関して

$$\frac{\partial^2 U}{\partial V \partial T} = \frac{\partial^2 U}{\partial T \partial V}$$

が成立することから，

$$\frac{\partial}{\partial V}\left(T\frac{\partial S}{\partial T}\right) = \frac{\partial}{\partial T}\left(T\frac{\partial S}{\partial V} - P\right)$$

が成立することも結論づけられる．ただし，表現を簡潔にするため，添字や括弧を省いた．独立変数は (T, V) であることを念頭に，この微分を実行すると，

$$T\frac{\partial^2 S}{\partial V \partial T} = T\frac{\partial^2 S}{\partial T \partial V} + \frac{\partial S}{\partial V} - \frac{\partial P}{\partial T}$$

すなわち，

$$\left(\frac{\partial S}{\partial V}\right)_T = \left(\frac{\partial P}{\partial T}\right)_V \tag{3.11}$$

が得られる．(3.10) 式を (3.9a) 式に代入すると，dU が

$$dU = T\left(\frac{\partial S}{\partial T}\right)_V dT + \left\{T\left(\frac{\partial S}{\partial V}\right)_T - P\right\} dV$$

と表せる．さらに，この式と (3.9b) 式に (3.8) 式と (3.11) 式を用いると，(3.7) 式が得られる．■

ポテンシャルである S の微小変化は，可積分条件 (2.17) を満たす．これより，(3.7b) 式右辺の係数について，

$$\frac{\partial}{\partial V}\left(\frac{nC_V}{T}\right)=\frac{\partial}{\partial T}\left(\frac{\partial P}{\partial T}\right)$$

の関係があること，すなわち，

$$n\frac{\partial C_V}{\partial V}=T\frac{\partial^2 P}{\partial T^2} \tag{3.12}$$

が成り立つことが結論づけられる．(3.7a) 式からも同じ結果が導かれる．熱力学では，$C_V=C_V(T,V)$ と $P=P(T,V)$ を実験から求め，それを (3.7) 式に代入して積分することにより (U,S) を得るのであるが，(3.12) 式は，その実験データの精度を確かめるのに使うことができる．(3.7a) 式からは，内部エネルギーの体積依存性が，

$$\left(\frac{\partial U}{\partial V}\right)_T=T\left(\frac{\partial P}{\partial T}\right)_V-P \tag{3.13}$$

と表せることもわかる．

❷ 定圧モル比熱

次に，定圧モル比熱の表式を求める．(3.7b) 式に $\frac{T}{ndT}$ をかけると，

$$\frac{T}{n}\frac{dS}{dT}=C_V+\frac{T}{n}\left(\frac{\partial P}{\partial T}\right)_V\frac{dV}{dT}$$

となる．さらに，「$P=$ 一定」の条件を置き，(3.5) 式を思い起こすと，準静的定圧過程により気体 1 モルの温度を 1 K だけ上げるのに必要な熱量，すなわち，**定圧モル比熱**

$$C_P\equiv\frac{T}{n}\left(\frac{\partial S}{\partial T}\right)_P \tag{3.14}$$

が，定積モル比熱 (3.8) を用いて，次のように表せることがわかる．

$$C_P=C_V+\frac{T}{n}\left(\frac{\partial P}{\partial T}\right)_V\left(\frac{\partial V}{\partial T}\right)_P. \tag{3.15}$$

この式は，定積モル比熱と定圧モル比熱との間に成立する一般的関係である．

3.3 理想気体への適用

❶ C_V が定数の場合

(3.7) 式と (3.15) 式を理想気体に適用し，比熱についてのマイヤーの関係，内部エネルギーとエントロピーの表式，および，準静的断熱過程に関するポアソンの式を導く．議論を簡潔にするため，

$$C_V = \text{定数} \tag{3.16}$$

の場合を考える．この条件は，常圧で室温近傍の気体について，十分良い精度で満たされている．条件 (3.16) を外した場合への一般化については，❷で言及する．

以下の例題 3.4 で見るように，まず (3.15) 式より，**マイヤーの関係**

$$C_P = C_V + R \tag{3.17}$$

が導ける．また，(3.7) 式より，内部エネルギーとエントロピーが，

$$U(T) = nC_V T + U_0, \tag{3.18a}$$

$$S(T, V) = nC_V \ln T + nR \ln V + S_0 \tag{3.18b}$$

と得られる．ただし $\ln x \equiv \log_e x$ は自然対数，また U_0 と S_0 は定数である．最後に，準静的断熱過程では，**ポアソンの式**

$$PV^\gamma = \text{一定}, \quad \gamma \equiv \frac{C_P}{C_V}：\ \text{比熱比} \tag{3.19}$$

が成り立つ．

例題 3.4

(3.7) 式と (3.15) 式を,「$C_V=$定数」の理想気体に適用し, (3.17), (3.18), (3.19) 式を導け．ただし，理想気体は状態方程式 $PV = nRT$ に従うものとする．

【解答】 理想気体では，状態方程式を $P=\frac{nRT}{V}$ あるいは $V=\frac{nRT}{P}$ と表すことにより，(3.7) 式と (3.15) 式に現れる偏微分が，

$$\left(\frac{\partial P}{\partial T}\right)_V = \frac{nR}{V}, \quad \left(\frac{\partial V}{\partial T}\right)_P = \frac{nR}{P} \tag{3.20}$$

と計算できる．これらの式を (3.15) 式に代入すると，

$$C_P = C_V + \frac{T}{n}\frac{nR}{V}\frac{nR}{P} = C_V + \frac{nRT}{PV}R = C_V + R$$

と変形でき，(3.17) 式を得る．また，

$$\left(\frac{\partial P}{\partial T}\right)_V = \frac{nR}{V}$$

を (3.7) 式に代入すると，内部エネルギーとエントロピーの微小変化が

$$dU = nC_V\,dT + \left(T\frac{nR}{V} - P\right)dV = nC_V\,dT, \tag{3.21a}$$

$$dS = \frac{nC_V}{T}\,dT + \frac{nR}{V}\,dV \tag{3.21b}$$

と得られる．このように，理想気体の内部エネルギーは体積に依存しない．これらの式を「$C_V =$ 定数」の条件の下で不定積分すると，(3.18) 式が得られる．最後に，(3.18b) 式は，対数関数に関する等式

$$a\ln x + b\ln y = \ln(x^a y^b)$$

と (3.17) 式を用いて，

$$S(T,V) = nC_V\ln\bigl(TV^{\gamma-1}\bigr) + S_0 \tag{3.22}$$

へと書き換えられる．ここで，γ は (3.19) 式で定義された比熱比である．特に準静的断熱過程では，(3.5) 式と共に断熱条件 $d'Q = 0$ も成り立つので，エントロピーが変化しない ($dS = 0$)．この条件を (3.22) 式に用いると，準静的断熱過程に関する等式

$$TV^{\gamma-1} = 一定 \tag{3.23}$$

が導かれる．この式に状態方程式 $T=\frac{PV}{nR}$ を代入し，nR が定数であることを考慮すると，(3.19) 式を得る．■

He や Ar のような単原子分子理想気体では，定積モル比熱と γ の値が

$$C_V = \frac{3}{2}R, \quad \gamma = \frac{5}{3} \tag{3.24}$$

となることが実験でわかっており，この値は統計力学的計算でも再現される (11.1 節❶参照)．図 3.3 に，この気体の VP 平面における準静的断熱変化のグラフを，準静的等温変化のグラフと比較して描いた．(3.19) 式右辺の定数は適当に選んである．一般に，理想気体では，断熱変化の方が等温変化より急激な変化を示し，二つの曲線はある一点で交わる．

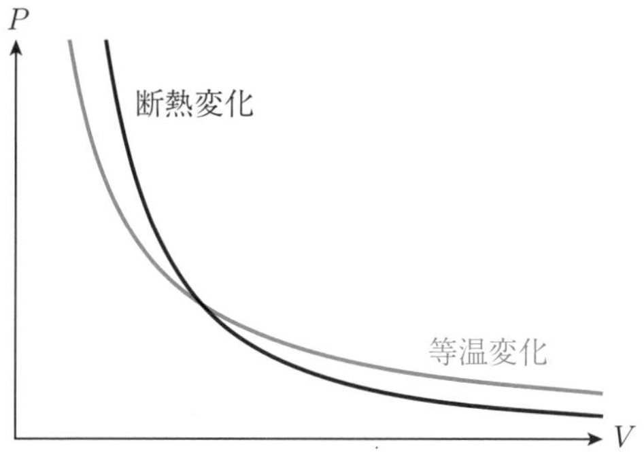

図 3.3　**理想気体の等温変化と断熱変化**

❷ C_V が温度変化する場合

(3.16) 式が成り立たない場合への一般化について述べておく．まず，例題 3.4 の解答におけるその導出からも明らかなように，マイヤーの関係は C_V が温度変化する場合にも成り立つ．一方，(3.18) 式は変更を受け，それらの右辺第一項が，それぞれ

$$n\int_{T_0}^{T} C_V(T_1)\, dT_1, \quad n\int_{T_0}^{T} \frac{C_V(T_1)}{T_1}\, dT_1$$

へと置き換わる．また，(3.19) 式は複雑になり，簡単な数式では書けなくなる．

❸ 内部エネルギーの体積依存性

最後に，理想気体の内部エネルギーが体積によらないという (3.21a) 式の結果について一言付け加える．これが成り立つことは，既に熱力学成立以前に，次のような実験に基づいて主張されていた．ゲイリュサック（1806 年）とジュール（1844 年）は，独立に，気体と熱の性質を調べるために，図 3.4 のような実験を行った[1]．まず，空気を入れた容器を，真空容器と栓をつけて連結し，水中に設置する（図 3.4(a)）．そして，栓を開いて気体を真空中に自由膨張させた．その終状態では，空気が容器内で一様に分布する（図 3.4(b)）．しかし，この過程の前後で，水の温度は変化しなかった．これより，空気の内部エネルギーは，

$$U(T, V_1) = U(T, V_1 + V_2)$$

を満たし，体積に依存しないことが結論づけられる．しかし，実験にはお金と時間がかかった上に，精度も良くなかった[1]．一方，熱力学を知っている我々にとってのこの結論は，(3.13) 式に理想気体の状態方程式 $P = \frac{nRT}{V}$ を代入し，簡単な計算を

$$\left(\frac{\partial U}{\partial V}\right)_T = T\frac{nR}{V} - P = 0$$

と実行することで容易に到達できる．その (3.13) 式は，ポテンシャル (U, S) を用いた平衡熱力学の基本式 (3.6) から導かれた．まさに，熱力学のご利益である．

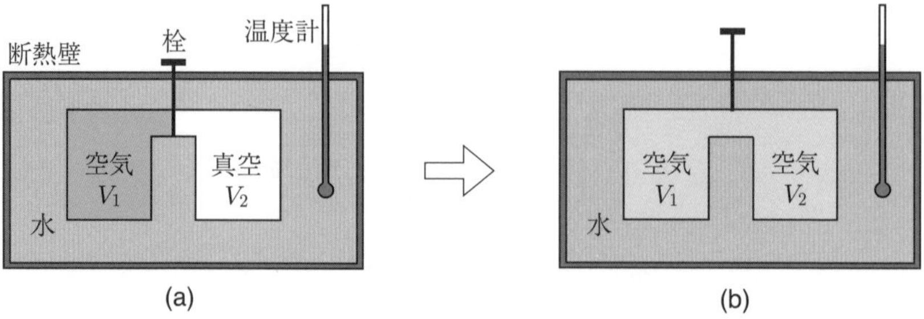

図 3.4　ゲイリュサックとジュールの実験

演習問題

3.1 理想気体 n モルを体積 V_1 の容器に閉じ込めた．その後，体積 V_2 の真空領域との間の仕切りを取り除き，断熱自由膨張させた（図 1.7 参照）．この過程での気体のエントロピー変化を求めよ．

3.2 ポアソンの式 (3.19) を用いて，理想気体の準静的断熱過程に関する以下の問いに答えよ．

(1) 状態方程式 $PV = nRT$ に従う理想気体 n モルを，準静的断熱過程により，VP 平面上の点 (V_1, P_1) から点 (V_2, P_2) へと変化させた．このとき気体が外部にした仕事 $-\Delta W$ と気体の内部エネルギー変化 ΔU を求めよ．

(2) 1 気圧で 27 °C の空気 1 L を，準静的断熱過程により 0.5 L に圧縮した．終状態での空気の温度は何 °C か．ただし，二原子分子である窒素と酸素が主成分の空気は，比熱比 $\gamma = \frac{7}{5}$ を持ち，理想気体と見なせるものとする．

3.3 定積モル比熱 C_V が温度に依存せず，ファンデルワールスの状態方程式

$$P = \frac{nRT}{V - nb} - a\frac{n^2}{V^2}$$

に従う n モルの気体がある．ここで，$R = 8.314$ [J/mol·K] は気体定数，a と b は正の定数である．(3.7) 式を用いて以下の問いに答えよ．

(1) 内部エネルギーの微小変化 dU とエントロピーの微小変化 dS の表式を求めよ．

(2) 定積モル比熱 C_V が体積に依存しないことを示せ．

(3) 内部エネルギー U とエントロピー S の表式を求めよ．

(4) 準静的断熱過程で $T(V - nb)^{\frac{R}{C_V}}$ が変化しないことを示せ．

(5) 真空中への断熱自由膨張により，体積が V_1 から V_2 まで変化した．このときの温度変化を求めよ．

3.4 気体中を伝わる音波の速さ u は，気体の密度 ρ と断熱圧縮率 $\kappa_S \equiv -\frac{1}{V}\left(\frac{\partial V}{\partial P}\right)_S$ を用いて，

$$u = (\rho\kappa_S)^{-\frac{1}{2}}$$

と表すことができる．空気を理想気体とみなし，ポアソンの式 (3.19) を用いて，1 気圧，0 °C における空気中の音速 u [m/s]，および，0 °C と 1 °C の音速の差 Δu [m/s] を求めよ．ただし，空気の分子量 M（$=$ 1 モル当りのグラム数）を 28.9，空気の比熱比 γ を 1.41 とする．また，$|x| \ll 1$ を満たす x について，非常に良い精度で $(1 + x)^{\frac{1}{2}} \approx 1 + \frac{1}{2}x$ と近似できる．

第4章 熱機関・絶対温度・第二法則

熱力学第一法則と第二法則により，熱から仕事を取り出す熱機関の効率に上限があることが結論づけられる．まず，最大の効率を持つカルノー機関を考察する．そして，一般の熱機関の効率に関するカルノーの定理を証明し，絶対温度の再定義を行う．さらに，第二法則の別表現と等価性の証明を行う．

4.1 熱機関と絶対温度

❶ カルノー機関

図 4.1 のように，理想気体の準静的等温過程と準静的断熱過程を用いて，循環過程が構成できる．この可逆な循環過程は，**カルノー過程**と呼ばれ，熱から仕事を取り出す**熱機関**の最初の理論モデルとして，熱力学形成の過程において極めて重要な役割を果たした．カルノー過程による熱機関，すなわちカルノー機関の具体的な操作は，図 4.2 のように行われる．熱の出入りがあるのは過程 I と過程 III である．過程 I で熱量 ΔQ_1 を外部から受け取り，過程 III で外部へ熱量 $-\Delta Q_3$ を捨てるものとすると，循環過程に関する第一法則 (3.2) 式より，その差

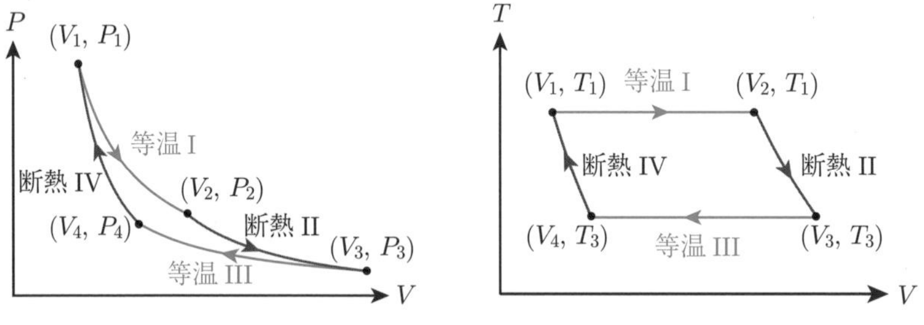

(a) VP 平面上でのカルノー過程　(b) VT 平面上でのカルノー過程

図 4.1 (a) VP 平面上と (b) VT 平面上のカルノー過程

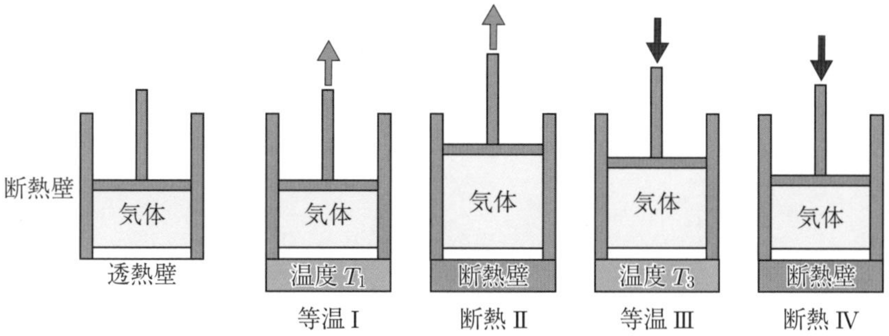

図 4.2　カルノー過程の実際の構成

$$-\Delta W \equiv \Delta Q_1 - (-\Delta Q_3) \tag{4.1}$$

が外部への仕事になる．一般に，二つの熱源を用いた熱機関は，位置エネルギーから仕事を取り出す水車（図 4.3(a)）になぞらえて，図 4.3(b) のように模式化できる．その効率 η を，高温熱源から受け取った熱量 ΔQ_1 のどれだけが外への仕事 $-\Delta W$ となったかの割合

$$\eta \equiv \frac{-\Delta W}{\Delta Q_1} = 1 - \frac{-\Delta Q_3}{\Delta Q_1} \tag{4.2}$$

で定義する．第二の表式は (4.1) 式を代入して得られた．

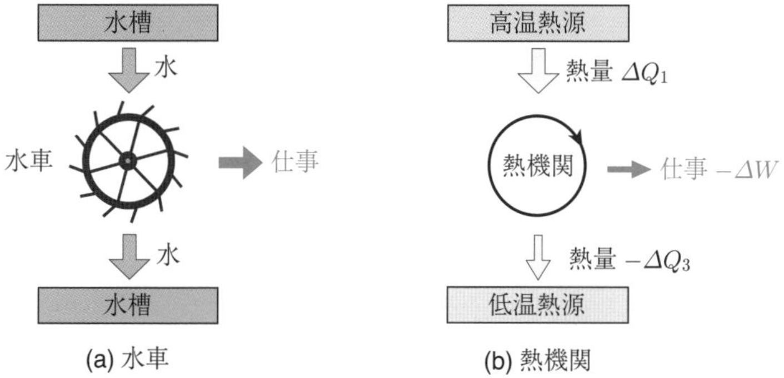

図 4.3　水車と熱機関の比較．負符号は矢印を逆にすると無くなる．

例題 4.1

C_V が一定の理想気体 n モルは，状態方程式 $PV = nRT$ と $\left(\frac{\partial U}{\partial V}\right)_T = 0$ を満たし，準静的断熱過程においてポアソンの式 (3.23) に従う．この理想気体を用いたカルノー機関の効率 (4.2) が，

$$\eta_{\mathrm{C}} = 1 - \frac{T_3}{T_1} \tag{4.3}$$

のように，高温熱源と低温熱源の絶対温度 T_1, T_3 の比で表せることを示せ．

【解答】　まず，準静的断熱過程 II と IV では，それぞれ

$$T_3 V_3^{\gamma-1} = T_1 V_2^{\gamma-1}, \quad T_3 V_4^{\gamma-1} = T_1 V_1^{\gamma-1}$$

が成り立つ．それらを辺々割ると，

$$\left(\frac{V_3}{V_4}\right)^{\gamma-1} = \left(\frac{V_2}{V_1}\right)^{\gamma-1}$$

すなわち

$$\frac{V_3}{V_4} = \frac{V_2}{V_1} \tag{4.4}$$

が得られる．次に等温過程 I と III を考察する．C_V が一定の理想気体の内部エネルギーは (3.18a) 式で与えられ，温度 T のみの関数である．従って，等温過程 I で内部エネルギーは変化せず，第一法則 (3.1) 式より，気体に与えた熱量 ΔQ_1 は全て外への仕事 $-\Delta W_1$ へと変換される．その値は次のように計算できる．

$$\begin{aligned} \Delta Q_1 = -\Delta W_1 &= \int_{V_1}^{V_2} P\, dV = \int_{V_1}^{V_2} \frac{nRT_1}{V}\, dV \\ &= nRT_1 \Big[\ln V\Big]_{V_1}^{V_2} \\ &= nRT_1 \ln \frac{V_2}{V_1}. \end{aligned} \tag{4.5a}$$

同様に，等温過程 III についても，

$$\begin{aligned} \Delta Q_3 = -\Delta W_3 &= nRT_3 \ln \frac{V_4}{V_3} \\ &= -nRT_3 \ln \frac{V_3}{V_4} = -nRT_3 \ln \frac{V_2}{V_1} \end{aligned} \tag{4.5b}$$

が成り立つ．最後の等号では (4.4) 式を代入した．(4.5a) 式と (4.5b) 式を (4.2) 式に代入すると，カルノー機関の効率が (4.3) 式のように求まる．■

❷カルノーの定理

トムソンの原理 (3.4) より，熱機関の効率に関する次の定理が成立する．

> **カルノーの定理**　　ここがポイント！
>
> 温度を決められた二つの熱源の間で働く可逆熱機関の効率は，全て相等しい．また，不可逆熱機関の効率は，可逆熱機関の効率よりも小さい．

【証明】　図 4.4 のような複合循環過程を用いて証明を行う．ただし，図の右側の逆回しにおける熱と仕事の符号は，「順回しにする（= エネルギーの流れと循環過程の矢印を全て逆にする）と，系に加えられる仕事と熱量が無符号になる」ようにつけてある．まず，図中の「一般の熱機関」を駆動する．すなわち，高温部から熱量 ΔQ_1 をこの熱機関（循環過程）に供給して外部に仕事 $-\Delta W$ を行い，余りの熱量 $-\Delta Q_3 > 0$ を低温部に排出する．循環過程では内部エネルギーは変化しないから，第一法則より，

$$\Delta W + \Delta Q_1 + \Delta Q_3 = 0$$

が成立する．この熱機関の効率は，

$$\eta \equiv \frac{-\Delta W}{\Delta Q_1} = \frac{\Delta Q_1 + \Delta Q_3}{\Delta Q_1} = 1 - \frac{-\Delta Q_3}{\Delta Q_1} \tag{4.6a}$$

である．次に，右側の可逆熱機関を逆回しに駆動する．すなわち，外部から仕事 $-\Delta\widetilde{W}$ を供給して，低温部からある熱量 $-\Delta\widetilde{Q}_3$ を取り出し，高温部に熱量 ΔQ_1 を排出する．このとき，高温部での熱の出入りは相殺するように $-\Delta\widetilde{W}$ を調節するものとする．この場合に，外部から全系（一般の熱機関 + 可逆熱機関の逆回し）に加えられた

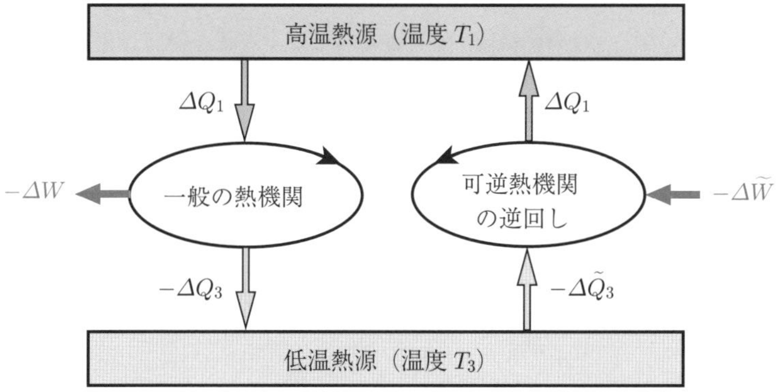

図 4.4　二つの熱源の間で駆動される二つの熱機関

全熱量 ΔQ_{tot}，および，系が外部にした仕事 $-\Delta W_{\mathrm{tot}}$ は，それぞれ

$$\begin{aligned}\Delta Q_{\mathrm{tot}} &= \Delta Q_3 - \Delta\widetilde{Q}_3,\\ -\Delta W_{\mathrm{tot}} &= -\Delta W + \Delta\widetilde{W}\end{aligned} \tag{4.6b}$$

である．循環過程では内部エネルギーは変化しないから，第一法則より

$$-\Delta W_{\mathrm{tot}} = \Delta Q_{\mathrm{tot}} \tag{4.6c}$$

が成立する．さらに，全系は低温熱源のみを用いて駆動されていることに注意すると，単一熱源の熱機関に関するトムソンの原理から，

$$-\Delta W_{\mathrm{tot}} \le 0 \tag{4.6d}$$

が結論づけられる．(4.6d) 式に (4.6c) 式と (4.6b) 式を順次代入すると，

$$0 \ge -\Delta W_{\mathrm{tot}} = \Delta Q_{\mathrm{tot}} = \Delta Q_3 - \Delta\widetilde{Q}_3$$

すなわち，

$$-\Delta Q_3 \ge -\Delta\widetilde{Q}_3 \tag{4.6e}$$

が成り立つことがわかる．(4.6e) 式を用いると，一般の熱機関の効率 (4.6a) が，次の不等式を満たすことがわかる．

$$\eta \equiv 1 - \frac{-\Delta Q_3}{\Delta Q_1} \le 1 - \frac{-\Delta\widetilde{Q}_3}{\Delta Q_1} \equiv \widetilde{\eta}. \tag{4.6f}$$

この不等式の右辺は，図 4.4 右側の循環過程を順方向に駆動する「可逆熱機関」の効率に他ならない．つまり，一般の熱機関の効率は，可逆熱機関の効率を超えることができない．このようにして，第一法則とトムソンの原理に基づき，定理の後半部が証明できた．

もし，図 4.4 の「一般の熱機関」が可逆ならば，全過程を逆回しすることにより，$\eta \ge \widetilde{\eta}$ が証明できる．この不等式を (4.6f) 式とあわせると，$\eta = \widetilde{\eta}$ が得られ，定理の前半部も示すことができた．■

例題 4.2

100°C の高温熱源と 20°C の低温熱源との間で働く熱機関の最大効率を求めよ．

【解答】 $\eta_{\max} = 1 - \dfrac{20+273}{100+273} = \dfrac{80}{373} = 0.214.$ ■

❸熱力学的絶対温度

二つの熱源を用いる可逆熱機関の一つとして，理想気体の循環過程を用いるカルノー機関がある．その効率は，熱源の温度のみを用いて，(4.3) 式のように表せる．従って，一般の熱機関に関する不等式 (4.6f) は，証明中の可逆熱機関としてカルノー機関を用いることで，

$$\eta \equiv 1 - \frac{-\Delta Q_3}{\Delta Q_1} \leq 1 - \frac{T_3}{T_1} \tag{4.7}$$

へと書き換えられる．これは，「熱機関の最大効率」という，作業物質に依存しない普遍量を用いた絶対温度の定義式とも見なせる（次の段落参照）．トムソン（後のケルビン）は，このことを提唱して絶対温度を理想気体の状態方程式と整合するように定義し，「絶対零度」の存在を明らかにした（1848 年）．この業績に因んで，絶対温度の単位は「K（ケルビン）」となっている．

具体的に，高温熱源の温度を $T_1 \to T$，低温熱源の温度を $T_3 \to T_0$，高温熱源から受け取る熱量を $\Delta Q_1 \to \Delta Q$，低温熱源が受け取る熱量を $\Delta Q_3 \to \Delta Q_0$ と置き換えると，最大効率の場合の (4.7) 式は，

$$T = -\frac{\Delta Q}{\Delta Q_0} T_0$$

と表せる．この式は，$T < T_0$ の場合，すなわち高温熱源の温度を T_0 と選んだ場合にも成立し，比 $-\frac{\Delta Q}{\Delta Q_0} > 0$ は作業物質に依存しない．従って，温度の体系は，基準値 T_0 を定める（1 気圧下における氷の融点の温度を 273.15 K とする）ことで完全に決まるのである．

4.2 第二法則の異なる表現とその等価性 A

熱力学第二法則は，数式による表現 (3.3)，トムソンの原理に加えて，次のようにも表せる．

クラウジウスの原理 ここがポイント !

熱を低温熱源から高温熱源に移し，それ以外に何の変化も起こさないようにすることはできない．

三つの表現は等価である．等価性の証明は以下で行う．しかし，実用上は (3.3) 式で十分であるので，先を急ぐ読者はこの節を飛ばして頂きたい．

❶ トムソンの原理からクラウジウス不等式へ

例題 3.2 で，(3.3) 式からトムソンの原理が導けることをみた．逆に，トムソンの原理から (3.3) 式を導くことは，次のように実行できる．

【証明】 図 4.5 のように，二つの熱源を用いて駆動される n 個の可逆循環過程と，n 個の熱源を用いる一つの一般熱機関 E で構成された系を考える．ここでは，熱の流れのみを示し，熱の出入りで符号に区別はつけていない．まず，温度 T_0 の熱源から可逆熱機関 j $(j = 1, 2, \cdots, n)$ に熱量 ΔQ_{j0} を供給して駆動し，温度 T_j を持つ熱源に熱量 ΔQ_j を排出する．ただし，各 ΔQ_{j0} と ΔQ_j は，正負いずれの値も取り得るものとする．各熱機関は可逆であることから，(4.7) 式の等号に相当する等式

$$\frac{\Delta Q_{j0}}{T_0} + \frac{-\Delta Q_j}{T_j} = 0,$$

すなわち

$$\Delta Q_{j0} = T_0 \frac{\Delta Q_j}{T_j}$$

が成立する．次に，各熱源 j $(j = 1, 2, \cdots, n)$ から熱量 ΔQ_j を供給して，一般熱機関 E を駆動する．各可逆熱機関への熱の出入りは相殺するので，全系が受け取った熱量 ΔQ は，単一の熱源 0 から供給される熱量の和

$$\Delta Q = \sum_{j=1}^{n} \Delta Q_{j0} = T_0 \sum_{j=1}^{n} \frac{\Delta Q_j}{T_j}$$

に等しい．循環過程に関する第一法則 (3.2) 式によると，この熱量は，外部への仕事 $-\Delta W$ へと変換される．すなわち，

$$-\Delta W = \Delta Q$$

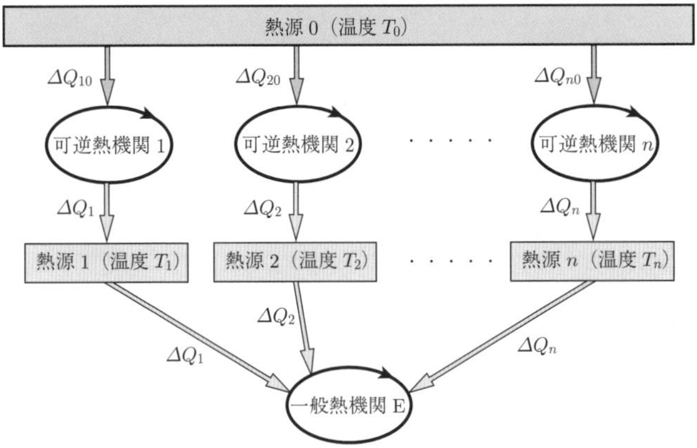

図 4.5　$(n+1)$ 個の熱源で構成される熱機関

が成立する．一方で，各可逆熱機関への熱の出入りが相殺するこの全系は，単一の熱源 0 により駆動されており，トムソンの原理 $-\Delta W \leq 0$ が成立する．この不等式を，上で導いた等式を下から順に用いて書き換えると，

$$0 \geq -\Delta W = \Delta Q = T_0 \sum_{j=1}^{n} \frac{\Delta Q_j}{T_j}$$

が得られる．さらに，上の式で，各 ΔQ_j を無限小にすると共に $n \to \infty$ の極限を取り，不等式が循環過程に関するものであることに注意すると，

$$0 \geq \lim_{n\to\infty} \sum_{j=1}^{n} \frac{\Delta Q_j}{T_j} = \oint \frac{d'Q}{T}$$

が得られる．つまり，

$$\oint \frac{d'Q}{T} \leq 0 \tag{4.8}$$

が成立する．(4.8) 式の等号は可逆過程で成り立つ．

ここで，図 2.9 の A から B に至る一般の過程（general process）を行った後，B から A に可逆過程（reversible process）で戻る閉曲線を考える．(4.8) 式をこの閉曲線に適用し，可逆過程について $dS = \frac{d'Q}{T}$ が成り立つことを考慮すると，

$$\int_{\mathrm{A(G)}}^{\mathrm{B}} \frac{d'Q}{T} + \int_{\mathrm{B(R)}}^{\mathrm{A}} dS \leq 0$$

すなわち

$$\int_{\mathrm{A(G)}}^{\mathrm{B}} \frac{d'Q}{T} \leq S_{\mathrm{B}} - S_{\mathrm{A}} \tag{4.9}$$

が得られる．さらに，A と B の隔たりが無限小の場合を考えると，上の式から積分記号を除くことが可能になり，クラウジウス不等式

$$\frac{d'Q}{T} \leq dS \tag{4.10}$$

が導かれる．このようにして，トムソンの原理からクラウジウス不等式が導出できた．■

この導出過程から，(4.10) 式の始点と終点は共に熱平衡空間にあり，不等号はそれらを結ぶ経路の違いに由来することがわかる．より具体的には，熱平衡空間から飛び出す経路で不等号となる．

❷ トムソンの原理とクラウジウスの原理の等価性

トムソンの原理とクラウジウスの原理の等価性を背理法により証明する．

【証明】 まず，クラウジウスの原理が成り立たないものと仮定する．すると，図 4.6(a) のような過程が可能になる．まず，高温熱源から熱量 $\Delta Q_1 > 0$ を供給して外部へ仕事 $-\Delta W > 0$ をし，残りのエネルギーを熱量 $-\Delta Q_3 > 0$ として低温熱源に排出する．次に，低温熱源から高温熱源に熱量 $-\Delta Q_3$ を移す．すると，全系としては，高温熱源から熱量 $\Delta Q_1 - (-\Delta Q_3) = -\Delta W > 0$ を供給してその全てを仕事に変換したことになる．これは，トムソンの原理に反する．

次に，トムソンの原理が成り立たないものと仮定する．すると，図 4.6(b) のような過程が可能になる．まず，高温熱源から熱量 $\Delta Q_1 > 0$ を第二種永久機関へ供給して，仕事 $-\Delta W = \Delta Q_1$ を行う．そして，その仕事を利用して逆カルノー過程を駆動し，低温熱源から熱量 $-\Delta Q_3 > 0$ を取って高温熱源へ熱量 $\Delta Q_1 - \Delta Q_3 > 0$ を排出する．すると，系全体としては，低温熱源から高温熱源へ熱量 $-\Delta Q_3 > 0$ を移したことになる．これは，クラウジウスの原理に反する．

このようにして，二つの原理が等価であることを示すことができた．

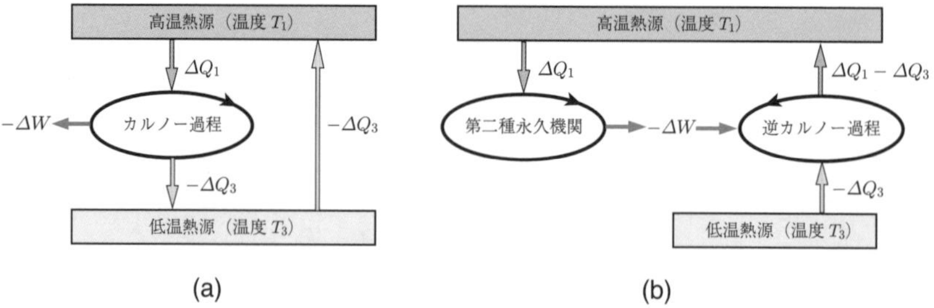

図 4.6　等価性の証明に用いる熱機関　■

演習問題

4.1 理想気体 n モルを用いて，下図のような準静的循環過程（**オットー・サイクル**）を行う．この循環過程は，ガソリンエンジンの理論モデルである．この熱機関の効率 η を，V_1 と V_2 および比熱比 $\gamma = \frac{C_P}{C_V}$ を用いて表せ．ただし，理想気体の定積モル比熱 C_V と定圧モル比熱 C_P は定数であるとする．

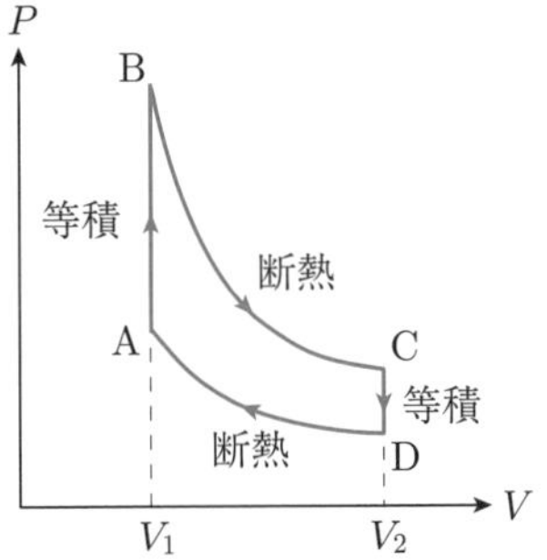

4.2 理想気体 n モルを用いて下図のような準静的循環過程（**ディーゼル・サイクル**）を行う．この熱機関の効率 η を，V_1, V_2, V_3 と比熱比 $\gamma \equiv \frac{C_P}{C_V}$ を用いて表せ．ただし，理想気体の定積モル比熱 C_V と定圧モル比熱 C_P は定数で，マイヤーの関係 $C_P - C_V = R$ が成立するものとする．

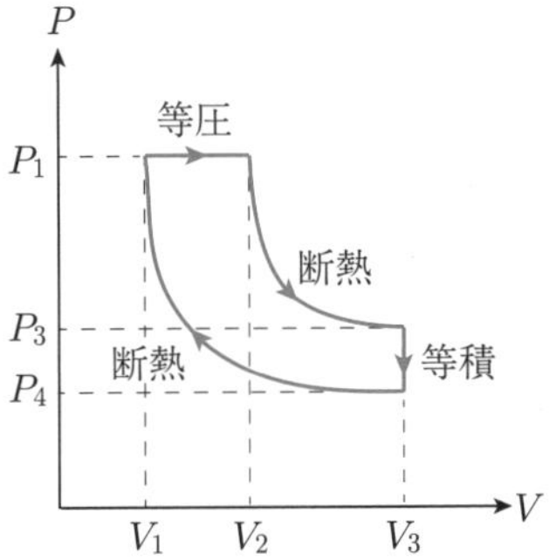

第5章 熱力学ポテンシャル

様々な外部条件の下での熱平衡条件を考察し，対応する熱力学ポテンシャルを「ルジャンドル変換」と呼ばれる数学的手続きで構成する．

5.1 孤立系とエントロピー

❶ エントロピー最大原理

孤立系とは，「外部と熱および仕事のやり取りのない系」のことであり，数式を用いて表すと，「$d'Q = d'W = 0$ が成立している系」であると言い換えられる．(3.1) 式と (3.3) 式に孤立系の条件 $d'Q = d'W = 0$ を代入すると，次の主張が得られる．

エントロピー増大則 ここがポイント！

外界と熱・仕事のやり取りのない孤立系（$dU = d'Q = 0$）では，次の不等式が成立する．

$$dS \geq 0 \tag{5.1}$$

すなわち，(i) 自発的な変化は必ずエントロピーを増大させ，(ii) エントロピーが最大の状態となって変化が終わる．従って，孤立系の熱平衡状態は，与えられた条件下でのエントロピー最大状態である．

この「与えられた条件下」とは，仕事が (1.9) 式で表せる場合，より具体的に「(U, V) が一定の条件下」と言い換えられる．孤立系におけるエントロピーが増大する過程の発生は，外部条件の変化によってもたらされる．例えば，図 1.7 の自由膨張では，突然，系の体積が V_1 から $V_1 + V_2$ へと大きくなり，その後の V は U と共に一定に保たれるが，系は新たな熱平衡状態へと図 1.7(b) の非平衡過程を経て近づいて行き，その際，エントロピーが増大するのである．図 2.9 と演習 3.1 も参照されたい．

❷ 熱平衡条件

平衡熱力学の基本式 (3.6) を，エントロピーを従属変数にして，

$$dS = \frac{1}{T}\,dU + \frac{P}{T}\,dV \tag{5.2}$$

と表す．この式から明らかなように，エントロピーの自然な独立変数は，力学変数 (U, V) である．別の視点では，右辺の係数 $\left(\frac{1}{T}, \frac{P}{T}\right)$ がいずれも示強変数であるのに対し，dU と dV は示量変数 (U, V) の微小変化である．従って，右辺は全体として示量変数の微小変化となっている．これより，エントロピー S も**示量変数**であると結論づけられる．

(5.1) 式と (5.2) 式を用いて，孤立系の熱平衡条件を導こう．図 5.1 のように，熱を通し滑らかに動く可動壁で区切られている孤立系を考え，各部分系 $j = 1, 2$ の内部エネルギーと体積を，それぞれ U_j および V_j で表す．全系 $1+2$ の内部エネルギー U と体積 V は，それらが示量変数であることより，

$$\begin{aligned} U &= U_1 + U_2, \\ V &= V_1 + V_2 \end{aligned} \tag{5.3a}$$

を満たす．同様に，エントロピーに関しても，(U, V) の関数として

$$S(U, V) = S_1(U_1, V_1) + S_2(U_2, V_2) \tag{5.3b}$$

が成立する．

示量性 (5.3) をエントロピー増大則と組み合わせると，孤立系に関する次の熱平衡条件を導くことができる．

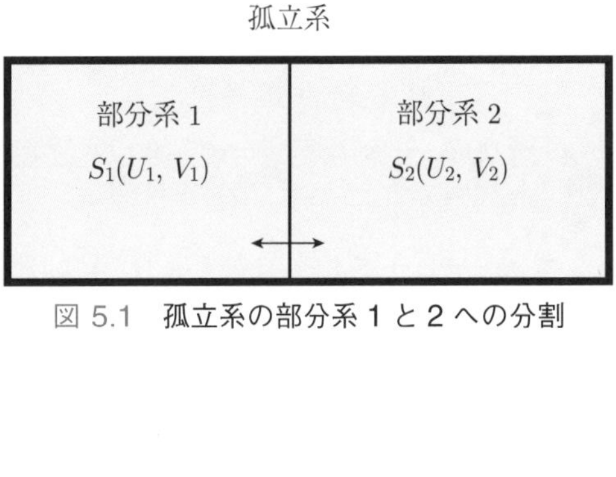

図 5.1　孤立系の部分系 1 と 2 への分割

熱平衡条件 ここがポイント！

孤立系が熱平衡状態にあるための必要条件の一つは，系全体にわたって温度と圧力が一定であることである．

例題 5.1

上記の熱平衡条件を証明せよ．

【解答】 孤立系を図 5.1 のように二つの部分系に分ける．今，独立変数が (U_j, V_j) $(j = 1, 2)$ のところで熱平衡状態にあるものとし，そこからの仮想的な変化 $(U_j, V_j) \to (U_j + \delta U_j, V_j + \delta V_j)$ を考える．ここでは，仮想的な微小変化を δ で表し，現実の微小変化 d と区別した．すると，孤立系の熱平衡条件である「全系のエントロピー S が最大となっている」ための必要条件の一つは，「エントロピーの仮想的変化

$$\varDelta S \equiv \sum_{j=1}^{2} \left\{ S_j(U_j + \delta U_j, V_j + \delta V_j) - S_j(U_j, V_j) \right\} \tag{5.4}$$

が，$(\delta U_j, \delta V_j)$ の一次の範囲でゼロになる」ことである．これは，なだらかな山の頂において，その勾配がどちらの方向にもゼロとなっている，すなわち山頂が平らであることに対応する．一方，孤立系では (U, V) が一定なので，(5.3a) 式より，

$$\delta U_1 + \delta U_2 = 0, \quad \delta V_1 + \delta V_2 = 0 \tag{5.5}$$

が成立する．このことを念頭に，上記の必要条件を書き下して，(5.2) 式と (5.5) 式を用いて次のように変形する．

$$\begin{aligned} 0 &= \sum_{j=1}^{2} \left\{ \left(\frac{\partial S_j}{\partial U_j} \right)_{V_j} \delta U_j + \left(\frac{\partial S_j}{\partial V_j} \right)_{U_j} \delta V_j \right\} = \sum_{j=1}^{2} \left(\frac{1}{T_j} \delta U_j + \frac{P_j}{T_j} \delta V_j \right) \\ &= \left(\frac{1}{T_1} - \frac{1}{T_2} \right) \delta U_1 + \left(\frac{P_1}{T_1} - \frac{P_2}{T_2} \right) \delta V_1. \end{aligned} \tag{5.6}$$

この式が任意の仮想的変化 $(\delta U_1, \delta V_1)$ に対して成立するための必要十分条件は，

$$T_1 = T_2, \quad P_1 = P_2 \tag{5.7}$$

が成立することである．さらに，各部分系を次々と二つに分割して同様の考察を行うことで，上記の熱平衡条件が成り立つことがわかる．■

熱力学変数であるエントロピー S は，力学変数 (U, V) の関数として，(5.2) 式により導入された．その勾配によりもう二つの熱力学変数 (T, P) が定義され，それらは示強変数で熱平衡条件に関連していることが明らかになった．

5.2　変化の向きと熱力学ポテンシャル

様々な外部条件の下で自発的に起こる変化の向き，および，その落ち着き先の熱平衡状態は，クラウジウス不等式 (3.3) から導くことができる．前節では，孤立系で起こる熱平衡状態 A から熱平衡状態 B への自発的な変化（図 2.9 の非可逆過程参照）は，不等式 (5.1) を満たし，エントロピーが最大となって変化が終わることを学んだ．ここでは，同様の考察を，外部条件を変えて統一的に行う．そして，それぞれの熱平衡状態を記述するのに適した**熱力学ポテンシャル**を導入する．

❶ ヘルムホルツ自由エネルギー

まず，外部熱源との熱のやり取りがある状況，すなわち等温下での自発的変化を考える．第一法則 (3.1) を外部への仕事が左辺に来るように移項し，クラウジウス不等式 (3.3) を用いて，

$$-d'W = -dU + d'Q \leq -dU + T\,dS = -d(U - TS)$$

と書き換える．ただし，最後の等式では，関数の積についての微分公式 $d(TS) = T\,dS + S\,dT$ と等温条件 $dT = 0$ を用いた．この T は外部熱源の温度である．ここで，新たな熱力学ポテンシャルである

ヘルムホルツ自由エネルギー　ここがポイント!

$$F \equiv U - TS \tag{5.8}$$

を導入する．すると，上の不等式は，簡潔に

（等温下での）最大仕事の原理　ここがポイント!

$$-d'W \leq -dF \tag{5.9}$$

と表せる．すなわち，等温条件下で外部へすることのできる仕事 $-d'W$ には上限値があり，その値はヘルムホルツ自由エネルギーの減少量 $-dF$ に等しい．このことから，F は等温条件下で使用できる「自由なエネルギー」という意味を

持つことがわかる．さらに (5.8) 式を見ると，内部エネルギー U の中で使えない部分が TS であるとも理解できる．このように，エントロピーは使えないエネルギーと関連している．

特に $d'W = 0$ の場合，すなわち外部からの仕事がない場合には，(5.9) 式は

等温下での自発的変化に関する不等式　ここがポイント !

$$dF \leq 0 \tag{5.10}$$

へと簡略化される．この式によると，定温の外部熱源と熱的に接触した状態で起こる自発的な変化は，F を減少させる方向に進み，その最小値に対応する状態，すなわち熱平衡状態に至って変化が終わる．例としては，図 1.7 の断熱壁を，熱を通す壁に取り換えた場合の変化が挙げられ，対応する終状態 (c) は，体積 $V_1 + V_2$ が一定の条件下での F の最小状態である．

ヘルムホルツ自由エネルギー (5.8) は，数学的観点からも整理できる．そこに現れる内部エネルギー U の微小変化は，熱力学の基本式

$$dU = T\,dS - P\,dV$$

に従い，その S 方向の勾配が温度 T である．そして (5.8) 式は，独立変数を S から T に取り換える

ルジャンドル変換　ここがポイント !

$$T \equiv \left(\frac{\partial U}{\partial S}\right)_V, \quad F(T,V) = U(S,V) - TS \tag{5.11}$$

という数学的操作になっている．すなわち，F の自然な独立変数は (T,V) である．実際，F の微小変化は，$dF = dU - d(TS)$ の右辺に $dU = T\,dS - P\,dV$ と $d(TS) = T\,dS + S\,dT$ を代入することにより，

$$dF = -S\,dT - P\,dV \tag{5.12}$$

のように，(dT, dV) を用いて表される．また，F がポテンシャルであることから，勾配 $\boldsymbol{\nabla} F = (-S, -P)$ の成分間に，可積分条件である**マクスウェルの関係式**

$$\left(\frac{\partial S}{\partial V}\right)_T = \left(\frac{\partial P}{\partial T}\right)_V \tag{5.13}$$

が成立する．これは，以前に導いた (3.11) 式に他ならない．

ルジャンドル変換は，熱力学の他にも物理学で広く用いられる．典型例としては，力学において速度 $\boldsymbol{v}$ を独立変数とするラグランジアン L から，運動量 $\boldsymbol{p} \equiv \frac{\partial L}{\partial \boldsymbol{v}}$ を独立変数とするハミルトニアン $H \equiv \boldsymbol{p} \cdot \boldsymbol{v} - L$ への変換が挙げられる（ただし符号は異なる）．

❷ギブス自由エネルギー

5.2 節❶と同様の考察を，独立変数を V から P に取り換えて行う．すると，等温等圧条件下における自発的変化が，新たな熱力学ポテンシャルである

ギブス自由エネルギー　ここがポイント！

$$G \equiv F + PV = U - TS + PV \tag{5.14}$$

を用いた不等式，すなわち，

等温等圧変化における不等式　ここがポイント！

$$dG \leq 0 \tag{5.15}$$

に従うことがわかる．従って，等温等圧下での自発的変化は G を減少させる方向に進み，その最小値に対応する状態，すなわち熱平衡状態に至って変化が終わる．(5.15) 式に従う変化の途中における (T, P) は，外部環境の温度と圧力であることを強調しておく．系の温度と圧力は終状態でそれらに等しくなる．

例題 5.2

(5.15) 式を導出せよ．

【解答】　等温条件下で成立する不等式 (5.9) に，仕事の表式 $d'W = -P\,dV$ を代入し，等圧条件 $dP = 0$ を課して書き換えると，

$$0 \leq -dF + d'W = -dF - P\,dV = -d(F + PV) = -dG$$

となる．■

(5.14) 式は，$F(T,V)$ から $G(T,P)$ へのルジャンドル変換で，G の独立変数 P は，$P \equiv -\left(\frac{\partial F}{\partial V}\right)_T$ で表される F の勾配である．その微小変化は，$dG = dF - d(PV)$ に $d(PV) = P\,dV + V\,dP$ と (5.12) 式を代入して，

$$dG = -S\,dT + V\,dP \tag{5.16}$$

と表せる．また，G がポテンシャルであることから，その勾配である $(-S, V)$ の成分間に**マクスウェルの関係式**

$$-\left(\frac{\partial S}{\partial P}\right)_T = \left(\frac{\partial V}{\partial T}\right)_P \tag{5.17}$$

が成立する．

❸ ジュール - トムソン過程とエンタルピー

トムソンは，絶対温度を定義する過程で，空気などの実在気体がどの程度の精度で理想気体の状態方程式を満たすのかに興味を持ち，ジュールに次のような実験を提案した．

図 5.2 のように，シリンダーの中央部に圧縮綿などの多孔質の栓を入れておき，左から気体の定常流を送る．定常流は，多孔質内で摩擦の影響を受けて減速する．従って，気体が多孔質領域を通過した後には，圧力の低下が起こり，温度も変化することが予想される．そこで,「左側では体積 V_1 を占めていた部分が，多孔質を通った後には体積 V_2 を占めるようになった」ものとみなす．すなわち,「多孔質の外での気体の体積が $V_1 \to 0 \to V_2$ と変化し，圧力も左側での値 P_1 から右側での値 P_2 へと変わる」と考えるのである．すると，多孔質を通過する際に気体が受けた仕事が,

$$\Delta W = -\int_{V_1}^{0} P_1\,dV - \int_{0}^{V_2} P_2\,dV = -P_1(-V_1) - P_2 V_2$$

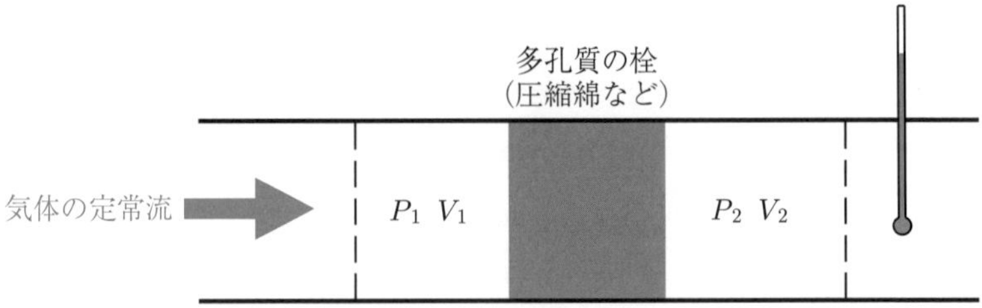

図 5.2　ジュール - トムソン過程

と計算できる．また，この過程において外からの熱の供給はないので，第一法則より，ΔW は全て気体の内部エネルギー変化 $U_2 - U_1$ へと転化することがわかる．すなわち，

$$U_2 - U_1 = P_1 V_1 - P_2 V_2$$

が成立し，これを書き換えると，

$$U_2 + P_2 V_2 = U_1 + P_1 V_1$$

が得られる．このように，**ジュール - トムソン過程**では，

エンタルピー　ここがポイント！

$$H \equiv U + PV \tag{5.18}$$

が一定であると結論づけられる．その微小変化は，

$$dH = dU + d(PV)$$

に $dU = T\,dS - P\,dV$ と $d(PV) = P\,dV + V\,dP$ を代入することで，

$$dH = T\,dS + V\,dP \tag{5.19}$$

と得られる．この式に現れる dS と dH は，例題 3.3 と同様の変形により，

$$dH = nC_P\,dT + \left\{ V - T\left(\frac{\partial V}{\partial T}\right)_P \right\} dP, \tag{5.20a}$$

$$dS = \frac{nC_P}{T}\,dT - \left(\frac{\partial V}{\partial T}\right)_P dP \tag{5.20b}$$

へと書き換えられる（演習 5.1 参照）．ここで n はモル数，C_P は定圧モル比熱である．

この過程による温度変化，すなわち，**ジュール - トムソン効果**の大きさは，

ジュール - トムソン係数　ここがポイント！

$$\mu_{\mathrm{JT}} \equiv \left(\frac{\partial T}{\partial P}\right)_H = \frac{T\left(\frac{\partial V}{\partial T}\right)_P - V}{nC_P} \tag{5.21}$$

で評価できる．最初の微分係数がジュール - トムソン係数 μ_{JT} の定義式で，添字の H はエンタルピーが一定の条件下での微分を意味する．最右辺の表式は，(5.20a) 式を dT で割って H 一定条件を課すことで得られた．μ_{JT} が気体の状態方程式を用いて計算できる形になっており，実用上非常に便利である．

例題 5.3

理想気体の μ_{JT} を求めよ．

【解答】 (5.21) 式に理想気体の

$$V = \frac{nRT}{P}$$

を代入すると，

$$\left(\frac{\partial V}{\partial T}\right)_P = \frac{nR}{P}$$

より

$$\mu_{\mathrm{JT}} = \frac{1}{nC_P}\left(T\frac{nR}{P} - V\right) = 0$$

が得られる．■

このように，理想気体では，ジュール - トムソン過程で温度変化はないと予言される．しかし，空気と二酸化炭素を用いたジュールの実験では，温度低下が確認され [1]，これら実在気体が完全な理想気体ではないことが明らかになった．ジュール - トムソン過程は，気体の冷却・液化などに応用されている．

演習問題

5.1 (5.19) 式に基づき，(5.20) 式を導出せよ．

5.2 ヘルムホルツ自由エネルギー $F(T,V)$ の微小変化は，

$$dF = -S\,dT - P\,dV$$

と表せる．n モルの理想気体についてこの式を積分し，F の表式を求めよ．ただし，理想気体は状態方程式 $PV = nRT$ に従い，そのエントロピーは (3.18b) 式のように表せるものとする．

5.3 以下の問いに答えよ．

(1) (T,P) を独立変数とするエントロピーの微小変化は，(5.20b) 式のように表せる．この式を理想気体に適用して積分し，エントロピー $S(T,P)$ の表式を求めよ．ただし，理想気体は状態方程式 $PV = nRT$ に従い，C_P は定数とみなせるものとする．

(2) ギブス自由エネルギー $G(T,P)$ の微小変化は，

$$dG = -S\,dT + V\,dP$$

と表せる．n モルの理想気体についてこの式を積分し，G の表式を求めよ．

第6章　相平衡と化学ポテンシャル

例えば分子式 H_2O で表される分子の凝縮形態には，液体の「水」の他に，気体の「水蒸気」，固体の「氷」の三つがある．このように，同じ物質の異なる存在形態を**相**と呼び，「液相」，「気相」，「固相」と区別する．ここでは，異なる相の間の熱平衡状態を考察する．

6.1　二つの相からなる系の熱力学

❶ 二相系と化学ポテンシャル

閉じた容器の一部に水を入れておくと，やがてその一部が水蒸気となって気化し，水と水蒸気の**相平衡**が実現する場合がある．単一の相にある場合の平衡熱力学の基本式は，$dU = T\,dS - P\,dV$ と表せた．しかし，水と水蒸気の相平衡では，両者の間に粒子のやり取りがある．そこで，粒子数 N も独立変数にして，内部エネルギーの微小変化を

$$dU = T\,dS - P\,dV + \mu\,dN \tag{6.1}$$

と表す．dN の係数は，

化学ポテンシャル　　ここがポイント！

$$\mu \equiv \left(\frac{\partial U}{\partial N}\right)_{S,V} \tag{6.2}$$

であり，粒子一個が付け加わることによる内部エネルギーの上昇を表す．基本的関係式 (6.1) は，エントロピーを従属変数として，

$$dS = \frac{1}{T}\,dU + \frac{P}{T}\,dV - \frac{\mu}{T}\,dN \tag{6.3}$$

とも表せる．

❷熱平衡条件

図 6.1 のように，水蒸気と水が相平衡にあるものとし，それら二つの異なる相を，ぞれぞれ系 1 および系 2 と呼ぶことにする．全系 $1+2$ が孤立系の場合を考えると，その内部エネルギー U，体積 V，粒子数 N は一定で，それらは

$$U_1+U_2=U, \quad V_1+V_2=V, \quad N_1+N_2=N \tag{6.4a}$$

を満たす示量変数である．また，(6.3) 式が示すように，全系のエントロピーも示量変数で，

$$S(U,V,N)=S_1(U_1,V_1,N_1)+S_2(U_2,V_2,N_2) \tag{6.4b}$$

と表せる．

熱平衡条件を求めるため，状態変数が (U_j,V_j,N_j) のところで全系が熱平衡状態にあるとし，そこからの仮想的な変化

$$(U_j,V_j,N_j)\to(U_j+\delta U_j, V_j+\delta V_j, N_j+\delta N_j)$$

を考えよう．ここでは，仮想的な微小変化を δ で表し，現実の微小変化 d と区別した．その際，拘束条件 (6.4a) より，

$$\delta U_1+\delta U_2=0, \quad \delta V_1+\delta V_2=0, \quad \delta N_1+\delta N_2=0 \tag{6.5}$$

が成立する．すると，S が最大値となっているための必要条件の一つは，エントロピーの仮想的変化

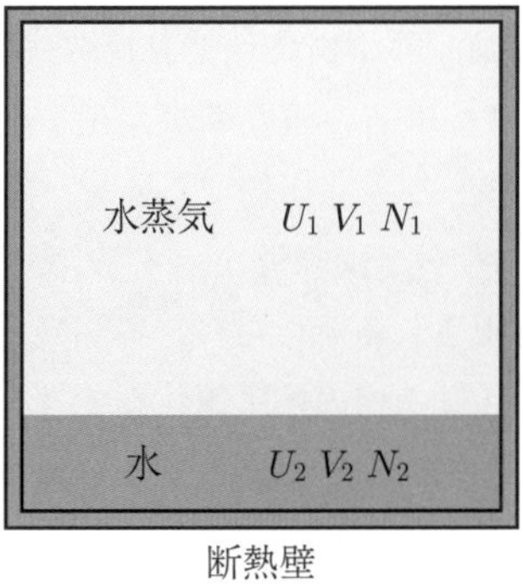

図 6.1　水と水蒸気の相平衡

$$\varDelta S \equiv \sum_{j=1}^{2} \{S_j(U_j+\delta U_j, V_j+\delta V_j, N_j+\delta N_j) - S_j(U_j, V_j, N_j)\} \tag{6.6}$$

が，$(\delta U_j, \delta V_j, \delta N_j)$ の一次の範囲で 0 となることである．この条件は，具体的に，以下のように書き換えられる．

$$\begin{aligned}
0 &= \sum_{j=1}^{2} \left\{ \left(\frac{\partial S_j}{\partial U_j}\right)_{V_j,N_j} \delta U_j + \left(\frac{\partial S_j}{\partial V_j}\right)_{U_j,N_j} \delta V_j + \left(\frac{\partial S_j}{\partial N_j}\right)_{U_j,V_j} \delta N_j \right\} \\
&\qquad\qquad\qquad\qquad \text{(6.3) 式を用いる} \\
&= \sum_{j=1}^{2} \left(\frac{1}{T_j}\delta U_j + \frac{P_j}{T_j}\delta V_j - \frac{\mu_j}{T_j}\delta N_j \right) \qquad \text{(6.5) 式を用いる} \\
&= \left(\frac{1}{T_1} - \frac{1}{T_2}\right)\delta U_1 + \left(\frac{P_1}{T_1} - \frac{P_2}{T_2}\right)\delta V_1 - \left(\frac{\mu_1}{T_1} - \frac{\mu_2}{T_2}\right)\delta N_1.
\end{aligned} \tag{6.7}$$

これが任意の仮想的変化 $(\delta U_1, \delta V_1, \delta N_1)$ に対して成立するための必要十分条件は，次のように表せる．

熱平衡条件 ここがポイント！

$$T_1 = T_2, \quad P_1 = P_2, \quad \mu_1 = \mu_2. \tag{6.8}$$

すなわち，系 1 と系 2 の間の熱平衡条件として，「温度，圧力，化学ポテンシャルが等しい」が得られた．このように，状態量 $S = S(U, V, N)$ の勾配から得られる示強変数 (T, P, μ) は，熱平衡条件と直接関連している．

ちなみに，上記の考察は，単一の相のみが存在する場合にも有効である．具体的に，図 5.1 において系 1 と系 2 を隔てる壁を，熱だけでなく粒子も通すものに置き換え，5.1 節❷の考察を繰り返す．すると，系 1 と系 2 の間の熱平衡条件として，(6.8) 式が再現される．さらに，各部分系を次々と二つに分割して同様の考察を行うことで，「単一相の熱平衡状態では，系全体で温度・圧力・化学ポテンシャルが一定」であることが結論づけられる．

❸化学ポテンシャルとギブス自由エネルギー

化学ポテンシャルとギブス自由エネルギーの関係を明らかにしよう．ギブス自由エネルギーは,

$$
\begin{aligned}
G &\equiv F + PV \\
&= U - TS + PV
\end{aligned}
$$

で定義される．その微小変化 dG は，(6.1) 式，$d(TS) = S\,dT + T\,dS$，および $d(PV) = P\,dV + V\,dP$ を用いて,

$$
dG = -S\,dT + V\,dP + \mu\,dN \tag{6.9}
$$

と得られる．従って，G の自然な独立変数は (T, P, N) であり，また，その中で示量変数は粒子数 N のみである．一方，(6.9) 式より，G も示量変数である．このことから,

化学ポテンシャルとギブス自由エネルギーの関係　ここがポイント！

$$
G = \mu N \tag{6.10}
$$

および,

ギブス・デュエムの式　ここがポイント！

$$
-S\,dT + V\,dP - N\,d\mu = 0 \tag{6.11}
$$

が導ける．すなわち化学ポテンシャルは，一粒子当りのギブス自由エネルギーに他ならない．

例題 6.1

(6.10) 式と (6.11) 式を証明せよ．

【解答】 $G(T,P,N)$ の独立変数の中で，示量変数は粒子数 N のみであり，G も示量変数である．従って，(T,P) を一定に保ちながら系の粒子数を λ 倍すると，G も λ 倍されるはずである．つまり，λ を任意の正定数として，

$$G(T,P,\lambda N) = \lambda G(T,P,N) \tag{6.12}$$

が成り立つ．この式を λ に関して微分すると，その結果は，新たな変数 $N_\lambda \equiv \lambda N$ を用いて，

$$\frac{\partial G(T,P,N_\lambda)}{\partial N_\lambda}\frac{dN_\lambda}{d\lambda} = G(T,P,N)$$

と表せる．この式で $\lambda = 1$ と置くと，

$$\left(\frac{\partial G}{\partial N}\right)_{T,P} N = G(T,P,N)$$

となる．さらに (6.9) 式からの関係

$$\left(\frac{\partial G}{\partial N}\right)_{T,P} = \mu$$

を代入すると，(6.10) 式が得られる．また，(6.10) 式より，ギブス自由エネルギーの微小変化が，

$$dG = \mu\,dN + N\,d\mu$$

とも表されることがわかる．この右辺と (6.9) 式の右辺を等号で結ぶことで，(6.11) 式を得る．■

❹クラペイロン - クラウジウスの式

二つの相の熱平衡状態で成立する「クラペイロン - クラウジウスの式」を導出する．水と水蒸気のような二相平衡では，(6.8) 式より，温度 T，圧力 P，化学ポテンシャル μ が両相で等しい．また，ギブス - デュエムの式 (6.11) は，μ を従属変数として，

$$d\mu = -\frac{S}{N}\,dT + \frac{V}{N}\,dP \tag{6.13}$$

と表せる．すなわち，化学ポテンシャルは，温度と圧力の関数 $\mu(T, P)$ である．以上を考慮すると，熱平衡条件 (6.8) が，次のように書き換えられる．「二つの相が熱平衡にあるための必要条件は，系の温度 T と圧力 P が一定で，かつ，相 $\alpha = 1, 2$ の化学ポテンシャルが

$$\mu_1(T, P) = \mu_2(T, P) \tag{6.14}$$

を満たすことである.」(6.14) 式は，(T, P) の間の拘束条件を意味する．すなわち，二相平衡にある系の独立変数は，(T, P) の中のいずれか一方のみである．その関数形 $P(T)$ あるいは $T(P)$ を決定する方程式が，

クラペイロン・クラウジウスの式　ここがポイント！

$$\frac{dP}{dT} = \frac{L_{12}}{(\overline{V}_1 - \overline{V}_2)T} \tag{6.15}$$

である．ここで，$\overline{V}_\alpha$ は相 $\alpha = 1, 2$ の 1 モル当りの体積を表し，また，L_{12} は相変化 $2 \to 1$ に伴う潜熱で，1 モル当りのエントロピー $\overline{S}_\alpha$ を用いて，

$$L_{12} \equiv T(\overline{S}_1 - \overline{S}_2) \tag{6.16}$$

で定義されている．

例題 6.2

(6.13) 式と (6.14) 式に基づき，(6.15) 式を導出せよ．

【解答】 (6.14) 式を微小変化させると，

$$d\mu_1 = d\mu_2$$

が得られる．この式に (6.13) 式を代入すると，

$$-\left(\frac{S_1}{N_1} - \frac{S_2}{N_2}\right) dT + \left(\frac{V_1}{N_1} - \frac{V_2}{N_2}\right) dP = 0$$

となる．さらにアボガドロ数 N_A をかけて 1 モル当りの体積と潜熱 (6.16) を用いて表すと，(6.15) 式となる．■

❺ グランドポテンシャル

ギブス自由エネルギーからは，粒子数に関するルジャンドル変換により，「グランドポテンシャル」と呼ばれる新たな熱力学ポテンシャルを定義できる．この熱力学ポテンシャルは統計力学で非常に重要な役割を担うことになるので，ここで導入しておく．

まず，(6.1) 式を満たす内部エネルギーに，S に関するルジャンドル変換を行って，粒子数変化のある場合のヘルムホルツ自由エネルギー

$$F \equiv U - TS$$

を定義する．その微小変化は，

$$dF = -S\,dT - P\,dV + \mu\,dN \tag{6.17}$$

と表され，(5.12) 式に粒子数変化の項を付け加えた表式となっている．さらに，この F から，N に関するルジャンドル変換を実行し，

グランドポテンシャル　ここがポイント！

$$\Omega(T, V, \mu) = F(T, V, N) - \mu N, \quad \mu \equiv \left(\frac{\partial F}{\partial N}\right)_{T,V} \tag{6.18}$$

を導入する．既に述べたように，このグランドポテンシャルは，統計力学，特に量子統計力学において中心的な役割を担うことになる．その微小変化 $d\Omega$ は，(6.17) 式から

$$d(\mu N) = N\,d\mu + \mu\,dN$$

を差し引くことにより，

$$d\Omega = -S\,dT - P\,dV - N\,d\mu \tag{6.19}$$

と得られる．この式より，Ω の自然な独立変数が (T, V, μ) であることがわかる．そして，(6.10) 式導出の議論を繰り返すことにより，Ω の別表現

$$\Omega = -PV \tag{6.20}$$

も導ける（演習 6.3）．

6.2　多成分系の相平衡 A

❶ 熱平衡条件

二相平衡に関する 6.1 節の考察を，例えば水分子，酸素分子，窒素分子が共存するような「多成分系」に拡張し，異なる相（気相，液相，固相）が共存する条件を明らかにしよう．系が $j = 1, 2, \cdots, n$ 個の成分からなり，$\alpha = 1, 2, \cdots, \nu$ 個の相が共存している場合を考える．この系のエントロピーは，その示量性から，一般的に，

$$S = \sum_{\alpha=1}^{\nu} S_\alpha(U_\alpha, V_\alpha, N_{\alpha 1}, \cdots, N_{\alpha n}) \tag{6.21}$$

と，各相の寄与の和として表せる．ここで，$(U_\alpha, V_\alpha, N_{\alpha j})$ は，それぞれ，相 α の内部エネルギー，体積，成分 j の粒子数を表す．全系が孤立系である場合を考えると，そのエントロピーは最大値を持つ．そのための必要条件は，仮想的な変化 $(U_\alpha, V_\alpha, N_{\alpha j}) \to (U_\alpha + \delta U_\alpha, V_\alpha + \delta V_\alpha, N_{\alpha j} + \delta N_{\alpha j})$ に対して S が停留値を持つこと（$\delta S = 0$）であり，具体的に次のように表せる．

$$\begin{aligned} 0 &= \sum_{\alpha=1}^{\nu} \left(\frac{\partial S_\alpha}{\partial U_\alpha} \delta U_\alpha + \frac{\partial S_\alpha}{\partial V_\alpha} \delta V_\alpha + \sum_{j=1}^{n} \frac{\partial S_\alpha}{\partial N_{\alpha j}} \delta N_{\alpha j} \right) \\ &= \sum_{\alpha=1}^{\nu} \left(\frac{1}{T_\alpha} \delta U_\alpha + \frac{P_\alpha}{T_\alpha} \delta V_\alpha - \sum_{j=1}^{n} \frac{\mu_{\alpha j}}{T_\alpha} \delta N_{\alpha j} \right). \end{aligned} \tag{6.22}$$

一方，系は孤立系であるから，その全内部エネルギー，全体積，各成分の全粒子数は不変である．つまり，

$$\delta U \equiv \sum_{\alpha=1}^{\nu} \delta U_\alpha = 0, \tag{6.23a}$$

$$\delta V \equiv \sum_{\alpha=1}^{\nu} \delta V_\alpha = 0, \tag{6.23b}$$

$$\delta N_j \equiv \sum_{\alpha=1}^{\nu} \delta N_{\alpha j} = 0 \quad (j = 1, 2, \cdots, n) \tag{6.23c}$$

が成立する．(6.23a) 式，(6.23b) 式，(6.23c) 式に，それぞれ「未定乗数」λ_U,

λ_V, λ_{N_j} を掛け，j に関する和もとって (6.22) 式に加えると，

$$\sum_{\alpha=1}^{\nu}\left\{\left(\frac{1}{T_\alpha}+\lambda_U\right)\delta U_\alpha+\left(\frac{P_\alpha}{T_\alpha}+\lambda_V\right)\delta V_\alpha-\sum_{j=1}^{n}\left(\frac{\mu_{\alpha j}}{T_\alpha}-\lambda_{N_j}\right)\delta N_{\alpha j}\right\}=0 \tag{6.24}$$

を得る．この等式が任意の微小量の組 $(\delta U_\alpha, \delta V_\alpha, \delta N_{\alpha j})$ について成り立つための必要十分条件は，それらの係数が 0 となることである．これより，

$$T_\alpha^{-1}=-\lambda_U,\quad T_\alpha^{-1}P_\alpha=-\lambda_V,\quad T_\alpha^{-1}\mu_{\alpha j}=\lambda_{N_j},$$

すなわち，

熱平衡条件　　ここがポイント！

温度，圧力，各成分の化学ポテンシャルのそれぞれが全系で一定

が得られる．

(6.22) 式を (6.23) 式の条件下で解くために用いた手法 (6.24) を，**ラグランジュの未定乗数法**という．

❷ギブスの相律

6.1 節❹では，二相系の熱平衡状態において，独立変数が一つしかないことを見た．これを一般化すると，多成分系の相平衡に関する次の規則を得る．

ギブスの相律　　ここがポイント！

n 種類の成分からなる物質が ν 個の相に分かれて熱平衡状態にあるとき，その系の自由度 f は，次式を満たす．

$$f=n-\nu+2. \tag{6.25}$$

ここで，**自由度**とは，自由に変えることのできる独立変数の数を意味する．

例題 6.3

(6.25) 式を証明せよ．

【解答】 内部状態は，成分比と温度および圧力により決まる．成分比は，各相について $n-1$ 個の変数により決まるので，変数の数（number of variables）は

$$N_{\mathrm{v}} = \nu(n-1) + 2 \tag{6.26a}$$

個である．一方，「成分 j の化学ポテンシャルが各相で等しい」という等式

$$\mu_{1j} = \mu_{2j} = \cdots = \mu_{\nu j}$$

の数（number of equations）は，

$$N_{\mathrm{e}} = (\nu - 1)n \tag{6.26b}$$

個である．(6.26a) 式から (6.26b) 式を差し引くことにより，自由度 f が，

$$f = N_{\mathrm{v}} - N_{\mathrm{e}} = -\nu + 2 + n$$

と求まる．■

例として，水と水蒸気の相平衡の場合には，成分の数 $n = 1$（H_2O），相の数 $\nu = 2$（気相と液相）である．従って，自由度の数は

$$f = 1 - 2 + 2 = 1$$

で，状態空間（TP 平面）での相境界は，一次元物体の「線」となる．そして，この線を決めるのが，クラペイロン - クラウジウスの式 (6.15) に他ならない．

一方，水，水蒸気，氷の相平衡の場合には，成分の数 $n = 1$（H_2O），相の数 $\nu = 3$（気相，液相，固相）である．従って，自由度の数は

$$f = 1 - 3 + 2 = 0$$

で，状態空間での相境界は，零次元物体の「点」となる．

演習問題

6.1 1気圧 100 °C で 100 g の水が沸騰して水蒸気になった．この過程が可逆過程であるものとして，エントロピー変化を求めよ．ただし，1気圧 100 °C での水の蒸発熱は 540 cal/g，熱の仕事当量は 4.2 J/cal である．

6.2 気体液体転移の転移線は，クラペイロン - クラウジウスの式

$$\frac{dP}{dT} = \frac{L}{(V_{\mathrm{g}} - V_\ell)T}$$

を満たす．ただし，L は1モル当りの気化熱，V_{g} は1モルの気体の体積，V_ℓ は1モルの液体の体積である．

(1)　(i) 1モル当りの液体の体積は気体の体積に比べて無視できる，(ii) 気体は理想気体と見なせる，(iii) 気化熱 L は定数と見なせる，という三つの条件が成り立つものとする．このとき，飽和蒸気圧 P が，

$$P \propto \exp\left(-\frac{L}{RT}\right)$$

という形を持つことを示せ．

(2)　1気圧下での水の沸騰温度は 373 K であり，その際の気化熱が 9700 cal/mol と測定された．このことを用いて，2気圧下での水の沸騰温度を概算せよ．ただし気体定数 R は 8.3 J/mol·K，熱の仕事当量は 4.2 J/cal である．

6.3 (6.20) 式を導出せよ．

第7章 熱力学不等式[A]

孤立系のエントロピー最大原理に基づく「熱平衡のための必要条件」の考察を一歩進め,「熱力学不等式」と呼ばれる比熱などに関する不等式を導出する.また,「ルシャトリエの原理」に従う別種の不等式も導出する.

7.1 不等式のまとめ

クラウジウス不等式

$$d'Q \leq T\,dS$$

によると,外界との相互作用のない**孤立系**（$d'Q = d'W = 0$）では,不等式 $0 \leq dS$ が成立する.つまり,系のエントロピーは可能な限り増大する.従って,孤立系の熱平衡状態は,エントロピーが最大の状態である.この事実を用いて,5.1 節❷や 6.1 節❷では,熱的・力学的に相互作用する二つの系が熱平衡にあるための必要条件の一つを導出した.その条件は,「示強変数である温度 T と圧力 P が系全体で一定」であり,粒子数変化がある場合には,これに「化学ポテンシャル μ が系全体で一定」が付け加わる.ここでは,その考察を一歩進めて,熱力学不等式を導こう.簡単のため,粒子数が一定の系を考察する.導出する不等式は,以下の通りである.

熱力学不等式（の一部） ここがポイント!

$$C_V \equiv \frac{T}{n}\left(\frac{\partial S}{\partial T}\right)_V > 0, \quad \kappa_T \equiv -\frac{1}{V}\left(\frac{\partial V}{\partial P}\right)_T > 0, \tag{7.1}$$

$$C_P > C_V, \quad \kappa_T > \kappa_S. \tag{7.2}$$

κ_T と κ_S は,それぞれ,**等温圧縮率**および**断熱圧縮率**と呼ばれる.

7.2 最小のための必要条件（数学）

便宜上，S のかわりに $-S$ を考えると，上記の熱力学の問題は，数学的には，関数が最小値を取るための必要条件を明らかにすることに等価である．この数学的背景を説明する．

❶ 一変数の場合

一変数関数の場合の復習から始めよう．関数 $f(x)$ がある点 $x = x_0$ で最小値を持つものとする．そのための必要条件は，x が x_0 から少し離れたとき，関数の値が増大することである．これを数式で表すと，δx を有限の微小量として，

$$0 < f(x_0 + \delta x) - f(x_0)$$

となる．さらに，関数 $f(x + \delta x)$ を $x = x_0$ でテイラー展開すると，不等式が，

$$0 < f'(x_0)\delta x + \frac{1}{2!}f''(x_0)(\delta x)^2 + \cdots$$

へと変形できる．この式が正負任意の値を取る微小量 δx に対して成立するための必要条件は，

$$f'(x_0) = 0, \quad f''(x_0) > 0$$

である．

❷ 二変数の場合

考察を二変数関数 $f(x, y)$ の場合に進める．この関数が点 $(x, y) = (x_0, y_0)$ で最小値を持つための必要条件は，δx と δy を任意の微小量として，不等式

$$0 < f(x_0 + \delta x, y_0 + \delta y) - f(x_0, y_0)$$

が成立することである．ここで関数 $f(x_0 + \delta x, y_0 + \delta y)$ を (x_0, y_0) でテイラー展開すると，不等式は，添字の $_0$ を点 (x_0, y_0) での値を意味するものとして，

$$\begin{aligned} 0 < &\left(\frac{\partial f}{\partial x}\right)_0 \delta x + \left(\frac{\partial f}{\partial y}\right)_0 \delta y \\ &+ \frac{1}{2!}\left\{\left(\frac{\partial^2 f}{\partial x^2}\right)_0 (\delta x)^2 + 2\left(\frac{\partial^2 f}{\partial x \partial y}\right)_0 \delta x \delta y + \left(\frac{\partial^2 f}{\partial y^2}\right)_0 (\delta y)^2\right\} + \cdots \end{aligned}$$

へと書き換えられる．さらに，二次の項を行列で簡潔に表すと，

$$0 < \left(\frac{\partial f}{\partial x}\right)_0 \delta x + \left(\frac{\partial f}{\partial y}\right)_0 \delta y + \frac{1}{2!}\begin{bmatrix}\delta x & \delta y\end{bmatrix}\begin{bmatrix}\left(\frac{\partial^2 f}{\partial x^2}\right)_0 & \left(\frac{\partial^2 f}{\partial x \partial y}\right)_0 \\ \left(\frac{\partial^2 f}{\partial y \partial x}\right)_0 & \left(\frac{\partial^2 f}{\partial y^2}\right)_0\end{bmatrix}\begin{bmatrix}\delta x \\ \delta y\end{bmatrix} + \cdots \tag{7.3}$$

となる．この不等式が，任意の微小量 δx と δy について成立するための必要条件は，一次の係数が消える条件

$$\left(\frac{\partial f}{\partial x}\right)_0 = \left(\frac{\partial f}{\partial y}\right)_0 = 0$$

と

$$\text{対称行列 } H \equiv \begin{bmatrix}\left(\frac{\partial^2 f}{\partial x^2}\right)_0 & \left(\frac{\partial^2 f}{\partial x \partial y}\right)_0 \\ \left(\frac{\partial^2 f}{\partial y \partial x}\right)_0 & \left(\frac{\partial^2 f}{\partial y^2}\right)_0\end{bmatrix} \text{ の全ての固有値が正である} \tag{7.4}$$

という条件が同時に成り立つことである．f の二次導関数からなるこの行列 H は，**ヘッセ行列**（Hessian matrix）と呼ばれている．線形代数によると [2]，(7.4) 式の内容は，「H の全ての首座小行列式が正値である」ことと等価であり，具体的に次のように表せる．

$$\left(\frac{\partial^2 f}{\partial x^2}\right)_0 > 0, \quad \det H = \left(\frac{\partial^2 f}{\partial x^2}\right)_0 \left(\frac{\partial^2 f}{\partial y^2}\right)_0 - \left\{\left(\frac{\partial^2 f}{\partial x \partial y}\right)_0\right\}^2 > 0. \tag{7.5}$$

❸ 便利な数学公式

以下の熱力学不等式の考察では，二変数関数 $f(x,y)$ と $g(x,y)$ の一階微分の積

$$\frac{\partial(f,g)}{\partial(x,y)} \equiv \det\begin{bmatrix}\frac{\partial f}{\partial x} & \frac{\partial g}{\partial x} \\ \frac{\partial f}{\partial y} & \frac{\partial g}{\partial y}\end{bmatrix} = \frac{\partial f}{\partial x}\frac{\partial g}{\partial y} - \frac{\partial f}{\partial y}\frac{\partial g}{\partial x} \tag{7.6a}$$

に出くわす．この (f,g) の独立変数を $(x,y) \to (u,v)$ と取り換えると，

$$\frac{\partial(f,g)}{\partial(x,y)} = \frac{\dfrac{\partial(f,g)}{\partial(u,v)}}{\dfrac{\partial(x,y)}{\partial(u,v)}} = \frac{\dfrac{\partial f}{\partial u}\dfrac{\partial g}{\partial v} - \dfrac{\partial f}{\partial v}\dfrac{\partial g}{\partial u}}{\dfrac{\partial x}{\partial u}\dfrac{\partial y}{\partial v} - \dfrac{\partial x}{\partial v}\dfrac{\partial y}{\partial u}} \tag{7.6b}$$

が成立する [3]．

7.3　熱平衡条件

再び図 5.1 の系，すなわち，系 1 と系 2 が熱を通し滑らかに動く可動壁で区切られている系を考える．全系 $1+2$ は，固定した断熱壁で囲まれて外界から熱的・力学的に遮断され，その内部エネルギー U と体積 V は一定である．それらの状態量は示量変数であるから，部分系 $j=1,2$ の内部エネルギー U_j と体積 V_j を用いて，$U=U_1+U_2$ および $V=V_1+V_2$ と表せる．全系のエントロピー S も示量変数であり，部分系のエントロピー $S_j=S_j(U_j,V_j)$ との間に，

$$S=S_1(U_1,V_1)+S_2(U_2,V_2)$$

の関係が成立する．

熱平衡条件を求めるため，状態変数が (U_j,V_j) のところで全系が熱平衡状態にあるとし，そこからの仮想的な変化 $(U_j,V_j)\to(U_j+\delta U_j,V_j+\delta V_j)$ を考えよう．$-S$ が (U_j,V_j) のところで最小値となっているためには，この仮想的変化に対して不等式

$$0<\sum_{j=1}^{2}\{-S_j(U_j+\delta U_j,V_j+\delta V_j)+S_j(U_j,V_j)\} \tag{7.7}$$

が成立しなければならない．この不等式を δU_j と δV_j について (7.3) 式のようにテイラー展開すると，

$$\begin{aligned}0<&-\sum_{j=1}^{2}\left(\frac{\partial S_j}{\partial U_j}\delta U_j+\frac{\partial S_j}{\partial V_j}\delta V_j\right)\\&+\sum_{j=1}^{2}\frac{1}{2!}\begin{bmatrix}\delta U_j & \delta V_j\end{bmatrix}\begin{bmatrix}-\frac{\partial^2 S_j}{\partial U_j^2} & -\frac{\partial^2 S_j}{\partial U_j\partial V_j}\\-\frac{\partial^2 S_j}{\partial V_j\partial U_j} & -\frac{\partial^2 S_j}{\partial V_j^2}\end{bmatrix}\begin{bmatrix}\delta U_j\\\delta V_j\end{bmatrix}+\cdots\end{aligned} \tag{7.8}$$

となる．ただし，一定に保つ変数についての添字を省略した．これが，任意の $(\delta U_j,\delta V_j)$ について成立するためには，まず，一次の項が消える必要がある．その条件は (5.7) 式，すなわち，$T_1=T_2$ および $P_1=P_2$ であった．加えて，(7.8) 式の二次の項に現れるヘッセ行列の全ての首座小行列式が正でなければならない．この条件を与える一般論の (7.5) 式は，今の場合，次のように表せる．

$$-\frac{\partial^2 S}{\partial U^2} > 0, \quad \det\begin{bmatrix} -\frac{\partial^2 S}{\partial U^2} & -\frac{\partial^2 S}{\partial U \partial V} \\ -\frac{\partial^2 S}{\partial V \partial U} & -\frac{\partial^2 S}{\partial V^2} \end{bmatrix} > 0. \tag{7.9}$$

ただし，各部分系 $j = 1, 2$ についての内容は本質的に同じなので，それらを区別する添字 j を除いた．

例題 7.1

(7.9) 式の行列要素が次のように表せることを示せ．

$$-\frac{\partial^2 S}{\partial U^2} = \frac{1}{nC_V T^2}, \tag{7.10a}$$

$$-\frac{\partial^2 S}{\partial V \partial U} = -\frac{1}{nC_V T^2}\left(\frac{\partial U}{\partial V}\right)_T, \tag{7.10b}$$

$$-\frac{\partial^2 S}{\partial V^2} = -\frac{1}{T}\left(\frac{\partial P}{\partial V}\right)_T + \frac{1}{nC_V T^2}\left\{\left(\frac{\partial U}{\partial V}\right)_T\right\}^2. \tag{7.10c}$$

ただし，$C_V \equiv \frac{1}{n}\left(\frac{\partial U}{\partial T}\right)_V$ は定積モル比熱である．

【解答】 (7.10a) 式は，独立変数が (U, V) であることを念頭に，(5.2) 式と (3.7a) 式を用いて次のように導ける．

$$-\frac{\partial^2 S}{\partial U^2} = -\frac{\partial}{\partial U}\frac{\partial S}{\partial U} \underset{(5.2)\text{式}}{=} -\frac{\partial}{\partial U}\frac{1}{T} = \frac{1}{T^2}\left(\frac{\partial T}{\partial U}\right)_V = \frac{1}{T^2\left(\frac{\partial U}{\partial T}\right)_V} \underset{(3.7\text{a})\text{式}}{=} \frac{1}{nC_V T^2}.$$

(7.10b) 式の左辺は，次のように変形できる．

$$-\frac{\partial^2 S}{\partial V \partial U} = -\frac{\partial}{\partial V}\left(\frac{\partial S}{\partial U}\right)_V = -\left(\frac{\partial (1/T)}{\partial V}\right)_U = \frac{1}{T^2}\left(\frac{\partial T}{\partial V}\right)_U. \tag{7.11a}$$

最右辺の $\left(\frac{\partial T}{\partial V}\right)_U$ は，(7.6) 式を用いて，次のように書き換えられる．

$$\left(\frac{\partial T}{\partial V}\right)_U = \frac{\partial(T, U)}{\partial(V, U)} = \frac{\dfrac{\partial(T, U)}{\partial(V, T)}}{\dfrac{\partial(V, U)}{\partial(V, T)}} = \frac{-\left(\dfrac{\partial U}{\partial V}\right)_T}{\left(\dfrac{\partial U}{\partial T}\right)_V} = -\frac{\left(\dfrac{\partial U}{\partial V}\right)_T}{nC_V}. \tag{7.11b}$$

この式を (7.11a) 式に代入すると，(7.10b) 式を得る．

(7.10c) 式の左辺は，独立変数が (U, V) であることを念頭に，(5.2) 式を用いて次のように変形できる．

$$-\frac{\partial^2 S}{\partial V^2} = -\frac{\partial}{\partial V}\frac{\partial S}{\partial V} = -\frac{\partial}{\partial V}\frac{P}{T} = \frac{P}{T^2}\left(\frac{\partial T}{\partial V}\right)_U - \frac{1}{T}\left(\frac{\partial P}{\partial V}\right)_U. \tag{7.11c}$$

偏導関数 $\left(\frac{\partial P}{\partial V}\right)_U$ は，(7.6) 式を用いて，次のように書き換えられる．

$$\left(\frac{\partial P}{\partial V}\right)_U = \frac{\partial(P,U)}{\partial(V,U)} = \frac{\dfrac{\partial(P,U)}{\partial(V,T)}}{\dfrac{\partial(V,U)}{\partial(V,T)}} = \frac{\left(\dfrac{\partial P}{\partial V}\right)_T\left(\dfrac{\partial U}{\partial T}\right)_V - \left(\dfrac{\partial P}{\partial T}\right)_V\left(\dfrac{\partial U}{\partial V}\right)_T}{\left(\dfrac{\partial U}{\partial T}\right)_V}$$

$$= \left(\frac{\partial P}{\partial V}\right)_T - \frac{\left(\dfrac{\partial P}{\partial T}\right)_V\left(\dfrac{\partial U}{\partial V}\right)_T}{nC_V}. \tag{7.11d}$$

(7.11b) 式と (7.11d) 式を (7.11c) 式に代入し，次のように簡略化する．

$$-\frac{\partial^2 S}{\partial V^2} = -\frac{P}{T^2}\frac{\left(\dfrac{\partial U}{\partial V}\right)_T}{nC_V} - \frac{1}{T}\left\{\left(\frac{\partial P}{\partial V}\right)_T - \frac{\left(\dfrac{\partial P}{\partial T}\right)_V\left(\dfrac{\partial U}{\partial V}\right)_T}{nC_V}\right\}$$

$$= -\frac{1}{T}\left(\frac{\partial P}{\partial V}\right)_T + \frac{1}{nC_V T^2}\left(\frac{\partial U}{\partial V}\right)_T\left\{T\left(\frac{\partial P}{\partial T}\right)_V - P\right\} \quad \text{(3.13) 式を代入}$$

$$= -\frac{1}{T}\left(\frac{\partial P}{\partial V}\right)_T + \frac{1}{nC_V T^2}\left\{\left(\frac{\partial U}{\partial V}\right)_T\right\}^2. \ ■$$

(7.10) 式を用いると，(7.9) 式の行列式が，以下のように計算できる．

$$\det\begin{bmatrix} -\frac{\partial^2 S}{\partial U^2} & -\frac{\partial^2 S}{\partial U \partial V} \\ -\frac{\partial^2 S}{\partial V \partial U} & -\frac{\partial^2 S}{\partial V^2} \end{bmatrix} = \frac{\partial^2 S}{\partial U^2}\frac{\partial^2 S}{\partial V^2} - \left\{\frac{\partial^2 S}{\partial V \partial U}\right\}^2$$

$$= \frac{1}{nC_V T^2}\left[-\frac{1}{T}\left(\frac{\partial P}{\partial V}\right)_T + \frac{1}{nC_V T^2}\left\{\left(\frac{\partial U}{\partial V}\right)_T\right\}^2\right] - \left\{\frac{-1}{nC_V T^2}\left(\frac{\partial U}{\partial V}\right)_T\right\}^2$$

$$= -\frac{1}{nC_V T^3}\left(\frac{\partial P}{\partial V}\right)_T = \frac{1}{nC_V T^3 V}\frac{1}{-\dfrac{1}{V}\left(\dfrac{\partial V}{\partial P}\right)_T}. \tag{7.12}$$

(7.10a) 式と (7.12) 式を (7.9) 式の二つの不等式に代入し，$T > 0$ を考慮すると，それらが次のように表せることがわかる．κ_T は**等温圧縮率**と呼ばれている．

$$C_V > 0, \quad \kappa_T \equiv -\frac{1}{V}\left(\frac{\partial V}{\partial P}\right)_T > 0. \tag{7.13}$$

7.4 ルシャトリエの原理

熱力学不等式の中には，(7.6) 式を用いて導くことのできる別種のものがある．それらの物理的意味は，ルシャトリエが1884年に発表した次の法則に従って理解することが可能である．

ルシャトリエの原理 ここがポイント！

平衡状態にある系に，外から作用を加えてその平衡を乱したとき，間接的に引き起こされる変化は，加えた作用を軽減する方向に働く．

以下に例を挙げる．

❶ $C_P > C_V$

理想気体では，マイヤーの関係 $C_P = C_V + R$ が成立し，この不等式は確かに成り立っている．一般的な証明は，n をモル数として，次のように実行できる．

$$\frac{n}{T}(C_P - C_V) = \left(\frac{\partial S}{\partial T}\right)_P - \left(\frac{\partial S}{\partial T}\right)_V = \frac{\partial(S,P)}{\partial(T,P)} - \frac{\partial(S,V)}{\partial(T,V)}$$

$$= \frac{\dfrac{\partial(S,P)}{\partial(T,V)}}{\dfrac{\partial(T,P)}{\partial(T,V)}} - \frac{\partial(S,V)}{\partial(T,V)}$$

$$= \frac{\left(\dfrac{\partial S}{\partial T}\right)_V \left(\dfrac{\partial P}{\partial V}\right)_T - \left(\dfrac{\partial S}{\partial V}\right)_T \left(\dfrac{\partial P}{\partial T}\right)_V}{\left(\dfrac{\partial P}{\partial V}\right)_T} - \left(\frac{\partial S}{\partial T}\right)_V$$

$$= \frac{-\left(\dfrac{\partial S}{\partial V}\right)_T \left(\dfrac{\partial P}{\partial T}\right)_V}{\left(\dfrac{\partial P}{\partial V}\right)_T} \quad \text{(5.13) 式を代入}$$

$$= \frac{\left\{\left(\dfrac{\partial P}{\partial T}\right)_V\right\}^2}{-\left(\dfrac{\partial P}{\partial V}\right)_T} = -\left(\frac{\partial V}{\partial P}\right)_T \left\{\left(\frac{\partial P}{\partial T}\right)_V\right\}^2$$

$$= V\kappa_T \left\{ \left(\frac{\partial P}{\partial T} \right)_V \right\}^2 > 0. \tag{7.14}$$

ここで，κ_T は，(7.13) 式で定義された等温圧縮率で，その符号が正であることを使った．

不等式 $C_P > C_V$ は，ルシャトリエの原理により，次のように解釈できる．系に熱量を加えると，系の温度が上がる．ルシャトリエの原理を適用すると，ピストンが固定されていない場合には，系は，温度を下げるように反応するはずである．この事実を数式で表すと，$(\Delta T)_V > (\Delta T)_P$ となる．さらに両辺を ΔS で割って，無限小極限を取ると，

$$\left(\frac{\partial T}{\partial S} \right)_V > \left(\frac{\partial T}{\partial S} \right)_P$$

が得られる．これは，$C_P > C_V$ に等価である．

❷ $\kappa_T > \kappa_S$

すなわち，等温圧縮率は，断熱圧縮率よりも大きい．

例題 7.2

$\kappa_T > \kappa_S$ を証明せよ．

【解答】 以下のように実行できる．

$$-V(\kappa_T - \kappa_S) = \left(\frac{\partial V}{\partial P} \right)_T - \left(\frac{\partial V}{\partial P} \right)_S = \frac{\partial(V,T)}{\partial(P,T)} - \frac{\partial(V,S)}{\partial(P,S)}$$

$$= \frac{\partial(V,T)}{\partial(P,T)} - \frac{\dfrac{\partial(V,S)}{\partial(P,T)}}{\dfrac{\partial(P,S)}{\partial(P,T)}} = \left(\frac{\partial V}{\partial P} \right)_T - \frac{\left(\frac{\partial V}{\partial P} \right)_T \left(\frac{\partial S}{\partial T} \right)_P - \left(\frac{\partial V}{\partial T} \right)_P \left(\frac{\partial S}{\partial P} \right)_T}{\left(\frac{\partial S}{\partial T} \right)_P}$$

$$= \frac{\left(\frac{\partial V}{\partial T} \right)_P \left(\frac{\partial S}{\partial P} \right)_T}{\left(\frac{\partial S}{\partial T} \right)_P} \quad \text{(5.17) 式を代入}$$

$$= -\frac{T}{nC_P} \left\{ \left(\frac{\partial V}{\partial T} \right)_P \right\}^2 < 0. \tag{7.15}$$

ここで，$\left(\frac{\partial S}{\partial T} \right)_P = \frac{nC_P}{T}$ を用いた．■

不等式 $\kappa_T > \kappa_S$ は，ルシャトリエの原理により，次のように解釈できる．系に圧力を加えて断熱圧縮すると，系の圧力の増大と共に温度も上昇する．しかし，等温過程では，熱が外部へ逃げて，圧力の増大が緩和される．この事実を数式で表すと，$(\Delta P)_S > (\Delta P)_T$ すなわち

$$\frac{1}{(\Delta P)_S} < \frac{1}{(\Delta P)_T}.$$

ここで，系に圧力を加えた（$\Delta P > 0$ の）とき，体積は減少する（$\Delta V < 0$）ことに注意し，$\frac{1}{(\Delta P)_S} < \frac{1}{(\Delta P)_T}$ の両辺に $-\frac{\Delta V}{V} > 0$ をかけると，

$$-V^{-1}\left(\frac{\Delta V}{\Delta P}\right)_S < -V^{-1}\left(\frac{\Delta V}{\Delta P}\right)_T$$

が得られる．すなわち，

$$\kappa_S < \kappa_T$$

となり，ルシャトリエの原理からも不等式が再現された．

演 習 問 題

7.1 次の不等式を証明せよ．ただし，H はエンタルピー (5.18) である．

(1) $\left(\frac{\partial S}{\partial P}\right)_H < 0.$

(2) $\left(\frac{\partial S}{\partial V}\right)_U > 0.$

7.2 定圧モル比熱 C_P と定積モル比熱 C_V の比と，等温圧縮率 κ_T と断熱圧縮率 κ_S の比との間に，等式

$$\frac{C_P}{C_V} = \frac{\kappa_T}{\kappa_S}$$

が成立することを証明せよ．

第8章　気体液体転移

ファンデルワールスの状態方程式は，気体と液体の統一的記述をめざす研究の中から生まれた．この方程式に基づき，気体液体転移の性質を理解する．

8.1　ファンデルワールス方程式

1850年代に，ジュール‐トムソン効果の実験により，「実在気体は完全な理想気体ではない」ことが明らかになり，同時に気体の冷却法の一つが確立された．引き続く1860年代に，アンドリュースは，二酸化炭素の状態方程式に関する詳細な実験的研究を行い，低温・高圧下で，気体から液体へと連続的に移り変わる「臨界点」が存在することを見いだした（1869年）．ファンデルワールスは，この臨界点の理論的記述を目指して研究を始め，ファンデルワールス方程式を導出した（1873年）．気体と液体を統一的に記述できるという特筆すべき性質を持つこの方程式は，次のように直観的に導出できる．

❶ 排除体積効果

気体は有限の大きさを持つ分子からなるものと仮定すると，分子の動ける領域は，容器の体積 V から減少すると予想できる．**排除体積効果**と呼ばれるこの効果は，理想気体の状態方程式において，

$$V \quad \longrightarrow \quad V - nb \tag{8.1a}$$

とすることで取り入れることができるであろう．ここで，n はモル数，$b > 0$ は分子の大きさ（体積）に関連した定数である．

❷分子間引力

分子間に引力が働くものと仮定すると，気体の圧力 P は，理想気体の圧力より減少すると予想できる．また，引力が全ての二粒子対に働くとすると，圧力の減少の大きさは，気体の密度 $\frac{N}{V}$ の二乗に比例すると考えられる．ここで，N は分子数で，モル数 n に比例する．以上の考察により，理想気体の状態方程式を

$$P = \frac{nRT}{V} \quad \longrightarrow \quad P + a\left(\frac{n}{V}\right)^2 = \frac{nRT}{V} \tag{8.1b}$$

と変更すれば良いであろう．ここで $a > 0$ は比例定数である．実際，変更後の式は

$$P = \frac{nRT}{V} - a\left(\frac{n}{V}\right)^2$$

と書け，理想気体よりも圧力が下がっている．

理想気体の状態方程式

$$PV = nRT$$

に (8.1) 式の二つの変更を取り込むと，

ファンデルワールスの状態方程式　ここがポイント！

$$\left\{P + a\left(\frac{n}{V}\right)^2\right\}(V - nb) = nRT \tag{8.2}$$

が得られる．

8.2　臨界点と無次元化

状態方程式に関連して，「臨界点」を数学的に次のように定義する．

臨界点　ここがポイント！

状態方程式 $P = P(T, V)$ で，$\left(\dfrac{\partial P}{\partial V}\right)_{\mathrm{c}} = 0$ と $\left(\dfrac{\partial^2 P}{\partial V^2}\right)_{\mathrm{c}} = 0$ が同時に成り立つ点 $(V_{\mathrm{c}}, P_{\mathrm{c}}, T_{\mathrm{c}})$．

理想気体 $P = \frac{nRT}{V}$ では，圧力 P は体積 V の単調減少関数で臨界点はない．一方，ファンデルワールス方程式 (8.2) は臨界点を持ち，その値は

$$(V_{\mathrm{c}}, P_{\mathrm{c}}, T_{\mathrm{c}}) = \left(3nb, \frac{a}{27b^2}, \frac{8a}{27bR}\right) \tag{8.3}$$

となる．そして，理想気体では 1 となる比 $\frac{nRT}{PV}$ が，ファンデルワールス方程式の臨界点で

$$\frac{nRT_{\mathrm{c}}}{P_{\mathrm{c}}V_{\mathrm{c}}} = \frac{8}{3} = 2.67 \tag{8.4}$$

となり，1 から大きく外れる．

例題 8.1

(8.3) 式を導出せよ．

【解答】　ファンデルワールス方程式 (8.2) の臨界点を決める式は，次のようになる．

$$P_{\mathrm{c}} = \frac{nRT_{\mathrm{c}}}{V_{\mathrm{c}} - nb} - a\frac{n^2}{V_{\mathrm{c}}^2}, \tag{8.5a}$$

$$0 = \left(\frac{\partial P}{\partial V}\right)_{\mathrm{c}} = -\frac{nRT_{\mathrm{c}}}{(V_{\mathrm{c}} - nb)^2} + 2a\frac{n^2}{V_{\mathrm{c}}^3}, \tag{8.5b}$$

$$0 = \left(\frac{\partial^2 P}{\partial V^2}\right)_{\mathrm{c}} = 2\frac{nRT_{\mathrm{c}}}{(V_{\mathrm{c}} - nb)^3} - 6a\frac{n^2}{V_{\mathrm{c}}^4}. \tag{8.5c}$$

三個の方程式 (8.5) 式により，三つの未知変数 $(V_{\mathrm{c}}, P_{\mathrm{c}}, T_{\mathrm{c}})$ が決定できる．まず，(8.5b) 式に $\frac{2}{V_{\mathrm{c}} - nb}$ を掛けて (8.5c) 式に加えると，

$$2a\frac{n^2}{V_c^3}\left(\frac{2}{V_c - nb} - \frac{3}{V_c}\right) = 0$$

となり，これより

$$V_c = 3nb$$

が得られる．これを (8.5b) 式に代入すると，T_c が

$$T_c = \frac{2an^2}{V_c^3}\frac{(V_c - nb)^2}{nR} = \frac{2an^2}{27(nb)^3}\frac{4(nb)^2}{nR} = \frac{8a}{27bR}$$

と求まる．さらに，上の二式を (8.5a) 式に代入すると，P_c が

$$P_c = \frac{nR}{2nb}\frac{8a}{27bR} - a\frac{n^2}{9(nb)^2} = \frac{a}{27b^2}$$

と得られる．■

表 8.1 は，三種類の物質の臨界点と比 $\frac{nRT_c}{P_cV_c}$ の実測値をまとめたものである．比 $\frac{nRT_c}{P_cV_c}$ はいずれも 3 程度となっており，ファンデルワールス方程式の理論値 2.67 とのかなり良い一致がみられる．

表 8.1　三種類の物質の臨界点と比 $\frac{nRT_c}{P_cV_c}$

物質	T_c [°C]	P_c [atm]	密度 $\frac{N}{V_c}$ [g/cm^3]	$\frac{nRT_c}{P_cV_c}$
H_2O	374.1	218.5	0.324	3.39
O_2	−118.8	49.7	0.430	3.42
He	−267.9	2.26	0.0693	3.08

さらに 1880 年，ファンデルワールスは，変数変換

$$(V, P, T) = (V_cV_r, P_cP_r, T_cT_r) \tag{8.6}$$

により方程式を無次元量 (V_r, P_r, T_r) のみで表し，様々な気体の状態方程式が，単一の「還元方程式」に帰着できることを示した．実際，表式 (8.3) を用いた変数変換 (8.6) を (8.2) 式に代入すると，

$$\left(\frac{a}{27b^2}P_r + a\frac{n^2}{9n^2b^2V_r^2}\right)(3nbV_r - nb) = nR\frac{8a}{27bR}T_r$$

へと書き換えられる．これを簡略化することで，次式が得られる．

還元方程式 ここがポイント!

$$\left(P_{\mathrm{r}}+\frac{3}{V_{\mathrm{r}}^{2}}\right)\left(V_{\mathrm{r}}-\frac{1}{3}\right)=\frac{8}{3}T_{\mathrm{r}} \tag{8.7}$$

異なる $(V_{\mathrm{c}}, P_{\mathrm{c}}, T_{\mathrm{c}})$ を持つ物質の同じ $(V_{\mathrm{r}}, P_{\mathrm{r}}, T_{\mathrm{r}})$ 状態を**対応状態**と呼ぶ．図 8.1 は，$T_{\mathrm{r}} = T_{\mathrm{r}}(V_{\mathrm{r}}, P_{\mathrm{r}})$ の等高線を描いた図である．図中，●をつけた点が臨界点 $(V_{\mathrm{r}}, P_{\mathrm{r}}, T_{\mathrm{r}}) = (1, 1, 1)$ で，その曲線より下 (上) にある一群の曲線が，$T_{\mathrm{r}} < 1$ の低温曲線（$T_{\mathrm{r}} > 1$ の高温曲線）である．$T_{\mathrm{r}} < 1$ のそれぞれの圧力曲線 $P_{\mathrm{r}} = P_{\mathrm{r}}(V_{\mathrm{r}})$ は，極値点（図中の▼と▲）を持ち，二つの極値点の中間の P に対しては，三つの V の値（図中の×の点）が対応する．両端の二つの値は，V の大きい方が気体，小さい方が液体状態に対応し，真ん中の V の値は，等温圧縮率

$$\kappa_T \equiv -\frac{1}{V}\left(\frac{\partial V}{\partial P}\right)_T$$

が負の値を持つ不安定状態である．このように，ファンデルワールス方程式は，アンドリュースの発見した臨界点を再現し，気体と液体の両方を記述できるという素晴らしい性質を持つ．還元方程式 (8.7) は，気体の液化の実験的努力の指針として用いられ，ヘリウムの液化（オンネス，1908 年）の成功を導いた．この液化は約 1 K でのことである．従って，ヘリウム液化の成功は，同時に低温技術の獲得を意味し，低温物理学の発展をもたらした．

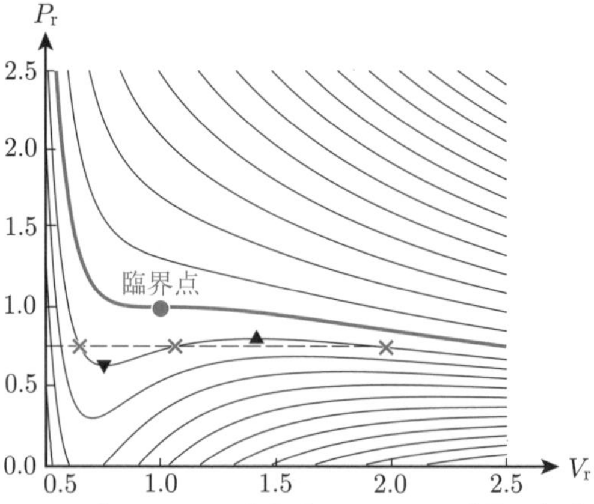

図 8.1　ファンデルワールス方程式による VP 空間の温度一定曲線

8.3 気体液体転移とマクスウェルの規則

ファンデルワールス気体において，臨界温度 T_c 以下の温度の等温曲線 $P = P(V,T)$ は，V の関数として図 8.2 のように二つの極値点 B と D を持つ．その間の経路 B→C→D は，$\left(\frac{\partial P}{\partial V}\right)_T > 0$，すなわち，等温圧縮率 $\kappa_T \equiv -\frac{1}{V}\left(\frac{\partial V}{\partial P}\right)_T$ が負となる不安定領域である．従って，気体を体積の大きな領域から圧縮して行くと，A→B→C→D→E の連続的な経路は実現されず，ある圧力 $P = P_\mathrm{A}$ において A→E へと不連続に体積が変化する．この気体液体転移が起こる圧力 P_A は，次の「マクスウェルの規則」に従って決定できる．

マクスウェルの規則 **ここがポイント !**

気体液体転移に際して，VP 空間における領域 ABC と領域 CDE の面積は等しい．

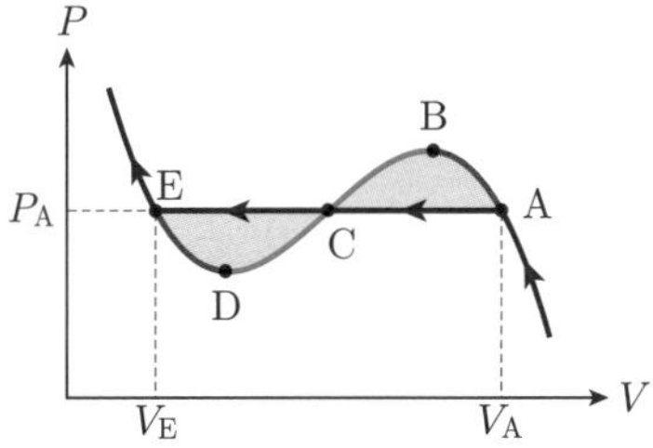

図 8.2 マクスウェルの規則

例題 8.2

マクスウェルの規則を導出せよ．

【解答】 図 8.2 において A を始点とする仮想的な等温可逆過程 A→B→C→D→E→A を考える．この可逆循環過程において，ポテンシャル S と U の値は変化しない．すなわち，

$$0 = \Delta U, \quad 0 = \Delta S = \oint dS = \oint \frac{d'Q}{T} = \frac{1}{T}\oint d'Q = \frac{\Delta Q}{T}$$

が成立する．従って，第一法則より，系が受け取った全仕事 ΔW もゼロ，すなわち，

$$0 = \Delta W = -\oint P\,dV = (\mathrm{ABC}\ の面積) - (\mathrm{CDE}\ の面積). \ ■$$

8.4　ジュール - トムソン効果 A

既に 5.2 節❸で学んだように，ジュールとトムソンは，図 5.2 のような工夫により気体分子を減速し，圧力を低下させた（$P_1 > P_2$）．そして，その際に温度変化が起こることを確認して，実在気体が理想気体ではないことを明らかにした．

このジュール - トムソン過程は，気体の冷却に用いられている．その可能性と大きさは，ジュール - トムソン係数 (5.21)，すなわち

$$\mu_{\rm JT} = \frac{T\left(\dfrac{\partial V}{\partial T}\right)_P - V}{nC_P} = \frac{T - V\left(\dfrac{\partial T}{\partial V}\right)_P}{nC_P\left(\dfrac{\partial T}{\partial V}\right)_P} \tag{8.8}$$

により評価できる．すなわち，$\mu_{\rm JT} > 0$ の領域では冷却が可能である．方程式 $\mu_{\rm JT} = 0$ により決まるその境界の温度 $T = T(P)$ を**逆転温度**と呼ぶ．還元方程式 (8.7) を用いて逆転温度を計算しよう．

以下では添字の $_{\rm r}$ を省略する．逆転温度を決める方程式は，次のように変形できる．

$$\begin{aligned}
0 &= T - V\left(\frac{\partial T}{\partial V}\right)_P \\
&= \frac{3}{8}\left[\left(P + \frac{3}{V^2}\right)\left(V - \frac{1}{3}\right) - V\left\{-\frac{6}{V^3}\left(V - \frac{1}{3}\right) + \left(P + \frac{3}{V^2}\right)\right\}\right] \\
&= \frac{3}{8}\left\{-\frac{1}{3}\left(P + \frac{3}{V^2}\right) + \frac{6}{V^2}\left(V - \frac{1}{3}\right)\right\} \\
&= -\frac{PV^2 - 18V + 9}{8V^2}.
\end{aligned}$$

これを解くことにより，$V = V(P)$ が

$$V(P) = \frac{9 \pm \sqrt{9(9 - P)}}{P} \tag{8.9}$$

と求まる．

この式を (8.7) 式に代入すると，逆転温度 $T = T(P)$ が得られる．図 8.3 は，この曲線で囲まれた $\mu_{\mathrm{JT}} > 0$ の領域を，PT 平面上に描いた図である．

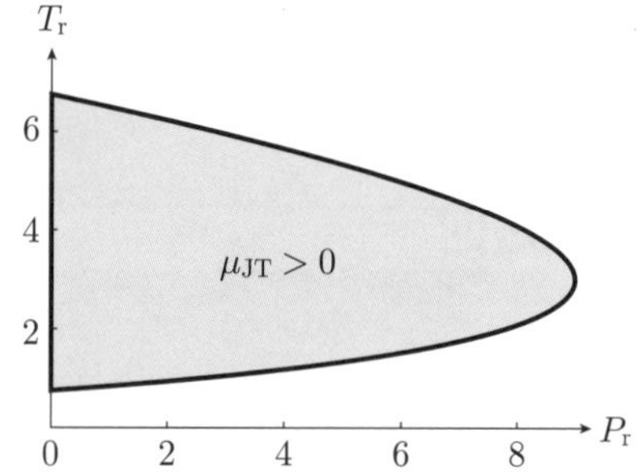

図 8.3　逆転温度

演 習 問 題

8.1　ディーテリチの状態方程式

$$P = \frac{nRT}{V - nb} \exp\left(-\frac{na}{RTV}\right) \quad (a, b > 0) \tag{8.10}$$

に従う n モルの気体がある．以下の問いに答えよ．

(1)　臨界点 $(V_{\mathrm{c}}, P_{\mathrm{c}}, T_{\mathrm{c}})$ と $\dfrac{nRT_{\mathrm{c}}}{P_{\mathrm{c}}V_{\mathrm{c}}}$ の値を求めよ．

(2)　(8.10) 式で $(V, P, T) = (V_{\mathrm{c}}V_{\mathrm{r}}, P_{\mathrm{c}}P_{\mathrm{r}}, T_{\mathrm{c}}T_{\mathrm{r}})$ と変数変換を行うと，還元方程式が，

$$P_{\mathrm{r}} = \frac{T_{\mathrm{r}}}{2V_{\mathrm{r}} - 1} \exp\left(2 - \frac{2}{T_{\mathrm{r}}V_{\mathrm{r}}}\right) \tag{8.11}$$

と得られることを示せ．

8.2　ジュール‐トムソン係数 (5.21) を還元ディーテリチ方程式 (8.11) を用いて計算し，その逆転温度曲線上で

$$P_{\mathrm{r}} = (8 - T_{\mathrm{r}}) \exp\left(\frac{5}{2} - \frac{4}{T_{\mathrm{r}}}\right) \tag{8.12}$$

が成り立つことを示せ．

8.3　(3.15) 式を用いて，ファンデルワールス方程式に従う気体について，定圧モル比熱と定積モル比熱の差 $C_P - C_V$ の表式を導け．

第9章 熱力学第三法則

ここでは，エントロピーの基準値に関する「熱力学第三法則」を説明する．

9.1 熱力学第三法則

熱力学におけるエントロピーの微小変化は，可逆過程を用いて，

$$dS = \frac{d'Q}{T} \tag{9.1}$$

と表される．これを適当な可逆過程に沿って温度について積分することで，温度 T におけるエントロピーが，

$$S(T, x) = S(T_0, x) + \int_{T_0}^{T} \frac{d'Q_1}{T_1} \tag{9.2}$$

と得られる．ここで x は，温度以外のもう一つの状態変数（V, P など）を表し，また積分変数を T から T_1 に変更した．このように，熱力学第二法則で見いだされたエントロピーには，一般に未知の付加定数 $S(T_0, x)$ が存在する．その値はヘルムホルツ自由エネルギー

$$\begin{aligned} F &= U - TS \\ &= U - T\int_{T_0}^{T} \frac{d'Q_1}{T_1} - TS(T_0, x) \end{aligned}$$

にも影響を与え，不定の温度依存性 $-TS(T_0, x)$ をもたらす．エントロピーの絶対値は決まるのであろうか？ この疑問に対する答えは，次のように与えられた．

熱力学第三法則（ネルンストの定理） ここがポイント !

$$\lim_{T \to 0} S = 0. \tag{9.3}$$

すなわち，絶対零度のエントロピーは，その独立変数によらない定数で，ゼロと置くことができる．これにより，F や G の温度依存性に関する不定性を取り除くことができる．第三法則の微視的な意味は，量子力学と統計力学により明らかになる．先走って結果だけを述べると，上の内容は，次の内容と等価である．

熱力学第三法則
（量子力学と統計力学による基礎づけ）　ここがポイント！

絶対零度における系の熱力学的状態には，ただ一つの量子力学的状態，すなわち，最低エネルギーを持つ量子力学的状態が対応する．

ネルンストを第三法則の提唱へと導いた背景について簡単に述べておく[1]．カルノー，トムソン，クラウジウスらによって基礎が築かれた熱力学は，ギブス（1876 年，1878 年）やヘルムホルツ（1882 年）によって，相平衡や化学反応の問題へとその適用領域が大きく広げられた．それらは一般に定温・定圧下で変化・反応が起こり，熱平衡状態はギブス自由エネルギー G が最低の状態である（5.2 節参照）．そして，化学反応 I→II の平衡定数も，反応に関わる自由エネルギーの差 $\Delta G \equiv G_{\mathrm{II}} - G_{\mathrm{I}}$ を用いて表される．しかし，各 $G_{\mathrm{I,II}}$ の表式には，エントロピーに関する不定項 $-TS_{\mathrm{I,II}}(T_0, P)$ が存在するため，平衡定数を実験データのみから決めることができなかった．この問題を解決しようとしたネルンストは，既存の実験データの解析から，「化学反応 I→II の際のエントロピー変化 $\Delta S \equiv S_{\mathrm{II}} - S_{\mathrm{I}}$ は絶対零度でゼロとなる」ことを提唱したのである（1905 年）．これにより，平衡定数に関する不定性が取り除かれることになる．その後ネルンストは，この主張を実験的に検証することにも取り組んでいる．

より一歩進んで，「S_{I} と S_{II} のいずれもが絶対零度でゼロとなる」としたのがプランクである（1910 年）．すなわち，第三法則が単純明快な (9.3) 式へと収束し，ここに熱力学が完成した．

9.2 第三法則からの帰結

熱力学第三法則からは，熱力学量の絶対零度への近づき方について，以下の結論が得られる．

(1) モル比熱は絶対零度近傍で連続的に 0 に近づく．
(2) 熱膨張係数は絶対零度近傍で連続的に 0 に近づく．
(3) 圧力の温度依存性は絶対零度近傍でなくなる．

例題 9.1

上の (1)〜(3) を証明せよ．

【解答】 (1) モル比熱の表式

$$C_x = \frac{T}{n}\left(\frac{\partial S}{\partial T}\right)_x, \quad x = V, P$$

に $\frac{n}{T}$ を掛け，絶対零度から温度 T まで積分すると，第三法則

$$S(T=0) = 0$$

を考慮して，

$$S(T, x) = \int_0^T \frac{C_x(T_1)}{T_1}\, dT_1$$

が得られる．この積分が収束するには，モル比熱が，絶対零度近傍で，

$$C_x(T) \propto T^\nu \quad (\nu > 0)$$

となる必要がある．つまり，モル比熱は，絶対零度で連続的にゼロになる必要がある．
(2) 熱膨張係数 α は，

$$\alpha \equiv \frac{1}{V}\left(\frac{\partial V}{\partial T}\right)_P \tag{9.4}$$

で定義される．ここで，(T, P) を独立変数とするギブス自由エネルギーの微小変化

$$dG = -S\, dT + V\, dP$$

を思い起こすと，上の表式の絶対零度近傍での振る舞いが，マクスウェルの関係式を用いて，

$$\alpha \equiv \frac{1}{V}\left(\frac{\partial V}{\partial T}\right)_P = -\frac{1}{V}\left(\frac{\partial S}{\partial P}\right)_T \xrightarrow{T\to 0} 0$$

と評価できる．

(3)　圧力の温度依存性は，微係数

$$\left(\frac{\partial P}{\partial T}\right)_V \tag{9.5}$$

で評価できる．ここで，(T, V) を独立変数とするヘルムホルツ自由エネルギーの微小変化

$$dF = -S\,dT - P\,dV$$

を思い起こすと，(9.5) 式の絶対零度近傍での振る舞いが，マクスウェルの関係式を用いて，

$$\left(\frac{\partial P}{\partial T}\right)_V = \left(\frac{\partial S}{\partial V}\right)_T \xrightarrow{T\to 0} 0$$

と評価できる．■

常温付近の理想気体の内部エネルギーとエントロピーは，(3.18) 式のように得られた．しかし，これらの式は熱力学第三法則を満たさず，低温では使えないことがわかる．低温での理想気体には，**フェルミ気体**と**ボーズ気体**の二種類があることが知られている．それらについては，以下の演習問題と後の統計力学の章で詳しく扱う．

演習問題

9.1 あるフェルミ気体 n モルの低温における定積モル比熱 C_V と圧力 P を測定すると，絶対温度 T と体積 V を用いて，

$$C_V = a\frac{V}{n}T, \quad P = P_0 + bT^2$$

と表せることがわかった．ここで，a, b, P_0 は正の定数である．(3.7) 式を用いて以下の問いに答えよ．

(1) 内部エネルギーの微小変化 dU とエントロピーの微小変化 dS の表式を，温度 T と体積 V の関数として求めよ．

(2) マクスウェルの関係式を用いて，定数 a と定数 b の間に成立すべき関係を書き下せ．

(3) 内部エネルギー U とエントロピー S の表式を，温度 T と体積 V の関数として求めよ．

(4) 準静的断熱過程により，体積が 2 倍になった．膨張後の温度は膨張前の温度の何倍になるか答えよ．

9.2 熱平衡にある光子気体の圧力 P と内部エネルギー U は，絶対温度 T と体積 V を用いて

$$P = \frac{1}{3}aT^4, \quad U = aVT^4$$

と表せる．ただし，a は正の定数である．

(1) この気体のエントロピー S の表式を求めよ．

(2) 準静的断熱変化では「$PV^{\frac{4}{3}} =$ 一定」が成立することを示せ．

第10章　統計力学の基礎

この章では，確率論と統計学の基礎を復習することから始め，エントロピーの統計力学的表式を導出する．その表式とエントロピー最大原理に基づき，平衡統計力学の基礎を構築する．

10.1　エントロピーの統計力学的表式

平衡統計力学の目標は，熱力学と整合する微視的な理論体系に基づき，熱力学では実験的に決定するしかなかった定積熱容量 $C_V(T,V)$ や状態方程式 $P=P(T,V)$ などを，理論的に導出できるようにすることである．その対象は，アボガドロ数 $N_\mathrm{A}=6.022\times10^{23}\,[\mathrm{mol}^{-1}]$ 程度の莫大な数の同種粒子やスピンなどからなる系である．我々に必要なのは，その中の平均的な粒子の挙動とそこからのゆらぎなどの統計的なデータであり，実際に測定される温度や圧力などの物理量も，それらの統計量と結びついている．平衡統計力学は，多粒子系・多自由度系の期待値やゆらぎを，熱力学の知識と確率論の助けを借りて，微視的に計算可能にしようとする試みである．

熱力学第二法則の数式表現はクラウジウス不等式 (3.3) である．そこに現れるエントロピー S は，熱力学に固有のポテンシャルであり，エネルギーや体積と異なり，力学的には定義できない．この事実に基づき，ここでの統計力学の定式化では，エントロピーをその基礎に据えることにし，その確率論的表式を熱力学と整合するように導出することから始める．

❶ 確率論と統計学の基礎

まず，確率論と統計学の基礎を復習することから始める．

(1)　**取り得る状態とその出現確率 w_ν**

ある系（あるいは事象）を考え，その取り得る状態が $\nu=1,2,\cdots,W$ 個あり，各状態は確率 w_ν で出現するものとする．変数 w_ν は $0\le w_\nu\le 1$ を満たし，規格化条件

$$\sum_{\nu=1}^{W} w_\nu = 1 \tag{10.1}$$

に従う．例えば，均質な正方形のさいころを振る場合，取り得る状態は $\nu = 1, 2, \cdots, 6$ の六種類の目で区別され，それらの出現確率は相等しく，$w_\nu = \frac{1}{6}$ である．

(2) **状態 $\boldsymbol{\nu}$ に付随した量 $\boldsymbol{g_\nu}$**

状態 ν に付随したある量を g_ν で表すことにする．例えばさいころを振る場合の g_ν としては，出る目の数 $\nu = 1, 2, \cdots, 6$，その二乗 ν^2，目の偶奇などを考えることができる．

(3) **$\boldsymbol{g_\nu}$ の期待値（平均値）$\boldsymbol{\langle g \rangle}$**

g_ν の期待値（平均値）を

$$\langle g \rangle \equiv \sum_{\nu} w_\nu g_\nu \tag{10.2}$$

で定義する．$\langle g \rangle$ を $\overline{g}$ と書くこともある．例えばさいころを振る場合，出る目の期待値は次のように計算できる．

$$\langle \nu \rangle = \sum_{\nu=1}^{6} \frac{1}{6} \nu = \frac{1}{6} \frac{6 \cdot 7}{2} = \frac{7}{2} = 3.5.$$

(4) **$\boldsymbol{g_\nu}$ の標準偏差 $\boldsymbol{\sigma_g}$**

g_ν の標準偏差を

$$\sigma_g \equiv \sqrt{\sum_{\nu} w_\nu (g_\nu - \langle g \rangle)^2} = \sqrt{\langle g^2 \rangle - \langle g \rangle^2} \tag{10.3}$$

で定義する．第二の表式は，根号の中を展開して (10.1) 式と (10.2) 式を用いることにより得られた．この定義式から明らかなように，標準偏差 σ_g は，g_ν の分布が平均値を中心としてどの程度広がっているかの目安を与える．例として，さいころを振る場合，目の二乗の期待値は，

$$\langle \nu^2 \rangle = \sum_{\nu=1}^{6} \frac{1}{6} \nu^2 = \frac{1}{6} \frac{6 \cdot 7 \cdot (2 \cdot 6 + 1)}{6} = \frac{91}{6}$$

と計算できる．従って，標準偏差 σ_ν は

$$\sigma_\nu = \sqrt{\frac{91}{6} - 3.5^2} \approx 1.7$$

となることがわかる．統計力学における標準偏差は**ゆらぎ**と呼ばれる．

(5)　独立な系

二個のさいころを同時に投げるとき，一つのさいころがある目を取る確率は，他のさいころがどのような目を取るかに依存しない．これを一般化して，独立な系を以下のように定義する．

独立な系　ここがポイント!

二つの系 $j=1,2$ があり，それらの取り得る状態数を $W^{(j)}$ で，また系 j において状態 ν が実現される確率を $w_\nu^{(j)}$ で表す．次に，合成系 $1+2$ を考え，その状態が系 1 の状態 ν_1 と系 2 の状態 ν_2 で完全に指定されるものとし，その出現確率を $w_{(\nu_1,\nu_2)}^{(1+2)}$ で表す．条件

$$w_{(\nu_1,\nu_2)}^{(1+2)} = w_{\nu_1}^{(1)} w_{\nu_2}^{(2)} \tag{10.4}$$

が成立するとき，系 1 と系 2 を**独立な系**と呼ぶ．

❷ エントロピーの表式

エントロピーは，統計力学的に次のように表せる．

エントロピーの統計力学的表式　ここがポイント!

$$S = -k_\mathrm{B} \sum_\nu w_\nu \ln w_\nu \tag{10.5}$$

また，熱力学との整合性を要請すると，比例定数 k_B は，気体定数 (1.5) をアボガドロ数 (1.4) で割った値，すなわち

$$k_\mathrm{B} = 1.381 \times 10^{-23}\,[\mathrm{J/K}] \tag{10.6}$$

と取るべきことがわかる．この定数を**ボルツマン定数**と呼ぶ．

例題 10.1

(10.5) 式を以下の仮定の下に導出せよ．

(a) エントロピー S は確率 w_ν のみの関数で，異なる状態の出現は独立事象である．従って，その表式は，未知関数 $f(w)$ を用いて，次の形に書くことができる．

$$S = \sum_\nu w_\nu f(w_\nu). \tag{10.7}$$

(b) エントロピーは示量変数である．すなわち，部分系 $j = 1, 2$ のエントロピー $S^{(j)}$ と合成系 $1 + 2$ のエントロピー $S^{(1+2)}$ との間に，次の等式が成立する．

$$S^{(1+2)} = S^{(1)} + S^{(2)}. \tag{10.8}$$

(c) 部分系 $j = 1, 2$ は統計的に独立である．すなわち，(10.4) 式が成立する．

(d) 熱力学第三法則 (9.3) を満たす．

【解答】 (10.8) 式に (10.7) 式を代入し，(10.4) 式と (10.1) 式を用いて次のように変形する．

$$\begin{aligned}
0 &= S^{(1+2)} - S^{(1)} - S^{(2)} \\
&= \sum_{\nu_1}\sum_{\nu_2} w^{(1+2)}_{(\nu_1,\nu_2)} f\big(w^{(1+2)}_{(\nu_1,\nu_2)}\big) - \sum_{\nu_1} w^{(1)}_{\nu_1} f\big(w^{(1)}_{\nu_1}\big) \times 1 - 1 \times \sum_{\nu_2} w^{(2)}_{\nu_2} f\big(w^{(2)}_{\nu_2}\big) \\
&= \sum_{\nu_1}\sum_{\nu_2} w^{(1)}_{\nu_1} w^{(2)}_{\nu_2} f\big(w^{(1)}_{\nu_1} w^{(2)}_{\nu_2}\big) - \sum_{\nu_1} w^{(1)}_{\nu_1} f\big(w^{(1)}_{\nu_1}\big) \sum_{\nu_2} w^{(2)}_{\nu_2} \\
&\quad - \sum_{\nu_1} w^{(1)}_{\nu_1} \sum_{\nu_2} w^{(2)}_{\nu_2} f\big(w^{(2)}_{\nu_2}\big) \\
&= \sum_{\nu_1}\sum_{\nu_2} w^{(1)}_{\nu_1} w^{(2)}_{\nu_2} \big\{ f\big(w^{(1)}_{\nu_1} w^{(2)}_{\nu_2}\big) - f\big(w^{(1)}_{\nu_1}\big) - f\big(w^{(2)}_{\nu_2}\big) \big\}.
\end{aligned}$$

これが任意の $w^{(1)}_{\nu_1}$ と $w^{(2)}_{\nu_2}$ に対して成立するための必要十分条件は，関数 f が，

$$f(vw) = f(v) + f(w)$$

を満たすことである．この式を v で微分すると

$$wf'(vw) = f'(v)$$

が得られる．さらに $v = 1$ と置いた結果は，$k_{\rm B} \equiv -f'(1)$ を定数として

$$f'(w) = -\frac{k_{\rm B}}{w}$$

と表せる．この微分方程式は初等的に積分でき，$f(w)$ が

$$f(w) = -k_{\rm B} \ln w + C \tag{10.9}$$

と求まる．ただし C は定数である．(10.9) 式を (10.7) 式に代入して (10.1) 式を考慮すると，エントロピーが

$$S = -k_{\rm B} \sum_{\nu} w_{\nu} \ln w_{\nu} + C \tag{10.10}$$

と表せることがわかる．ここで，$0 \le w_{\nu} \le 1$ のとき

$$-w_{\nu} \ln w_{\nu} \ge 0$$

であり，その下限値 0 は $w_{\nu} = 0, 1$ で実現されることに注意する．従って，右辺第一項は

$$-k_{\rm B} \sum_{\nu} w_{\nu} \ln w_{\nu} \ge 0$$

を満たし，その下限値 0 は，ある一つの状態 $\nu = \nu_0$ の出現確率が 1 の場合，すなわち，

$$w_{\nu} = \delta_{\nu\nu_0}$$

なる**純粋状態**で実現する．ただし，$\delta_{\nu\nu_0}$ は

$$\delta_{\nu\nu_0} \equiv \begin{cases} 1 & : \nu = \nu_0 \\ 0 & : \nu \ne \nu_0 \end{cases} \tag{10.11}$$

で定義される**クロネッカーのデルタ**である．この事実と熱力学第三法則 (9.3) より，(10.10) 式の定数 C は 0 と置くべきことが結論づけられる．■

(10.5) 式は，**ギブス・エントロピー**あるいは**フォンノイマン・エントロピー**と呼ばれる．また，(10.5) 式で対数の底を 2 に取り換えて $k_{\rm B}$ を 1 とした表式は，情報理論において**シャノン・エントロピー**と呼ばれ，情報量を測る重要な指標となっている．

10.2　平衡確率分布と熱力学ポテンシャル

以下では，様々な外部条件をラグランジュの未定乗数法で取り込み，エントロピー最大原理を使って熱平衡分布を導出する．

❶ エントロピー最大原理

エントロピーの表式 (10.5) における w_ν の値は任意であり，このままでは使えない．何らかの方法で**平衡状態**（equilibrium）の確率分布 $w_\nu = w_\nu^{\mathrm{eq}}$ を求める必要がある．

そこで (5.1) 式に注目すると，孤立系では $dS \geq 0$ が成立し，その熱平衡状態はエントロピー最大状態となることが結論づけられている．また，(5.10) 式からは，温度 T の定温熱源と接し外部からの仕事のない系において，不等式 $d(U - TS) \leq 0$，すなわち，$d(S - T^{-1}U) \geq 0$ が成立することがわかる．従って，この系では $S - T^{-1}U$ が可能な限り増大し，熱平衡状態はその最大状態に対応する．数学的観点からこの $S - T^{-1}U$ の最大値問題を見ると，T^{-1} は**ラグランジュの未定乗数**（以下の例題 10.2 参照）とみなせ，U 一定の条件下で S を最大にする問題と読める．そこで，ここでは

エントロピー最大原理　ここがポイント！

熱平衡状態は (10.5) 式が最大の状態である

を採用し，異なる付加条件の下で，三つの代表的な平衡確率分布 w_ν^{eq} を導出する．

❷ ラグランジュの未定乗数法

導出の準備として，条件つきの最大値・最小値問題を解く際に使う**ラグランジュの未定乗数法**を，実例で学ぶことにする．

例題 10.2

$x^2 + y^2 = 1$ で表される単位円上において，関数 $f(x, y) \equiv x + y$ に最大値を与える点を求めよ．

【解答】 拘束条件 $x^2+y^2-1=0$ の左辺に**ラグランジュの未定乗数** λ を掛け，$f(x,y)$ に加えた関数

$$g(x,y;\lambda) \equiv x+y+\lambda(x^2+y^2-1)$$

の最大化を考える．以下に見るように，未定乗数 λ は拘束条件を用いて決定できる．$g(x,y;\lambda)$ が極値を取るための必要条件は，

$$\frac{\partial g(x,y;\lambda)}{\partial x} = \frac{\partial g(x,y;\lambda)}{\partial y} = 0$$

である．これらを具体的に書き表すと，

$$0 = 1+2\lambda x = 1+2\lambda y \quad \longleftrightarrow \quad x = y = -\frac{1}{2\lambda}$$

となる．解 $x=y=-\frac{1}{2\lambda}$ を拘束条件 $x^2+y^2=1$ に代入すると，

$$\frac{1}{4\lambda^2}+\frac{1}{4\lambda^2}=1 \quad \longleftrightarrow \quad \lambda = \mp\frac{1}{\sqrt{2}} \quad \longrightarrow \quad x=y=\pm\frac{1}{\sqrt{2}}$$

が得られる（複号同順）．この結果を $f(x,y)=x+y$ に代入すると，最大値を与える点が $(x,y)=\left(\frac{1}{\sqrt{2}},\frac{1}{\sqrt{2}}\right)$ と求まる．ちなみに，もう一つの点 $(x,y)=\left(-\frac{1}{\sqrt{2}},-\frac{1}{\sqrt{2}}\right)$ は，$f(x,y)$ に最小値を与える．■

この問題では，関数 $g(x,y;\lambda)$ の λ を λ^{-1} で置き換えて全体を λ 倍した関数

$$\widetilde{g}(x,y;\lambda) \equiv \lambda g(x,y;\lambda^{-1}) = \lambda(x+y)+x^2+y^2-1$$

を用いても同じ結果が得られる．変換 $\lambda \to \lambda^{-1}$ は単なる変数の書き換えであり，また，定数倍（λ 倍）は最大値を与える点の決定には影響しないからである．このことから，最大値を与える点を求める際には，最大化する関数と拘束条件の役割を入れ換えても良いことがわかる．さらに，g の構成において，x^2+y^2-1 から定数部分 -1 を除いても，同じ結果が得られる．定数部分は，関数値を定数だけ移動させるのみで，最大値を与える点の決定には関与しないからである．

❸ ミクロカノニカル集団

まず，一定の体積 V を持ち，外界と熱的・力学的相互作用のない**孤立系**の平衡確率分布を導出する．エネルギーと粒子数の保存則を考慮すると，この系の内部エネルギー U と粒子数 N は一定である．そこで，(U,V,N) が同じ値を取る状態 ν の集合を考え，その状態数を $W=W(U,V,N)$ とする．エントロピー最大原理に従うと，この系の熱平衡状態は，(10.1) 式の条件下で (10.5) 式を最大化することにより得られる．対応する確率分布に従う系，すなわちミクロカノニカル集団（小正準集団）の基礎的事項は，次のようにまとめられる．

ミクロカノニカル集団（小正準集団） ここがポイント！

$$w_\nu = \frac{1}{W} \quad \text{：等重率の原理} \tag{10.12a}$$

$$W(U, V, N) \quad \text{：状態数} \tag{10.12b}$$

$$S = k_\mathrm{B} \ln W \quad \text{：エントロピー（ボルツマンの原理）} \tag{10.12c}$$

例題 10.3

(10.5) 式を (10.1) 式の条件下で最大化し，(10.12) 式を導け．

【解答】 (10.5) 式を (10.1) 式の条件下で最大化するため，λ をラグランジュの未定乗数とする関数

$$\widetilde{S} \equiv S - \lambda \sum_{\nu'} w_{\nu'} = -k_\mathrm{B} \sum_{\nu'} w_{\nu'} \ln w_{\nu'} - \lambda \sum_{\nu'} w_{\nu'}$$

を考察する．ただし，議論を明快にするため，和の変数 ν を ν' に取り換えた．この $\widetilde{S}$ が $w_\nu = w_\nu^\mathrm{eq}$（$\nu = 1, 2, \cdots, W$）で最大値を取るための必要条件は，

$$0 = \left. \frac{\partial \widetilde{S}}{\partial w_\nu} \right|_{w_\nu = w_\nu^\mathrm{eq}} = -k_\mathrm{B}(\ln w_\nu^\mathrm{eq} + 1) - \lambda \quad \longleftrightarrow \quad w_\nu^\mathrm{eq} = \exp\left(-\frac{\lambda}{k_\mathrm{B}} - 1 \right)$$

である．微分には，ν' に関する和の中で，$\nu' = \nu$ の所だけが寄与することに注意されたい．この結果から，w_ν^eq は，状態 ν によらず一定値を取ることがわかる．これは**等重率の原理**に他ならない．ここで，系の状態数が W であることを考慮して (10.1) 式を用いると，平衡状態における状態 ν の出現確率が

$$w_\nu^\mathrm{eq} = \frac{1}{W}$$

と表せる．この平衡確率分布を**ミクロカノニカル分布**または**小正準分布**と呼ぶ．ちなみに，未定乗数も $\lambda = k_\mathrm{B}(\ln W - 1)$ と決定できるが，以下の議論には不要である．ミクロカノニカル分布を (10.5) 式に代入すると，平衡状態のエントロピー $S_\mathrm{eq} \equiv S[w_\nu^\mathrm{eq}]$ が，

$$S_\mathrm{eq} = -k_\mathrm{B} \sum_{\nu'=1}^{W} \frac{1}{W} \ln \frac{1}{W} = -k_\mathrm{B} W \frac{1}{W} (-\ln W) = k_\mathrm{B} \ln W$$

と得られる．以上の結果を添字の eq を除いてまとめると，(10.12) 式となる．■

(10.12) 式より，ミクロカノニカル分布による統計力学の基礎は，状態数 $W = W(U, V, N)$ であることがわかる．いったん状態数が求まると，エントロピーが (10.12c) 式により得られる．さらに，温度 T，圧力 P，化学ポテンシャル μ が，熱力学関係式 (6.3) に基づいて，

$$\left(\frac{\partial S}{\partial U}\right)_{V,N} = \frac{1}{T}, \quad \left(\frac{\partial S}{\partial V}\right)_{U,N} = \frac{P}{T}, \quad \left(\frac{\partial S}{\partial N}\right)_{U,V} = -\frac{\mu}{T} \tag{10.13}$$

により計算できる．

❹カノニカル集団

次に，一定の体積 V を持ち，温度一定の外界との間に熱のやり取りがある**閉じた系**を考察する．その熱平衡状態では，系のエネルギーは時間的にゆらぐが，エネルギー期待値 $\langle E\rangle$ は一定と見なすことができるであろう．この期待値 $\langle E\rangle$ は，(10.2) 式で $g_\nu \to E_\nu$ としたものとして定義される．それが一定値 U に等しいという条件は，

$$U = \sum_\nu w_\nu E_\nu \tag{10.14}$$

と表せる．この U は系の**内部エネルギー**に他ならない．

エントロピー最大原理に従うと，この系の熱平衡状態は，(10.1) 式と (10.14) 式の条件下で，(10.5) 式を最大化する状態である．対応する確率分布に従う系，すなわちカノニカル集団（正準集団）の基礎的事項は，変数

$$\beta \equiv \frac{1}{k_{\mathrm{B}} T} \tag{10.15}$$

を用いて，次のようにまとめられる．

カノニカル集団（正準集団） **ここがポイント !**

$$w_\nu = \frac{e^{-\beta E_\nu}}{Z} \quad \text{：カノニカル分布} \tag{10.16a}$$

$$Z(T, V, N) \equiv \sum_\nu e^{-\beta E_\nu} \quad \text{：分配関数} \tag{10.16b}$$

$$F = -\frac{1}{\beta} \ln Z \quad \text{：ヘルムホルツ自由エネルギー} \tag{10.16c}$$

例題 10.4

(10.5) 式を (10.1) 式と (10.14) 式の条件下で最大化し，(10.16) 式を導け．

【解答】 この最大化問題は，T と λ をラグランジュの未定乗数として，関数

$$
\begin{aligned}
F &\equiv U - TS + \lambda\left(\sum_{\nu'} w_{\nu'} - 1\right) \\
&= \sum_{\nu'} w_{\nu'}\left(E_{\nu'} + k_{\mathrm{B}}T\ln w_{\nu'} + \lambda\right) - \lambda
\end{aligned}
\tag{10.17}
$$

の極値問題に置き換えることができる．関数 (10.17) の構成の際には，まず，最大化する関数 S と拘束条件 (10.14) の役割を入れ換え，その後に規格化条件 (10.1) を取り込んだ．(5.8) 式と見比べると，(10.17) 式の F は “非平衡状態” におけるヘルムホルツ自由エネルギーに他ならず，未定乗数 T は絶対温度の意味を持つことがわかる．

平衡確率分布を求める．(10.17) 式が $w_\nu = w_\nu^{\mathrm{eq}}$ で極値を取るための必要条件は，

$$
0 = \left.\frac{\partial F}{\partial w_\nu}\right|_{w_\nu = w_\nu^{\mathrm{eq}}} = E_\nu + k_{\mathrm{B}}T(\ln w_\nu^{\mathrm{eq}} + 1) + \lambda \quad \longleftrightarrow \quad w_\nu^{\mathrm{eq}} = e^{-\beta(E_\nu+\lambda)-1}
$$

である．ただし，(10.15) 式を用いた．ここで，新たな定数 $Z \equiv e^{\beta\lambda+1}$ を導入すると，w_ν^{eq} は

$$
w_\nu^{\mathrm{eq}} = \frac{e^{-\beta E_\nu}}{Z}
$$

と簡潔に表現できる．この平衡確率分布を**カノニカル分布**または**正準分布**と呼ぶ．「$E_\nu \to \infty$ の極限で出現確率 w_ν が 0 となる」との物理的要請は，条件 $T > 0$ に等価である．また，規格化条件 (10.1) を用いると，定数 Z が

$$
Z = \sum_\nu e^{-\beta E_\nu}
$$

と求まる．この Z を**分配関数**と呼ぶ．さらに，w_ν^{eq} の表式を (10.17) 式に代入すると，熱平衡状態のヘルムホルツ自由エネルギー $F_{\mathrm{eq}} \equiv F\big[w_\nu^{\mathrm{eq}}\big]$ が，

$$
F_{\mathrm{eq}} = \sum_\nu w_\nu^{\mathrm{eq}}\left\{E_\nu + k_{\mathrm{B}}T\left(-\beta E_\nu - \ln Z\right)\right\} = -k_{\mathrm{B}}T\ln Z = -\frac{1}{\beta}\ln Z
$$

と簡潔に表せる．エントロピー最大原理と $T > 0$ を思い起こすと，この F_{eq} は，(10.17) 式の最小値であると結論づけられる．以上の結果を添字の eq を除いてまとめると，(10.16) 式となる．■

(10.16) 式より，カノニカル分布による統計力学の基礎は，分配関数 $Z = Z(T,V,N)$ であることがわかる．いったん分配関数が求まると，ヘルムホルツ自由エネルギーが (10.16c) 式により得られ，さらに，エントロピー S，圧力 P，化学ポテンシャル μ が，熱力学関係式 (6.17) に基づいて，

$$\left(\frac{\partial F}{\partial T}\right)_{V,N} = -S, \quad \left(\frac{\partial F}{\partial V}\right)_{T,N} = -P, \quad \left(\frac{\partial F}{\partial N}\right)_{T,V} = \mu \tag{10.18a}$$

により計算できる．

一方，内部エネルギー U は，(10.14) 式に (10.16a) 式を代入して (10.16b) 式を用いることにより，

$$U = \frac{1}{Z}\sum_{\nu} e^{-\beta E_\nu} E_\nu = -\frac{1}{Z}\frac{\partial Z}{\partial \beta} = -\frac{\partial}{\partial \beta}\ln Z \tag{10.18b}$$

と表され，分配関数の対数から直接計算できることがわかる．さらに，定積モル比熱 (3.8) は，(3.10) 式，(10.18b) 式の最後の微分式，(10.16b) 式，および期待値の定義式 (10.2) を用いて，次のように二通りに表現できる（演習 10.1 参照）．

$$C_V = \frac{1}{n}\left(\frac{\partial U}{\partial T}\right)_{V,N} = \frac{1}{nk_{\mathrm{B}}T^2}\frac{\partial^2}{\partial \beta^2}\ln Z = \frac{\langle E^2\rangle - \langle E\rangle^2}{nk_{\mathrm{B}}T^2} \tag{10.18c}$$

内部エネルギー U が示量変数で温度 T が示強変数であることから，熱容量 nC_V は示量変数となる．これより，カノニカル分布における内部エネルギーのゆらぎ $\Delta U \equiv \sqrt{\langle E^2\rangle - \langle E\rangle^2} = \sqrt{nk_{\mathrm{B}}T^2 C_V}$ が，粒子数の平方根 $\sqrt{N}$ に比例することがわかる．従って，相対的なエネルギーゆらぎの大きさ $\frac{\Delta U}{U}$ は，系の粒子数 N が増大するにつれ，$N^{-\frac{1}{2}}$ に比例して小さくなる．これは，統計力学におけるゆらぎの一般的性質である．従って，N が大きい場合の期待値については，カノニカル分布はミクロカノニカル分布と同じ結果を与える．

❺ グランドカノニカル集団

温度一定の外界との間に，熱に加えて粒子のやり取りがある**開いた系**を考察する．その熱平衡状態では，系のエネルギーと粒子数は時間的にゆらぐが，それらの期待値 $\langle E\rangle$ と $\langle \mathcal{N}\rangle$ は一定とみなして良いであろう．新たな期待値 $\langle \mathcal{N}\rangle$ は，(10.2) 式で $g_\nu \to \mathcal{N}_\nu$ としたものとして定義される．それが一定値 N に等しいという条件は，

$$N = \sum_\nu w_\nu \mathcal{N}_\nu \tag{10.19}$$

と表せる．この $N = \langle \mathcal{N} \rangle$ は系の平均粒子数である．

エントロピー最大原理に従うと，この系の熱平衡状態は，(10.1) 式，(10.14) 式，および (10.19) 式の条件下で，(10.5) 式を最大にする状態である．対応する確率分布に従う系，すなわちグランドカノニカル集団（大正準集団）の基礎的事項は，次のようにまとめられる．

グランドカノニカル集団（大正準集団）　ここがポイント！

$$w_\nu = \frac{e^{-\beta(E_\nu - \mu \mathcal{N}_\nu)}}{Z_{\mathrm{G}}} \quad \text{：グランドカノニカル分布} \tag{10.20a}$$

$$Z_{\mathrm{G}}(T, V, \mu) = \sum_\nu e^{-\beta(E_\nu - \mu \mathcal{N}_\nu)} \quad \text{：大分配関数} \tag{10.20b}$$

$$\Omega = -\frac{1}{\beta} \ln Z_{\mathrm{G}} \quad \text{：グランドポテンシャル} \tag{10.20c}$$

導出は以下の演習 10.2 に譲る．このように，グランドカノニカル分布による統計力学の基礎は，大分配関数 $Z_{\mathrm{G}} = Z_{\mathrm{G}}(T, V, \mu)$ である．いったん大分配関数が求まると，グランドポテンシャル Ω が (10.20c) 式により得られる．さらに，エントロピー S，圧力 P，粒子数 N が，熱力学関係式 (6.19) に基づいて，

$$\left(\frac{\partial \Omega}{\partial T}\right)_{V,\mu} = -S, \quad \left(\frac{\partial \Omega}{\partial V}\right)_{T,\mu} = -P, \quad \left(\frac{\partial \Omega}{\partial \mu}\right)_{T,V} = -N \tag{10.21a}$$

により計算できる．一方，内部エネルギー U は，(10.14) 式に (10.20a) 式を代入して (10.20b) 式と (10.19) 式を用いることにより，

$$U = \frac{1}{Z_{\mathrm{G}}} \sum_\nu e^{-\beta(E_\nu - \mu \mathcal{N}_\nu)} (E_\nu - \mu \mathcal{N}_\nu + \mu \mathcal{N}_\nu) = -\frac{\partial}{\partial \beta} \ln Z_{\mathrm{G}} + \mu N \tag{10.21b}$$

のように，大分配関数 Z_{G} と粒子数 N から計算できることがわかる．最後に，粒子数ゆらぎの二乗も，簡単な計算により，大分配関数を用いた表式

$$\sigma_{\mathcal{N}}^2 \equiv \langle \mathcal{N}^2 \rangle - \langle \mathcal{N} \rangle^2 = \frac{1}{\beta^2} \frac{\partial^2}{\partial \mu^2} \ln Z_{\mathrm{G}} \tag{10.21c}$$

へと書き換えられる（演習 10.3 参照）．有限の粒子数ゆらぎは，グランドカノニカル分布に特徴的な性質である．

10.3　量子統計力学の極限としての古典統計力学

以上で，**量子統計力学**，すなわち，量子力学に従う多粒子・多自由度系に対する統計力学の枠組みが完成した．そこでは，エネルギー準位は量子化されて離散的になり，上述の離散的な確率論の表式がそのまま利用できる．一方，**古典統計力学**，すなわち，古典力学に従う多粒子・多自由度系に対する統計力学においては，エネルギーは連続変数となり，今までの定式化はそのままでは使えない．しかし，量子力学が古典力学を含むことから，古典統計力学も量子統計力学の高温極限として自然に得られるべきものである．そのような要請を置いて前期量子論の知識[4]を用いると，古典統計力学における期待値の計算法を，上記の定式化から構成できる．その対応は，N 個の同種粒子からなる気体や液体を考える場合，エネルギー E_ν を引数に持つ一般の関数 $g(E_\nu)$ を用いて，

$$\sum_\nu g(E_\nu) \quad \longrightarrow \quad \frac{1}{N!}\prod_{j=1}^{N}\int \frac{d^3r_j d^3p_j}{(2\pi\hbar)^3} g(H) \tag{10.22}$$

とまとめられる．ここで，$\hbar$ は，**プランク定数** $h = 6.626 \times 10^{-34}$ [J·s] を用いて

$$\hbar \equiv \frac{h}{2\pi} = 1.055 \times 10^{-34}\,[\mathrm{J\cdot s}] \tag{10.23}$$

で定義されている．また，積記号のついた多重積分は，各粒子の位置 $\boldsymbol{r}_j \equiv (x_j, y_j, z_j)$ と運動量 $\boldsymbol{p}_j \equiv (p_{jx}, p_{jy}, p_{jz})$ に関する六次元積分

$$\int \frac{d^3r_j d^3p_j}{(2\pi\hbar)^3} \equiv \frac{1}{(2\pi\hbar)^3}\int dx_j \int dy_j \int dz_j \int_{-\infty}^{\infty} dp_{jx} \int_{-\infty}^{\infty} dp_{jy} \int_{-\infty}^{\infty} dp_{jz} \tag{10.24a}$$

を構成単位として，

$$\prod_{j=1}^{N}\int \frac{d^3r_j d^3p_j}{(2\pi\hbar)^3} \equiv \int \frac{d^3r_1 d^3p_1}{(2\pi\hbar)^3}\int \frac{d^3r_2 d^3p_2}{(2\pi\hbar)^3}\cdots\int \frac{d^3r_N d^3p_N}{(2\pi\hbar)^3} \tag{10.24b}$$

と書き表せる．$\boldsymbol{r}_j$ 積分は粒子の入っている容器の内部について行うものとする．さらに，H は系の古典的ハミルトニアン，すなわち，力学的エネルギーで，典型例としては，

$$H = \sum_{j=1}^{N} \frac{\boldsymbol{p}_j^2}{2m} + \sum_{i=1}^{N-1} \sum_{j=i+1}^{N} \mathcal{V}(|\boldsymbol{r}_i - \boldsymbol{r}_j|)$$

が挙げられる．ただし m は粒子の質量，$\boldsymbol{p}_j^2 \equiv p_{jx}^2 + p_{jy}^2 + p_{jz}^2$，また，$\mathcal{V}$ は相互作用ポテンシャルである．初めて多重積分 (10.24) を見ると統計力学に怖じ気づくかもしれないが，例えば相互作用のない場合には，同じ積分が N 回繰り返されるだけであり，慣れてくると何でもなくなるので安心して頂きたい．

(10.22) 式の置き換えの物理的意味を簡単に述べる．因子 $2\pi\hbar$ は**ハイゼンベルグの不確定性原理** $\Delta p_x \Delta x \gtrsim 2\pi\hbar$ に由来する．また，因子 $N!$ は，N 個の粒子の置換の総数であり，「同種粒子は区別できない」という性質から生じる．この因子は，気体や液体のように構成分子が動き回って位置を交換できるときのみ必要である．この $N!$ の因子は，量子力学成立前にギブスによって導入された．その理由は，この因子がないとエントロピーが示量変数にならず，熱力学と矛盾するためである．**ギブスのパラドクス**として知られるこの矛盾は，状態数の数え方の曖昧さと同様に，古典統計力学の枠内では合理的な理解が困難である．それらは，量子統計力学において，自然に解消されることになる．

演 習 問 題

10.1 カノニカル分布におけるエネルギーゆらぎの二乗 $\langle E^2 \rangle - \langle E \rangle^2$ が，分配関数 (10.16b) を用いて，

$$\langle E^2 \rangle - \langle E \rangle^2 = \frac{\partial^2}{\partial \beta^2} \ln Z$$

と表せることを示せ．

10.2 (10.1) 式，(10.14) 式，および (10.19) 式の条件下で，(10.5) 式を最大化し，(10.20) 式を導け．

10.3 グランドカノニカル分布における粒子数ゆらぎの二乗 $\langle \mathcal{N}^2 \rangle - \langle \mathcal{N} \rangle^2$ が，大分配関数 (10.20b) を用いて，

$$\langle \mathcal{N}^2 \rangle - \langle \mathcal{N} \rangle^2 = \frac{1}{\beta^2} \frac{\partial^2}{\partial \mu^2} \ln Z_{\mathrm{G}}$$

と表せることを示せ．

第11章 古典気体への適用

前章で導出した統計力学の基本公式を，古典気体に適用し，比熱や状態方程式などの熱力学量を導出する．

11.1 単原子分子理想気体

最初の適用例として単原子分子の理想気体を取り上げる．

❶カノニカル集団を用いた導出

この系に対しては，カノニカル集団 (10.16) を用いるのが最も簡便である．質量 m の単原子分子 N 個からなる理想気体が，体積 V の容器に入っており，温度 T の熱源と接している場合を考える．N はアボガドロ数 N_{A} 程度の非常に大きな数である．系の古典的ハミルトニアンすなわちエネルギーは，

$$H = \sum_{j=1}^{N} \frac{\boldsymbol{p}_j^2}{2m} = \sum_{j=1}^{N} \frac{p_{jx}^2 + p_{jy}^2 + p_{jz}^2}{2m} \tag{11.1}$$

と表せる．ここで $\boldsymbol{p}_j = (p_{jx}, p_{jy}, p_{jz})$ は粒子 j の運動量である．この系におけるカノニカル集団の確率因子 $e^{-\beta H}$ は，等式 $e^{a+b+c+\cdots} = e^a e^b e^c \cdots$ と (10.24) 式の積記号を用いて，

$$e^{-\beta H} = \exp\left(-\beta \sum_{j=1}^{N} \frac{p_{jx}^2 + p_{jy}^2 + p_{jz}^2}{2m} \right) = \prod_{j=1}^{N} \prod_{\eta=x,y,z} e^{-\beta \frac{p_{j\eta}^2}{2m}} \tag{11.2}$$

と表せる．対応する分配関数 Z は，(10.16b) 式に古典化の手続き (10.22) を適用して (11.2) 式を代入し，以下のように変形できる．

$$\begin{aligned} Z &= \frac{1}{N!} \prod_{j=1}^{N} \int \frac{d^3 r_j d^3 p_j}{(2\pi\hbar)^3} e^{-\beta H} \\ &= \frac{1}{N!} \prod_{j=1}^{N} \int \frac{d^3 r_j}{(2\pi\hbar)^3} \prod_{\eta} \int_{-\infty}^{\infty} dp_{j\eta}\, e^{-\beta \frac{p_{j\eta}^2}{2m}} \end{aligned}$$

$$
= \frac{1}{N!} \prod_{j=1}^{N} \frac{V}{(2\pi\hbar)^3} \left(\frac{2\pi m}{\beta} \right)^{\frac{3}{2}}
$$

$$
\approx \frac{1}{(2\pi N)^{\frac{1}{2}}} \left\{ \frac{Ve}{N} \left(\frac{m}{2\pi\hbar^2\beta} \right)^{\frac{3}{2}} \right\}^N . \tag{11.3}
$$

ただし，三番目の等号では，$\boldsymbol{r}_j$ 積分から体積 V が生じ，$p_{j\eta}$ 積分にはガウス積分

$$
I_{\mathrm{G}}(a) \equiv \int_{-\infty}^{\infty} e^{-ax^2} dx = \sqrt{\frac{\pi}{a}} \quad (a > 0) \tag{11.4}
$$

を用いた（導出は以下の例題 11.1 参照）．また，最後の変形では，**ガンマ関数**

$$
\Gamma(x+1) \equiv \int_0^{\infty} e^{-t} t^x \, dt \quad (x > -1) \tag{11.5}
$$

の $x \gg 1$ に対する近似式である**スターリングの公式**

$$
\Gamma(x+1) \approx (2\pi x)^{\frac{1}{2}} \left(\frac{x}{e} \right)^x \equiv \Gamma_{\mathrm{St}}(x+1) \tag{11.6}
$$

を，$\Gamma(N+1) = N!$ に対して適用した（導出は以下の例題 11.2 参照）．分配関数 (11.3) の対数は，$\frac{\ln N}{N} \sim \frac{23 \ln 10}{10^{23}} \ll 1$ を考慮して $O(\ln N)$ の項を無視し，

$$
\ln Z \approx N \left(\frac{3}{2} \ln \frac{m}{2\pi\hbar^2\beta} + \ln \frac{V}{N} + 1 \right) \tag{11.7}
$$

と評価できる．

(11.7) 式から様々な熱力学量が計算できる．まず，自由エネルギーは，(10.16c) 式により，

$$
F = -Nk_{\mathrm{B}}T \left(\frac{3}{2} \ln \frac{mk_{\mathrm{B}}T}{2\pi\hbar^2} + \ln \frac{V}{N} + 1 \right) \tag{11.8a}
$$

と書き下せる．次に，エントロピー，圧力，および化学ポテンシャルが，(10.18a) 式を用いて，

$$
S = Nk_{\mathrm{B}} \left(\frac{3}{2} \ln \frac{mk_{\mathrm{B}}T}{2\pi\hbar^2} + \ln \frac{V}{N} + \frac{5}{2} \right), \tag{11.8b}
$$

$$
P = \frac{Nk_{\mathrm{B}}T}{V}, \tag{11.8c}
$$

$$
\mu = -k_{\mathrm{B}}T \left(\frac{3}{2} \ln \frac{mk_{\mathrm{B}}T}{2\pi\hbar^2} + \ln \frac{V}{N} \right) \tag{11.8d}
$$

表 11.1　希ガスの $\frac{C_V}{R}$ の測定値 [5]

気体	He	Ne	Ar	Kr	Xe
測定温度 [K]	273	292	273	292	292
$\frac{C_V}{R}$	1.53	1.52	1.50	1.48	1.50

と求められる．(11.8c) 式は，$Nk_{\mathrm{B}} = nR$ に注意すると，理想気体の状態方程式 (1.6) に他ならないことがわかる．次に，内部エネルギーは，(11.7) 式を (10.18b) 式に代入して微分を実行し，

$$U = N\frac{3}{2\beta} = \frac{3}{2}Nk_{\mathrm{B}}T \tag{11.8e}$$

と得られる．さらに，定積モル比熱も，(11.8e) 式を (10.18c) 式に代入すると，

$$C_V = \frac{1}{n}\left(\frac{\partial U}{\partial T}\right)_{V,N} = \frac{3}{2}N_{\mathrm{A}}k_{\mathrm{B}} = \frac{3}{2}R \tag{11.8f}$$

と定数になることがわかる．

このようにして，熱力学では実験的に決定するしかなかった気体の状態方程式，定積モル比熱，その他の状態量が，統計力学を用いて微視的に計算できた．表 11.1 は室温の 1 気圧下における希ガスの $\frac{C_V}{R}$ の測定値である．理論値 $\frac{3}{2}$ との極めて良い一致が見てとれる．(11.8b) 式と (11.8e) 式が，熱力学で求めた (3.18b) 式と (3.18a) 式で $C_V = \frac{3}{2}R$ とした場合に一致していることに注意されたい．また，(11.8a) 式において，F の熱力学的導出（演習 5.2 参照）では未定であった「温度 T に関する線形項の係数」が決定されている．熱力学では，C_V と状態方程式の実験データを積分して (U, S) を構成した．一方，カノニカル集団を用いる統計力学では，自由エネルギー F がまず得られ，そこから U, S, C_V，および，状態方程式が導かれる．このように，熱力学的方法と統計力学的方法では，熱力学量の導出順序が逆になっている．

例題 11.1

(11.4) 式を証明せよ.

【解答】 変数変換 $y = \sqrt{a}\,x$ により，$I_{\mathrm{G}}(a) = \frac{I_{\mathrm{G}}(1)}{\sqrt{a}}$ がわかる．以下では $I_{\mathrm{G}}(1) \equiv I$ を考察する．その二乗 I^2 は,

$$I^2 = \int_{-\infty}^{\infty} e^{-x^2} dx \int_{-\infty}^{\infty} e^{-y^2} dy = \int_{-\infty}^{\infty} dx \int_{-\infty}^{\infty} dy\, e^{-x^2-y^2}$$

と表せる．ここで，$(x, y) = (r\cos\theta, r\sin\theta)$（$r \in [0, \infty]$, $\theta \in [0, 2\pi]$）のように極座標表示へと変数変換する．その面積要素 $dxdy$ は,

$$dxdy = \left|\det\begin{bmatrix} \frac{\partial x}{\partial r} & \frac{\partial x}{\partial \theta} \\ \frac{\partial y}{\partial r} & \frac{\partial y}{\partial \theta} \end{bmatrix}\right| drd\theta = \left|\det\begin{bmatrix} \cos\theta & -r\sin\theta \\ \sin\theta & r\cos\theta \end{bmatrix}\right| drd\theta = r\,drd\theta$$

と表せる．これを用いると，I^2 が次のように計算できる．

$$\begin{aligned} I^2 &= \int_{-\infty}^{\infty} dx \int_{-\infty}^{\infty} dy\, e^{-x^2-y^2} = \int_0^{2\pi} d\theta \int_0^{\infty} dr\, r\, e^{-r^2} \\ &= 2\pi \left[-\frac{1}{2} e^{-r^2}\right]_0^{\infty} = \pi. \end{aligned}$$

これより，$I = \sqrt{\pi}$ を得る．■

例題 11.2

ガンマ関数 (11.5) に関する以下の問いに答えよ.

(1)　$x > 0$ のとき $\Gamma(x+1) = x\Gamma(x)$ が成り立つことを示せ.

(2)　N が自然数のとき，$\Gamma(N+1) = N!$ が成り立つことを示せ.

(3)　(11.6) 式を示せ.

【解答】 (1)　条件 $x > 0$ に注意すると，(11.5) 式は以下のように変形できる．

$$\begin{aligned} \Gamma(x+1) &= \int_0^{\infty} e^{-t} t^x\, dt \\ &= -\left[e^{-t} t^x\right]_{t=0}^{\infty} + x \int_0^{\infty} e^{-t} t^{x-1}\, dt = x\Gamma(x). \end{aligned}$$

(2)　上の漸化式を繰り返し用いることで，$\Gamma(N+1) = N!\,\Gamma(1)$ が得られる．さらに $\Gamma(1)$ は

$$\Gamma(1) = \int_0^{\infty} e^{-t} dt = \left[-e^{-t}\right]_{t=0}^{\infty} = 1$$

であるから，$\Gamma(N+1) = N!$ が示せた.

(3) (11.5) 式の被積分関数を $e^{-t}t^x = e^{-t+x\ln t}$ と表す．指数関数の肩に乗せた関数

$$f(t) \equiv -t + x\ln t$$

の一階導関数と二階導関数は，それぞれ

$$f'(t) = -1 + \frac{x}{t}, \quad f''(t) = -\frac{x}{t^2} < 0$$

と計算できる．これらの表式より，$f(t)$ が $t = x$ で最大値

$$f(x) = -x + x\ln x$$

を取ることがわかる．そして，$x \gg 1$ の場合の指数関数 $e^{f(t)}$ は，独立変数 t が $t = x$ から離れるに従って値が急激に減少する．以上を考慮して，被積分関数 $e^{f(t)}$ の肩 $f(t)$ について，その最大値を与える点 $t = x$ のまわりでテイラー展開して二次まで残す近似

$$f(t) \approx f(x) + \frac{1}{2}f''(x)(t-x)^2 = f(x) - \frac{1}{2x}(t-x)^2$$

を採用する．この近似のもとで，積分は次のように実行できる．

$$\begin{aligned}\Gamma(x+1) &= \int_0^\infty e^{f(t)}\,dt \\ &\approx e^{f(x)}\int_0^\infty e^{-\frac{1}{2x}(t-x)^2}\,dt = e^{f(x)}\int_{-x}^\infty e^{-\frac{1}{2x}s^2}\,ds \\ &\approx e^{f(x)}\int_{-\infty}^\infty e^{-\frac{1}{2x}s^2}\,ds = e^{f(x)}(2\pi x)^{\frac{1}{2}} = e^{-x+x\ln x}(2\pi x)^{\frac{1}{2}}.\end{aligned}$$

ここで，$x \gg 1$ を考慮して，積分の下限 $-x$ を $-\infty$ で置き換え，(11.4) 式を用いた．このようにして (11.6) 式が得られた．■

表 11.2 に，いくつかの N の値に対する $\Gamma(N+1)$ とスターリングの公式 (11.6) による評価値 $\Gamma_{\mathrm{St}}(N+1)$ を与えた．我々の関心は N がアボガドロ数程度にもなる多粒子系であるが，既に $N = 20$ 程度で，$\Gamma(N+1)$ とスターリングの公式 (11.6) との間に非常に良い一致が見られる．

表 11.2 **スターリングの公式の誤差評価**

N	$\Gamma(N+1)$	$\Gamma_{\mathrm{St}}(N+1)$	$\frac{\Gamma_{\mathrm{St}}(N+1)-\Gamma(N+1)}{\Gamma(N+1)}$
5	1.20×10^2	1.18×10^2	-1.65×10^{-2}
10	3.63×10^6	3.60×10^6	-8.29×10^{-3}
20	2.43×10^{18}	2.42×10^{18}	-4.16×10^{-3}

❷ 熱力学量の温度依存性

上で求めた熱力学量の温度依存性をグラフにして可視化しよう．そのために，まず，系の特徴的な長さとエネルギーを用いて熱力学量を無次元化する．この“無次元化”は，物理学における標準的手続きで，異なる系の間にある共通の特徴をつかむために頻繁に用いられる．

まず系の特徴的な長さとして，原子間の平均距離が挙げられる．それは，一原子が占める平均体積を立方体で表したときの一辺の長さ

$$\ell \equiv \left(\frac{V}{N}\right)^{\frac{1}{3}} \tag{11.9a}$$

のオーダーである．この ℓ を質量 m および $\hbar$ と組み合わせると，系に特徴的なエネルギー

$$\varepsilon_{\mathrm{Q}} \equiv \frac{\hbar^2}{2m}\left(\frac{\pi}{\ell}\right)^2 = \frac{\hbar^2\pi^2}{2m}\left(\frac{N}{V}\right)^{\frac{2}{3}} \tag{11.9b}$$

が得られる．ただし，定数 π は便宜上挿入した．$\hbar$ を用いて表されたこの ε_{Q} は，**量子効果**（quantum effects）が顕著になるエネルギーの目安を与える．この ε_{Q} を用いて，無次元化された温度 $\widetilde{T}$ を

$$\widetilde{T} \equiv \frac{k_{\mathrm{B}}T}{\varepsilon_{\mathrm{Q}}} \tag{11.9c}$$

で定義すると，(11.8a), (11.8b), (11.8d) 式の右辺に現れる共通の因子が，

$$\frac{3}{2}\ln\frac{mk_{\mathrm{B}}T}{2\pi\hbar^2} + \ln\frac{V}{N} = \frac{3}{2}\ln\frac{m\varepsilon_{\mathrm{Q}}\widetilde{T}}{2\pi\hbar^2} + 3\ln\ell = \frac{3}{2}\ln\frac{\pi\widetilde{T}}{4}$$

のように簡略化される．この式を (11.8) 式に用いると，無次元化された一粒子当りの熱力学量が，$\widetilde{T}$ のみを用いて

$$\frac{F}{N\varepsilon_{\mathrm{Q}}} = -\frac{3}{2}\widetilde{T}\ln\frac{\pi\widetilde{T}}{4} - \widetilde{T}, \tag{11.10a}$$

$$\frac{S}{Nk_{\mathrm{B}}} = \frac{3}{2}\ln\frac{\pi\widetilde{T}}{4} + \frac{5}{2}, \tag{11.10b}$$

$$\frac{\mu}{\varepsilon_{\mathrm{Q}}} = -\frac{3}{2}\widetilde{T}\ln\frac{\pi\widetilde{T}}{4}, \tag{11.10c}$$

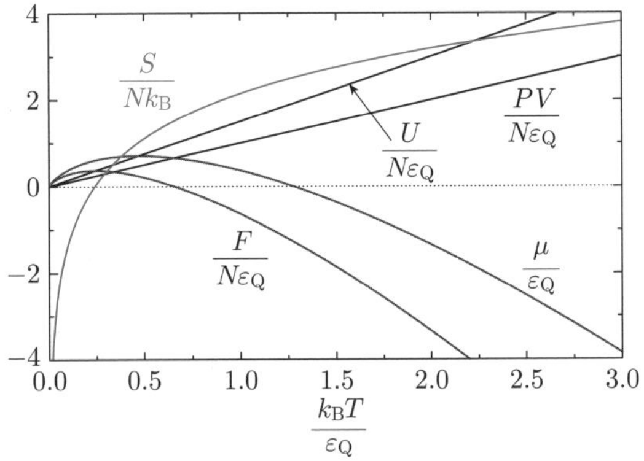

図 11.1　**古典理想気体の熱力学量の温度依存性**

$$\frac{U}{N\varepsilon_Q} = \frac{3}{2}\widetilde{T}, \tag{11.10d}$$

$$\frac{PV}{N\varepsilon_Q} = \widetilde{T} \tag{11.10e}$$

と表せる．

図 11.1 は，これらの熱力学量を $\widetilde{T} \equiv \frac{k_BT}{\varepsilon_Q}$ の関数として描いたものである．U と PV は，共に温度に比例しており，(11.10) 式からも明らかなように，

$$PV = \frac{2}{3}U \tag{11.11}$$

の関係がある．一方，高温で正であったエントロピーは，$\widetilde{T} \lesssim 0.25$ の低温で負になり $-\infty$ へと発散する．熱力学第三法則 (9.3) に反するこの事実は，$\widetilde{T} \lesssim 1.0$ で量子効果が顕著となり，古典統計力学が破綻することを示している．ヘルムホルツ自由エネルギー F や化学ポテンシャル μ の極低温での奇妙な振る舞いも，非物理的なものである．量子効果を取り込んだ結果については，16.1 節❹の図 16.1 を参照して頂きたい．そこでは，熱力学第三法則がきちんと満たされている．

❸ ミクロカノニカル集団による導出 A

11.1 節❶と同じ問題を，今度はミクロカノニカル集団 (10.12) を用いて考察する．その基礎は，エネルギー U を持つ状態数 $W(U)$ である．しかし，古典力学ではエネルギーが連続的に分布するため，「エネルギー U を持つ状態数 $W(U)$」をきちんと定義できない．

そこで，まず，エネルギーが U 以下の状態数 $W_0(U)$ を求めることにする．この関数は，エネルギー E_ν が離散的な場合，**階段関数**

$$\theta(x) \equiv \begin{cases} 1 & : x \geq 0 \\ 0 & : x < 0 \end{cases} \tag{11.12}$$

を用いて，

$$W_0(U) \equiv \sum_\nu \theta(U - E_\nu)$$

で定義される．この $W_0(U)$ に (10.22) 式の古典化の手続きをほどこすと，状態数の古典的表式が，

$$W_0(U) \equiv \frac{1}{N!} \prod_{j=1}^{N} \int \frac{d^3 r_j d^3 p_j}{(2\pi\hbar)^3} \, \theta(U - H) \tag{11.13}$$

と得られる．これに (11.1) 式を代入し，空間積分を実行すると共に変数変換

$$p_{jx} = (2mU)^{\frac{1}{2}} u_{3j-2}, \quad p_{jy} = (2mU)^{\frac{1}{2}} u_{3j-1}, \quad p_{jz} = (2mU)^{\frac{1}{2}} u_{3j}$$

を行うと，単原子分子理想気体の状態数が

$$W_0(U) = \frac{V^N (2mU)^{\frac{3N}{2}}}{N!(2\pi\hbar)^{3N}} \int du_1 \cdots \int du_{3N} \, \theta\left(1 - \sum_{i=1}^{3N} u_i^2\right) \tag{11.14}$$

へと書き換えられる．この積分は，$3N$ 次元空間における単位球の体積を表し，

$$V_{3N}(1) \equiv \int du_1 \cdots \int du_{3N} \, \theta\left(1 - \sum_{i=1}^{3N} u_i^2\right) = \frac{\pi^{\frac{3N}{2}}}{\Gamma\left(\frac{3N}{2} + 1\right)} \tag{11.15}$$

とガンマ関数 (11.5) で表せる．この式を (11.14) 式に代入し，$N \gg 1$ を考慮してスターリングの公式 (11.6) を用いると，状態数が

$$W_0(U) \approx \frac{1}{\sqrt{6}\pi N}\left\{\frac{Ve^{\frac{5}{2}}}{N}\left(\frac{mU}{3\pi\hbar^2 N}\right)^{\frac{3}{2}}\right\}^N \tag{11.16}$$

と評価できる．

次に，有限のエネルギー幅 ΔU を導入し，条件 $\frac{\Delta U}{U} \lesssim N^{-\frac{1}{2}}$ を満たすように選ぶことにする．この ΔU を用いて，「エネルギーが U の状態数 $W(U)$」を，

$$W(U) \equiv W_0'(U)\Delta U \approx W_0(U+\Delta U) - W_0(U) \tag{11.17}$$

と古典的に定義する．この $W(U)$ は，U と $U+\Delta U$ の間にある状態数に他ならない．(11.17) 式に (11.16) 式を代入し，$W_0(U) \propto U^{\frac{3N}{2}}$ に注意して微分を実行する．すると，状態数 $W(U)$ が，$W_0(U)$ を用いて

$$W(U) = \frac{3}{2}N\frac{W_0(U)}{U}\Delta U = W_0(U)\frac{3N\Delta U}{2U} \tag{11.18}$$

と表せることがわかる．これを (10.12c) 式に代入し，(11.16) 式を用いて $O(\ln N)$ の項を無視すると，エントロピーが

$$\begin{aligned} S &= k_\mathrm{B}\ln W \\ &\approx k_\mathrm{B}\ln W_0 \\ &= Nk_\mathrm{B}\left(\frac{3}{2}\ln\frac{mU}{3\pi\hbar^2 N} + \ln\frac{V}{N} + \frac{5}{2}\right) \end{aligned} \tag{11.19}$$

と得られる．これから温度 T が，(10.13) 式の第一式を用いて，

$$T = \frac{2U}{3Nk_\mathrm{B}} \tag{11.20}$$

と求まる．これはカノニカル集団の方法で得た (11.8e) 式に他ならない．さらに，(11.20) 式を用いて (11.19) 式の U を消去すると，(11.8b) 式が再現される．また，圧力 P は，(10.13) 式の第二式に (11.19) 式を代入して微分することで計算でき，再び理想気体の状態方程式 (11.8c) を得る．

以上のように，ミクロカノニカル分布を用いた熱力学量の計算からも，カノニカル分布と同じ結果が得られた．

11.2　二原子分子理想気体

次に二原子分子理想気体を考察する．気体を構成する分子が質量 m_a と質量 m_b を持つ原子 a と b からなるとすると，分子の古典的ハミルトニアン h は，

$$h = \frac{\boldsymbol{p}_\mathrm{a}^2}{2m_\mathrm{a}} + \frac{\boldsymbol{p}_\mathrm{b}^2}{2m_\mathrm{b}} + \mathcal{V}(|\boldsymbol{r}_\mathrm{a} - \boldsymbol{r}_\mathrm{b}|) \tag{11.21}$$

と表せる．原子間の相互作用ポテンシャル $\mathcal{V}$ は，一般に図 11.2(a) の概形を持つ．このポテンシャルをその最小点 $r = a$ でテイラー展開 [6] し，

$$\mathcal{V}(r) \approx \mathcal{V}(a) + \frac{1}{2}\mathcal{V}''(a)(r-a)^2 \tag{11.22}$$

と近似する．これは，$-\mathcal{V}(a) \gg k_\mathrm{B}T$ が成立している場合，すなわち，ポテンシャルの深さが熱エネルギー $k_\mathrm{B}T$ より十分深い場合には，非常に良い近似となる．そして，その場合の二原子分子は，バネ定数が $\mathcal{V}''(a) > 0$ のバネ模型で記述される（図 11.2(b) 参照）．

ハミルトニアン (11.21) に変数変換

$$\begin{cases} \boldsymbol{R} \equiv \dfrac{m_\mathrm{a}\boldsymbol{r}_\mathrm{a} + m_\mathrm{b}\boldsymbol{r}_\mathrm{b}}{m_\mathrm{a} + m_\mathrm{b}} \\ \boldsymbol{r} \equiv \boldsymbol{r}_\mathrm{a} - \boldsymbol{r}_\mathrm{b} \end{cases} \longleftrightarrow \begin{cases} \boldsymbol{r}_\mathrm{a} = \boldsymbol{R} + \dfrac{m_\mathrm{b}}{m_\mathrm{a} + m_\mathrm{b}}\boldsymbol{r} \\ \boldsymbol{r}_\mathrm{b} = \boldsymbol{R} - \dfrac{m_\mathrm{a}}{m_\mathrm{a} + m_\mathrm{b}}\boldsymbol{r} \end{cases} \tag{11.23}$$

をほどこす．ここで，$\boldsymbol{R}$ は質量中心，また，$\boldsymbol{r}$ は相対座標である．すると，分子の運動エネルギーが，速度 $\dot{\boldsymbol{r}}_\mathrm{a} \equiv \frac{d\boldsymbol{r}_\mathrm{a}}{dt}$ と $\dot{\boldsymbol{r}}_\mathrm{b}$ を用いて，

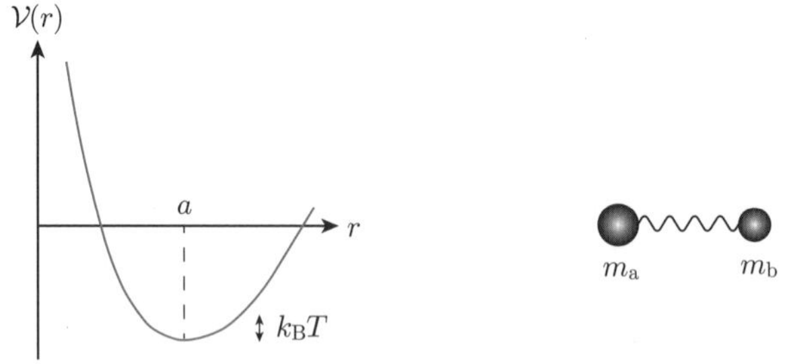

(a) 相互作用ポテンシャル　　(b) バネ模型

図 11.2　二原子分子

$$\begin{aligned}\frac{\boldsymbol{p}_{\rm a}^2}{2m_{\rm a}}+\frac{\boldsymbol{p}_{\rm b}^2}{2m_{\rm b}}&=\frac{1}{2}m_{\rm a}\dot{\boldsymbol{r}}_{\rm a}^2+\frac{1}{2}m_{\rm b}\dot{\boldsymbol{r}}_{\rm b}^2\\&=\frac{1}{2}(m_{\rm a}+m_{\rm b})\dot{\boldsymbol{R}}^2+\frac{1}{2}\frac{m_{\rm a}m_{\rm b}}{m_{\rm a}+m_{\rm b}}\dot{\boldsymbol{r}}^2\\&=\frac{\boldsymbol{P}^2}{2M}+\frac{\boldsymbol{p}^2}{2m}\end{aligned}$$

と変形できる．ただし，$M, m, \boldsymbol{P}, \boldsymbol{p}$ は，それぞれ

$$M\equiv m_{\rm a}+m_{\rm b},\quad m\equiv\frac{m_{\rm a}m_{\rm b}}{m_{\rm a}+m_{\rm b}},\quad \boldsymbol{P}\equiv M\dot{\boldsymbol{R}},\quad \boldsymbol{p}\equiv m\dot{\boldsymbol{r}} \tag{11.24}$$

で定義されている．これらの変数を用いると，(11.21) 式は

$$h=\frac{\boldsymbol{P}^2}{2M}+\frac{\boldsymbol{p}^2}{2m}+\mathcal{V}(r) \tag{11.25}$$

と，重心運動と相対運動が分離した形に表せる．

この分子 N 個からなる気体のハミルトニアン H は，

$$H=\sum_{j=1}^{N}\left\{\frac{\boldsymbol{P}_j^2}{2M}+\frac{\boldsymbol{p}_j^2}{2m}+\mathcal{V}(r_j)\right\} \tag{11.26}$$

である．対応する分配関数は，(10.16b) 式に古典化の手続き (10.22) を適用することで，

$$Z=\frac{1}{N!}\prod_{j=1}^{N}\int\frac{d^3P_jd^3R_j}{(2\pi\hbar)^3}\int\frac{d^3p_jd^3r_j}{(2\pi\hbar)^3}e^{-\beta H} \tag{11.27}$$

と書き下せる．ここで $\frac{1}{N!}$ は，同種分子が区別できないことに由来する．

例題 11.3

ハミルトニアン (11.26) で記述される系の分配関数 (11.27) を，(11.4) 式と (11.6) 式を用いて計算せよ．ただし，ポテンシャル $\mathcal{V}(r)$ はその最低点近傍で (11.22) 式のように展開でき，$-\mathcal{V}(a)\gg k_{\rm B}T$ を満たすものとする．さらに，内部エネルギー U と定積モル比熱 C_V の表式を求めよ．

【解答】 (11.26) 式を (11.27) 式に代入する．各重心座標 $\boldsymbol{R}_j$ の積分は体積 V を与え，また運動量積分は (11.3) 式と同様に実行できる．このようにして，分配関数が

$$Z=\frac{V^N}{N!}\left(\frac{M}{2\pi\hbar^2\beta}\right)^{\frac{3N}{2}}\left(\frac{m}{2\pi\hbar^2\beta}\right)^{\frac{3N}{2}}\left\{\int d^3r\,e^{-\beta\mathcal{V}(r)}\right\}^N \tag{11.28}$$

に簡略化される．(11.28) 式の三次元積分は，極座標表示[6]

$$\begin{aligned} \boldsymbol{r} &\equiv (r\sin\theta\cos\varphi, r\sin\theta\sin\varphi, r\cos\theta), \\ d^3r &= r^2\,dr\,\sin\theta\,d\theta\,d\varphi \end{aligned} \tag{11.29}$$

に移って角度積分を

$$\int_0^{2\pi} d\varphi \int_0^{\pi} d\theta\,\sin\theta = 2\pi\big[-\cos\theta\big]_0^{\pi} = 4\pi \tag{11.30}$$

と実行することにより，次の一次元積分へと簡略化できる．

$$\begin{aligned} z_{\rm r} &\equiv \int d^3r\, e^{-\beta\mathcal{V}(r)} = 4\pi\int_0^{\infty} dr\, r^2\, e^{-\beta\mathcal{V}(r)} \\ &\approx 4\pi e^{-\beta\mathcal{V}(a)}\int_{-a}^{\infty}(a+x)^2 e^{-\frac{\beta}{2}m\omega^2x^2}dx. \end{aligned}$$

ただし，最後の表式の導出では，(11.22) 式の近似を採用して

$$\mathcal{V}''(a) \equiv m\omega^2$$

と表し，変数変換 $x \equiv r - a$ を行った．ここで，前提条件 $-\mathcal{V}(a) \gg k_{\rm B}T$ を思い起こすと，「分子の平衡位置からの熱ゆらぎ $\langle x^2\rangle^{\frac{1}{2}}$ は原子間距離 a よりも遥かに小さい」ものと期待できる．従って，積分に寄与するのは $|x| \ll a$ の範囲のみである．以上の物理的考察に基づき，上の $z_{\rm r}$ で $(a+x)^2 \approx a^2$ と近似し，さらに積分の下限 $-a$ を $-\infty$ で置き換える．そのようにして，

$$z_{\rm r} \approx 4\pi a^2 e^{-\beta\mathcal{V}(a)}\int_{-\infty}^{\infty} e^{-\frac{\beta}{2}m\omega^2x^2}dx = 4\pi a^2 e^{-\beta\mathcal{V}(a)}\left(\frac{2\pi}{m\omega^2\beta}\right)^{\frac{1}{2}}$$

が得られる．これを (11.28) 式に代入し，(11.6) 式を用いて $\ln Z$ を評価すると，

$$\ln Z \approx N\left\{\ln\frac{Ve}{N} + \frac{3}{2}\ln\frac{Mm}{(2\pi\hbar^2\beta)^2} + \ln(4\pi a^2) - \beta\mathcal{V}(a) + \frac{1}{2}\ln\frac{2\pi}{m\omega^2\beta}\right\} \tag{11.31}$$

となる．ただし $O(\ln N)$ の項は落とした．

内部エネルギーは，(11.31) 式を (10.18b) 式に代入して微分を実行し，

$$U = \left(\frac{3}{2} + \frac{3}{2} + \frac{1}{2}\right)Nk_{\rm B}T + N\mathcal{V}(a) = \frac{7}{2}Nk_{\rm B}T + N\mathcal{V}(a) \tag{11.32}$$

と求まる．さらに，(10.18c) 式により定積モル比熱を計算すると，

$$C_V = \frac{7}{2n}Nk_{\rm B} = \frac{7}{2}N_{\rm A}k_{\rm B} = \frac{7}{2}R \tag{11.33}$$

が得られる．ただし，$N_{\rm A}$ はアボガドロ数 (1.4)，R は気体定数 (1.5) である．■

表 11.3　**室温における二原子分子気体の $\frac{C_V}{R}$ の測定値**[5]

気体	H_2	N_2	O_2
測定温度 [K]	277–290	293	278–287
$\frac{C_V}{R}$	2.46	2.49	2.50

(11.32) 式は，分子の (x, y, z) 方向の重心運動量（自由度 3），(x, y, z) 方向の相対運動量（自由度 3），および分子内振動の座標成分（自由度 1）のそれぞれが，内部エネルギーに $\frac{1}{2}k_\mathrm{B}T$ の寄与をするものとして理解できる．すなわち，「古典的な系が温度 T の熱浴と接しているとき，一自由度当りのエネルギーは $\frac{1}{2}k_\mathrm{B}T$ に等しい」という**エネルギー等分配則**の表れである．

表 11.3 には，三種類の二原子分子気体について，室温の 1 気圧下における $\frac{C_V}{R}$ の実測値を与えた．$\frac{C_V}{R}$ の測定値は 2.5 に近く，(11.33) 式の値 3.5 より約 1.0 だけ小さくなっている．これは，室温において，主に，自由度 2 の分子内振動からの寄与 1.0 が，量子効果により抑制されるためである．このように，古典統計力学は，二原子分子気体の室温における定積モル比熱を正しく記述できない．

11.3　相互作用のある古典気体 A

古典統計力学の第三の適用例として，相互作用のある単原子分子気体を考察し，その状態方程式を導く．さらに，相互作用の強い領域に方程式を補外し，ファンデルワールスの状態方程式 (8.2) における定数 a と b の意味を明らかにする．内容はやや難しいので，初学者はこの節を読み飛ばして頂いても差し支えない．

単原子分子 N 個からなる気体が体積 V の容器に入っており，その全ての原子対間に，それらの距離 r のみに依存するポテンシャル $\mathcal{V}(r)$ が働いているものとする．この系のハミルトニアン H は，

$$H = H_{\rm K} + H_{\rm P}, \tag{11.34a}$$

$$H_{\rm K} \equiv \sum_{j=1}^{N} \frac{\boldsymbol{p}_j^2}{2m}, \quad H_{\rm P} \equiv \sum_{\langle i,j \rangle} \mathcal{V}(|\boldsymbol{r}_i - \boldsymbol{r}_j|) \tag{11.34b}$$

のように，運動エネルギー $H_{\rm K}$ と相互作用のポテンシャルエネルギー $H_{\rm P}$ の和として表せる．ここで，$\mathcal{V}(r)$ は原子対間の相互作用ポテンシャルであり，$\langle i,j \rangle$ の和は全ての原子対についての和を表す．

この系の分配関数 Z は，

(i)　$H_{\rm K}$ と $H_{\rm P}$ がそれぞれ $\boldsymbol{p}_j$ と $\boldsymbol{r}_j$ のみの関数であること，
(ii)　指数関数の性質 $e^{a+b} = e^a e^b$,
(iii)　等式 $1 = V^N V^{-N}$

を用いて，次のように書き換えられる．

$$Z = \frac{1}{N!} \prod_{j=1}^{N} \int \frac{d^3 r_j d^3 p_j}{(2\pi\hbar)^3} \, e^{-\beta H} = Z_{\rm K} Z_{\rm P}, \tag{11.35a}$$

$$Z_{\rm K} \equiv \frac{V^N}{N!} \prod_{j=1}^{N} \int \frac{d^3 p_j}{(2\pi\hbar)^3} \, e^{-\beta H_{\rm K}}, \tag{11.35b}$$

$$Z_{\rm P} \equiv \frac{1}{V^N} \prod_{j=1}^{N} \int d^3 r_j \, e^{-\beta H_{\rm P}}. \tag{11.35c}$$

運動量積分からなる Z_{K} は，理想気体の分配関数 (11.3) に一致する．一方，Z_{P} は，相互作用ポテンシャルに関する空間積分の寄与を V^N で割ったもので，

$$f_{ij} \equiv e^{-\beta \mathcal{V}(|\boldsymbol{r}_i - \boldsymbol{r}_j|)} - 1 \tag{11.36}$$

を用いて，

$$\begin{aligned} Z_{\mathrm{P}} &\equiv \frac{1}{V^N} \left(\prod_{j=1}^{N} \int d^3 r_j \right) \prod_{\langle i,j \rangle} e^{-\beta \mathcal{V}(|\boldsymbol{r}_i - \boldsymbol{r}_j|)} \\ &= \frac{1}{V^N} \left(\prod_{j=1}^{N} \int d^3 r_j \right) \prod_{\langle i,j \rangle} (1 + f_{ij}) \end{aligned} \tag{11.37}$$

と表せる．

理想気体（$\mathcal{V} = 0$）では $f_{ij} = 0$ が成立することに注目し，ここでは，f_{ij} についてのベキ展開を行って一次までの項を残す近似

$$\prod_{\langle i,j \rangle} (1 + f_{ij}) \approx 1 + \sum_{\langle i,j \rangle} f_{ij} \tag{11.38}$$

を採用する．この「理想気体からの展開」による近似は，例えば $N = 3$ の場合には，

$$\begin{aligned} \prod_{\langle i,j \rangle} (1 + f_{ij}) &= (1 + f_{12})(1 + f_{23})(1 + f_{31}) \\ &= 1 + f_{12} + f_{23} + f_{31} + f_{12} f_{23} + f_{23} f_{31} + f_{31} f_{12} + f_{12} f_{23} f_{31} \end{aligned}$$

と展開し，$f_{12} f_{23}$ 以後の項を落とすことに対応する．

例題 11.4

(11.38) 式の近似を用いて (11.37) 式を評価すると，Z_{P} が

$$Z_{\mathrm{P}} \approx 1 - \frac{N^2 B(T)}{V} \tag{11.39}$$

と表せることを示せ．ただし，$B(T)$ は次式で定義されている．

$$B(T) \equiv 2\pi \int_0^\infty \left\{ 1 - e^{-\beta \mathcal{V}(r)} \right\} r^2 \, dr. \tag{11.40}$$

【解答】 (11.38) 式の近似を用いると，Z_{P} は

$$\begin{aligned} Z_{\mathrm{P}} &\approx \frac{1}{V^N} \left(\prod_{j=1}^{N} \int d^3 r_j \right) \left(1 + \sum_{\langle i,j \rangle} f_{ij} \right) \\ &= 1 + \frac{N(N-1)}{2V^N} \left(\prod_{j=1}^{N} \int d^3 r_j \right) f_{12} \end{aligned}$$

と表せる．ただし，第二の等号では，全ての $\langle i, j \rangle$ 対が同じ寄与を与えることを考慮し，f_{12} の寄与に原子対の数 $\frac{N(N-1)}{2}$ を掛けた．最後の表式における $\boldsymbol{r}_3$ から $\boldsymbol{r}_N$ の積分は，定数 V^{N-2} を与える．一方，$\boldsymbol{r}_1$ と $\boldsymbol{r}_2$ については，重心座標と相対座標への変数変換

$$\boldsymbol{R} \equiv \frac{\boldsymbol{r}_1 + \boldsymbol{r}_2}{2}, \quad \boldsymbol{r} \equiv \boldsymbol{r}_1 - \boldsymbol{r}_2$$

を行って積分を書き換える．すると，Z_{P} が

$$\begin{aligned} Z_{\mathrm{P}} &= 1 + \frac{N(N-1)}{2V^2} \int d^3 R \int d^3 r \left\{ e^{-\beta \mathcal{V}(r)} - 1 \right\} \\ &\approx 1 - \frac{N^2}{2V} \int d^3 r \left\{ 1 - e^{-\beta \mathcal{V}(r)} \right\} \end{aligned}$$

と簡略化できる．ただし $\int d^3 R = V$ を用い，また $\frac{N(N-1)}{2} \approx \frac{N^2}{2}$ と近似した．さらに，極座標表示 (11.29) に移って角度積分を (11.30) 式のように実行すると，

$$Z_{\mathrm{P}} = 1 - \frac{N^2}{2V} 4\pi \int_0^\infty dr \, r^2 \left\{ 1 - e^{-\beta \mathcal{V}(r)} \right\}$$

が得られる．これは，(11.39) 式に他ならない．■

(11.39) 式は，理想気体からの展開を行って最低次項のみを残すことで得られた．従って，その表式が精度良く成り立つための条件は，$Z_{\mathrm{P}} \approx 1$ すなわち

$$\left|\frac{N^2 B(T)}{V}\right| \ll 1 \tag{11.41}$$

であると結論づけられる．

対応する自由エネルギー $F = -k_{\mathrm{B}} T \ln Z$ は

$$\begin{aligned} F &= -k_{\mathrm{B}} T \ln Z_{\mathrm{K}} - k_{\mathrm{B}} T \ln Z_{\mathrm{P}} \\ &\approx -k_{\mathrm{B}} T \ln Z_{\mathrm{K}} - k_{\mathrm{B}} T \ln \left\{1 - \frac{N^2 B(T)}{V}\right\} \\ &\approx F^{(\mathrm{id})} + N k_{\mathrm{B}} T \frac{N B(T)}{V} \end{aligned} \tag{11.42a}$$

と評価できる．ここで，$F^{(\mathrm{id})} \equiv -k_{\mathrm{B}} T \ln Z_{\mathrm{K}}$ は理想気体（ideal gas）の自由エネルギー (11.8a) である．最後の表式では，$|x| < 1$ で成立するテイラー展開 $-\ln(1-x) = x + \frac{1}{2}x^2 + \frac{1}{3}x^3 + \cdots$ を行い [6]，(11.41) 式を考慮して初項のみを残した．(11.42a) 式より，圧力 $P = -\frac{\partial F}{\partial V}$ が，理想気体の結果 (11.8c) に補正項を加え，

$$P = P^{(\mathrm{id})} + N k_{\mathrm{B}} T \frac{N B(T)}{V^2} = \frac{N k_{\mathrm{B}} T}{V} \left\{1 + B(T)\frac{N}{V}\right\} \tag{11.42b}$$

と得られる．最後の式における括弧内の第二項は，理想気体からの $\frac{N}{V}$ 展開の一次の項を表す．この $\frac{N}{V}$ に関するベキ級数展開を**ビリアル展開**，また，第二項の係数 $B(T)$ を**第二ビリアル係数**と呼ぶ．なお，ここで用いた近似は，**クラスター展開**と呼ばれる系統的展開法の最低次項にさらに近似をほどこしたものである．そのクラスター展開では，(11.42a) 式の最後の表式と (11.42b) 式の成立条件は，(11.41) 式より緩やかな

$$\left|\frac{N B(T)}{V}\right| \ll 1 \tag{11.43}$$

に置き換わる [7]．

表式 (11.42) の核となるのは，(11.40) 式で定義された第二ビリアル係数 $B(T)$ である．この $B(T)$ を，図 11.3 のようにモデル化した原子間ポテンシャルに対して計算する．図中の r_0 は，原子を剛体球と見なしたときの原子半径であり，

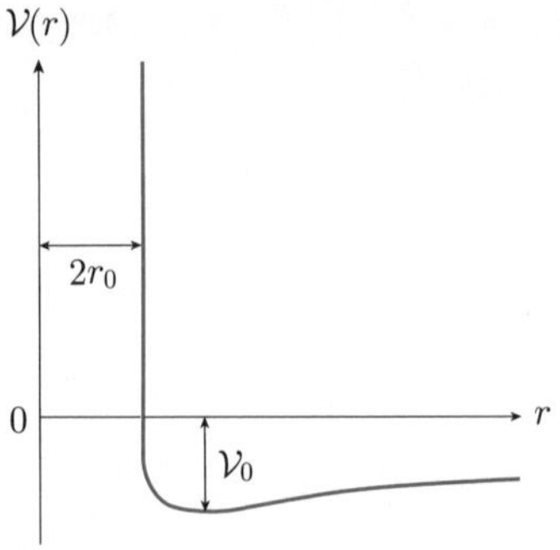

図 11.3　原子間相互作用のモデルポテンシャル

二つの原子が距離 $2r_0$ より近づけないことを表す．また，$r \geq 2r_0$ では，気体液体転移の原因と考えられる引力が取り込まれている．以下では，引力の最大値 $\mathcal{V}_0$ が熱エネルギー $k_\mathrm{B}T$ より十分小さい場合（$\beta\mathcal{V}_0 \ll 1$）を考える．すると，(11.40) 式の被積分関数は

$$1 - e^{-\beta\mathcal{V}(r)} \approx \begin{cases} 1 & : r \leq 2r_0 \\ \beta\mathcal{V}(r) & : r > 2r_0 \end{cases} \tag{11.44}$$

と近似できる．従って，(11.40) 式の積分は，

$$B(T) \approx 2\pi \int_0^{2r_0} r^2\,dr + \frac{2\pi}{k_\mathrm{B}T} \int_{2r_0}^{\infty} \mathcal{V}(r) r^2\,dr = b_0 - \frac{a_0}{k_\mathrm{B}T} \tag{11.45}$$

と評価できる．ただし，定数 a_0 と b_0 は，

$$a_0 \equiv -2\pi \int_{2r_0}^{\infty} \mathcal{V}(r) r^2\,dr > 0, \quad b_0 \equiv \frac{16}{3}\pi r_0^3 \tag{11.46}$$

で定義されている．(11.45) 式を (11.42a) 式と (11.42b) 式に代入すると，自由エネルギー F と圧力 P が

$$F \approx F^{(\mathrm{id})} + \frac{k_\mathrm{B}TN^2b_0}{V} - \frac{N^2a_0}{V}, \tag{11.47a}$$

$$P = \frac{Nk_\mathrm{B}T}{V}\left\{1 + \left(b_0 - \frac{a_0}{k_\mathrm{B}T}\right)\frac{N}{V}\right\} \tag{11.47b}$$

と得られる．圧力は，高温では斥力による b_0 が支配的で理想気体よりも増大す

るが，低温では引力による $-\frac{a_0}{k_{\mathrm{B}}T}$ の因子が効いて理想気体よりも減少する．この低温における圧力の減少が，液化の主因の一つであると考えることができる．

自由エネルギー (11.47a) を高密度領域まで使えるように拡張することを考える．そのため，(11.43) 式と (11.45) 式に由来する条件 $\frac{Nb_0}{V} \ll 1$ に注意して，右辺第二項を

$$Nk_{\mathrm{B}}T\frac{Nb_0}{V} \approx -Nk_{\mathrm{B}}T\ln\left(1-\frac{Nb_0}{V}\right) \tag{11.48}$$

と近似する．そのようにして，(11.47a) 式が

$$F \approx F^{(\mathrm{id})} - Nk_{\mathrm{B}}T\ln\left(1-\frac{Nb_0}{V}\right) - \frac{N^2a_0}{V} \tag{11.49a}$$

へと書き換えられる．この自由エネルギーは，導出の際の条件 $\frac{Nb_0}{V} \ll 1$ を超えて，$\frac{Nb_0}{V} < 1$ の全領域で使うことができる．実際，$\frac{N}{V} \lesssim b_0^{-1}$ の高密度領域では，F は対数発散的に増大し，$\frac{N}{V} > b_0^{-1}$ の領域には連続的に到達できない．言い換えると，気体が高密度のときに圧縮しにくくなることを数式で表現できているのである．このように，(11.48) 式の近似により，高密度領域まで有効な F の表式を得ることができた．

(11.49a) 式を用いると，圧力 $P = -\frac{\partial F}{\partial V}$ が

$$P = \frac{Nk_{\mathrm{B}}T}{V-Nb_0} - \frac{N^2a_0}{V^2} \tag{11.49b}$$

と求まる．これはファンデルワールスの状態方程式 (8.2) 式に他ならない．実際，上の式で，粒子数 N をアボガドロ数 $N_{\mathrm{A}} = 6.022 \times 10^{23}$ [/mol] とモル数 n で $N = nN_{\mathrm{A}}$ と表し，気体定数 $R = N_{\mathrm{A}}k_{\mathrm{B}}$ と新たな定数 $a \equiv N_{\mathrm{A}}^2a_0$ および $b \equiv N_{\mathrm{A}}b_0$ を用いて書き換えると，(11.49b) 式が (8.2) 式と一致することがわかる．このようにして，ファンデルワールスの状態方程式が微視的に導出でき，定数 a と b が持つ物理的意味 — 長距離引力と剛体芯斥力 — も明らかにできた．

演習問題

11.1 単原子分子 N 個からなる理想気体が，体積 V の容器に閉じ込められ，温度 T の熱浴と熱平衡状態にある．各粒子のエネルギー ε は，運動量の大きさ $p = |\boldsymbol{p}|$ に比例し，$\varepsilon = cp$ で与えられるものとする．ただし c は正定数である．

(1)　(11.5) 式を用いて，分配関数 Z を求めよ．

(2)　自由エネルギー F，エントロピー S，圧力 P，化学ポテンシャル μ，内部エネルギー U，および定積モル比熱 C_V の表式を求めよ．

11.2 単元素からなる立方格子の固体を考える．固体中の各原子は平衡位置のまわりで微小振動を行っている．この振動状態を記述するため，下図のように各原子が平衡位置のまわりで独立に振動しているものと見なし，ハミルトニアン

$$H = \sum_{j=1}^{N} \left(\frac{\boldsymbol{p}_j^2}{2m} + \frac{1}{2}\kappa \boldsymbol{q}_j^2 \right)$$

を採用する．ここで，N は原子の総数，m は原子の質量，$\boldsymbol{p}_j$ は原子 j の運動量，$\kappa > 0$ はバネ定数，$\boldsymbol{q}_j$ は原子 j の平衡位置からのずれを表す．

(1)　この系の分配関数

$$Z = \prod_{j=1}^{N} \int \frac{d^3 p_j d^3 r_j}{(2\pi\hbar)^3} e^{-\beta H}$$

を，積分を実行して求めよ．なお，因子 $\frac{1}{N!}$ が無いのは，「各原子が格子点近傍に局在しており区別可能であるから」と理由づけられる．

(2)　定積モル比熱 C_V が，**デュロン - プティ則**

$$C_V = 3R \tag{11.50}$$

に従うことを示せ．ここで，R は気体定数 (1.5) である．

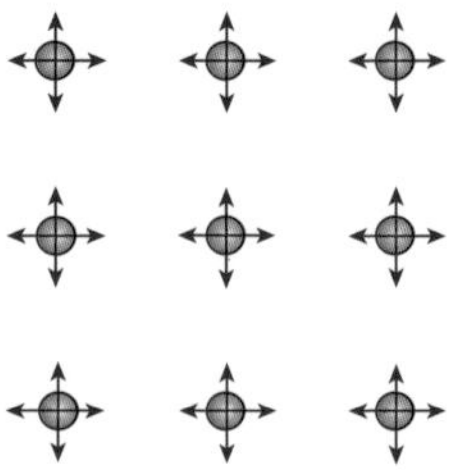

第12章 局在磁気モーメントによる磁性

磁性または磁気は，古代ギリシア時代から知られていた現象である．しかし，磁性の微視的理解は，1920 年代の量子力学成立まで待たなければならなかった．量子力学によると，粒子にはスピンという量子化された内部自由度が付随している．スピンは，直観的には粒子の自転運動に対応し，磁気モーメントの原因となる．特に絶縁体の磁性は，スピンが格子点上に配列した局在モーメント模型で良く記述される．ここでは，局在モーメントの示す磁気現象を考察する．

12.1 自由な磁気モーメントの磁性

図 12.1 のように，絶縁体の各格子点上に，大きさ μ_{m} の自由な局在磁気モーメントが存在するモデルを考える．磁束密度 $\boldsymbol{B}$ の一様な外部磁場が存在する場合，この系の古典的ハミルトニアンは，

$$H = -\sum_{\boldsymbol{R}} \boldsymbol{m}_{\boldsymbol{R}} \cdot \boldsymbol{B} \tag{12.1}$$

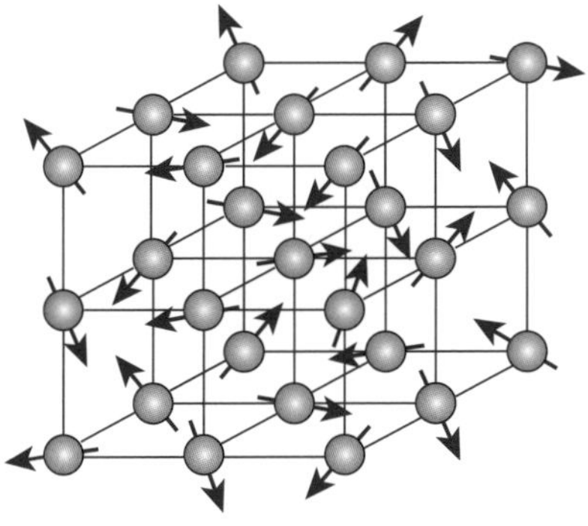

図 12.1 固体中の局在磁気モーメント

と表せる．ここで $\boldsymbol{m}_{\boldsymbol{R}}$ は，格子点 $\boldsymbol{R}$ に局在した磁気モーメントである．以下，格子点 $\boldsymbol{R}$ の総数を N（$\gg 1$）とする．

$\boldsymbol{B}$ の方向を z 軸に選び，各磁気モーメントを，(11.29) 式と同様に，

$$\boldsymbol{m}_{\boldsymbol{R}} = (\mu_{\rm m}\sin\theta_{\boldsymbol{R}}\cos\varphi_{\boldsymbol{R}}, \mu_{\rm m}\sin\theta_{\boldsymbol{R}}\sin\varphi_{\boldsymbol{R}}, \mu_{\rm m}\cos\theta_{\boldsymbol{R}})$$

と極座標表示する．すると，(12.1) 式は，$B = |\boldsymbol{B}|$ として

$$H = -\mu_{\rm m} B \sum_{\boldsymbol{R}} \cos\theta_{\boldsymbol{R}} \tag{12.2}$$

へと簡略化される．このように，系のエネルギーは，各磁気モーメントが磁場の方向となす角 $\theta_{\boldsymbol{R}}$ により決まり，最低エネルギー状態は，全てのスピンが磁場方向に揃った状態である．

次に，分配関数を書き下す．しかし，今の場合，ハミルトニアンが磁気モーメントベクトルを用いて表されている．従って，空間座標と運動量を用いた (10.22) 式はそのままでは適用できず，少々とまどう．これは，状態数がきちんと定義できない古典統計力学につきものの曖昧さである．そこで，(10.22) 式を見直すと，その表式は，確率因子 $e^{-\beta H}$ を位相空間の可能な状態全てについて積分したものになっている．従って，今の場合にも，可能な状態，すなわち，$(\theta_{\boldsymbol{R}}, \varphi_{\boldsymbol{R}})$ で指定される各々の磁気モーメントの方向について，$e^{-\beta H}$ を積分すれば良いと考えられる．ただし，各磁気モーメントは局在していて区別できるので，$\frac{1}{N!}$ の因子は落とすべきである．以上の考察により，Z が

$$Z = \prod_{\boldsymbol{R}} \frac{1}{4\pi} \int_0^{\pi} d\theta_{\boldsymbol{R}} \sin\theta_{\boldsymbol{R}} \int_0^{2\pi} d\varphi_{\boldsymbol{R}}\, e^{-\beta H} \tag{12.3}$$

と書き下せる．ここで，因子 $\frac{1}{4\pi}$ は，高温極限 $\beta \to 0$ で $Z \to 1$ となるように選んだ規格化因子であり，その大きさは熱力学量の計算結果には影響を与えない．以上の手続きは，対応する量子力学的計算の古典極限を正しく再現することが確認されている．

この系で興味のある物理量は，第一に，

$$\boldsymbol{M} \equiv \sum_{\boldsymbol{R}} \langle \boldsymbol{m}_{\boldsymbol{R}} \rangle \tag{12.4a}$$

で定義された**磁化**である．この磁化は，ハミルトニアンが (12.1) 式で与えられる場合，分配関数を用いて，

$$\boldsymbol{M} = \frac{1}{\beta}\frac{\partial}{\partial \boldsymbol{B}}\ln Z \tag{12.4b}$$

と表せる．実際，カノニカル分布においてエネルギー H を持つ状態の実現確率が $\frac{e^{-\beta H}}{Z}$ であること，および，(12.1) 式と (12.3) 式を考慮すると，磁化の表式 (12.4a) を以下のように変形できる．

$$\begin{aligned}
\boldsymbol{M} &\equiv \left\langle \sum_{\boldsymbol{R}} \boldsymbol{m}_{\boldsymbol{R}} \right\rangle \\
&= \left(\prod_{\boldsymbol{R}} \frac{1}{4\pi} \int_0^{\pi} d\theta_{\boldsymbol{R}} \sin\theta_{\boldsymbol{R}} \int_0^{2\pi} d\varphi_{\boldsymbol{R}} \right) \frac{e^{-\beta H}}{Z} \sum_{\boldsymbol{R}} \boldsymbol{m}_{\boldsymbol{R}} \\
&= \frac{1}{Z} \left(\prod_{\boldsymbol{R}} \frac{1}{4\pi} \int_0^{\pi} d\theta_{\boldsymbol{R}} \sin\theta_{\boldsymbol{R}} \int_0^{2\pi} d\varphi_{\boldsymbol{R}} \right) \exp\left(\beta \sum_{\boldsymbol{R}} \boldsymbol{m}_{\boldsymbol{R}} \cdot \boldsymbol{B} \right) \sum_{\boldsymbol{R}} \boldsymbol{m}_{\boldsymbol{R}} \\
&= \frac{1}{Z} \left(\frac{1}{\beta} \frac{\partial Z}{\partial \boldsymbol{B}} \right) \\
&= \frac{1}{\beta} \frac{\partial}{\partial \boldsymbol{B}} \ln Z.
\end{aligned}$$

第二に，小さな B に対する系の磁気応答を表す重要な物理量として，**初磁化率**

$$\chi \equiv \lim_{B \to 0} \frac{M}{B} \tag{12.5}$$

がある．以下では，初磁化率を単に**磁化率**と呼ぶことにする．

例題 12.1

ハミルトニアン (12.2) で記述される系の分配関数 (12.3) を計算せよ.

【解答】 (12.3) 式の $\varphi_{\boldsymbol{R}}$ 積分は定数 2π を与える. また, $\theta_{\boldsymbol{R}}$ 積分に対しては, 変数変換

$$t_{\boldsymbol{R}} \equiv \cos\theta_{\boldsymbol{R}}, \quad dt_{\boldsymbol{R}} = -\sin\theta_{\boldsymbol{R}} d\theta_{\boldsymbol{R}}, \quad 0 \le \theta_{\boldsymbol{R}} \le \pi \leftrightarrow 1 \ge t_{\boldsymbol{R}} \ge -1$$

をほどこす. そして, 各 $\boldsymbol{R}$ の寄与が同じであることに注意すると, 分配関数が,

$$Z = \prod_{\boldsymbol{R}} \frac{1}{2}\int_{-1}^{1} dt_{\boldsymbol{R}}\, e^{\beta\mu_{\mathrm{m}}Bt_{\boldsymbol{R}}} = \left(\frac{e^{\beta\mu_{\mathrm{m}}B} - e^{-\beta\mu_{\mathrm{m}}B}}{2\beta\mu_{\mathrm{m}}B}\right)^N = \left(\frac{\sinh\beta\mu_{\mathrm{m}}B}{\beta\mu_{\mathrm{m}}B}\right)^N \tag{12.6}$$

と計算できる. ただし $\sinh x \equiv \frac{e^x - e^{-x}}{2}$ である. ■

磁化 $\boldsymbol{M}$ は, (12.4b) 式を (12.6) 式の分配関数に適用して計算できる. 磁束密度 $\boldsymbol{B}$ は z 方向を向いているので, 磁化 $\boldsymbol{M}$ も z 成分のみを持つことが結論され, $M_z = M$ が

$$M = \frac{N}{\beta}\frac{\partial}{\partial B}\ln\frac{\sinh\beta\mu_{\mathrm{m}}B}{\beta\mu_{\mathrm{m}}B} = N\mu_{\mathrm{m}}L(\beta\mu_{\mathrm{m}}B) \tag{12.7}$$

と求まる. ただし, 関数 $L(x)$ は

$$L(x) \equiv \frac{d}{dx}\ln\frac{\sinh x}{x} = \frac{\cosh x}{\sinh x} - \frac{1}{x} \tag{12.8a}$$

で定義された**ランジュバン関数**である. 図 12.2 に $L(x)$ のグラフを示す. この

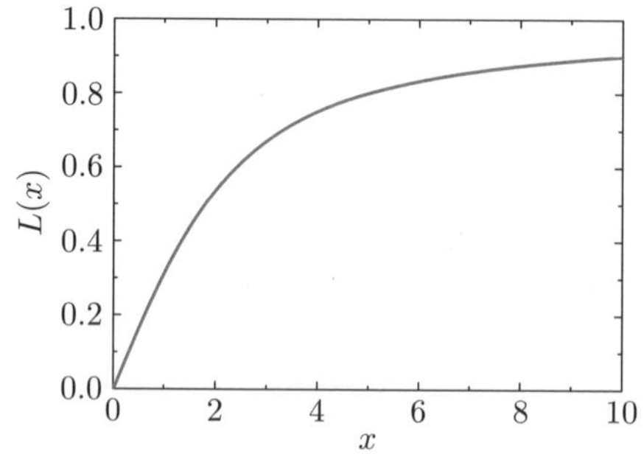

図 12.2 ランジュバン関数 $L(x)$ のグラフ

ランジュバン関数は，$x \to 0$ と $x \to \infty$ の極限で，

$$L(x) \longrightarrow \begin{cases} \dfrac{x}{3} & : x \to 0 \\ 1 & : x \to \infty \end{cases} \tag{12.8b}$$

のように振る舞うことがテイラー展開[6] により示せる．

(12.7) 式を (12.5) 式に代入し，(12.8b) 式の $x \to 0$ での極限形を用いると，この系の磁化率が，

$$\chi = \frac{C}{T}, \quad C \equiv \frac{N\mu_{\mathrm{m}}^2}{3k_{\mathrm{B}}} \tag{12.9}$$

と表せることがわかる．このように，自由な局在磁気モーメント系の磁化率は，$T \to 0$ で発散する．(12.9) 式は，1895 年にピエール キュリーにより実験的に見いだされたので，**キュリーの法則**と呼ばれ，定数 C も**キュリー定数**と名づけられている．その理論的導出を行ったのが，キュリーの下で博士号を取得したランジュバンである．

この磁化率の振る舞いは，物理的に次のように理解できる．温度一定の系における熱平衡状態は，

$$F = U - TS, \quad \begin{cases} U = \displaystyle\sum_{\nu} w_{\nu} E_{\nu} \\ -TS = k_{\mathrm{B}} T \displaystyle\sum_{\nu} w_{\nu} \ln w_{\nu} \end{cases} \tag{12.10}$$

の最小状態である．ただし w_{ν} は状態 ν の実現確率である．絶対零度（$T = 0$）では，内部エネルギー U を最小にする状態，すなわち，最低エネルギー状態が実現され，それは全ての磁気モーメントが $\boldsymbol{B}$ の方向に揃った状態である．また，この状態は微小な B で一気に実現され，それは磁化率の発散として観測される．一方，高温では，$-TS$ 項が支配的である．従って，エントロピーを最大化する状態が実現される．それは，10.2 節❸の考察からも明らかなように，全ての状態が同じ確率で現れる状態，すなわち各磁気モーメントの方向がランダムな状態に他ならない．容易に想像されるように，この状態は $\boldsymbol{B}$ の影響をほとんど受けないので，磁化率は非常に小さいのである．高温から低温への χ の T^{-1} に比例した増大は，以上の両極限を繋ぐものとして理解できる．

12.2　強磁性と自発的対称性の破れ A

❶ 平均場近似

次に，(12.1) 式に加えて，隣接する磁気モーメント間に相互作用がある場合を考察する．ここでの議論はやや難しいかもしれない．初学者は読み飛ばして頂いても問題ない．

具体的に，ハミルトニアン

$$H = -\frac{J}{2}\sum_{\boldsymbol{R}}\sum_{\boldsymbol{\delta}}\boldsymbol{m}_{\boldsymbol{R}}\cdot\boldsymbol{m}_{\boldsymbol{R}+\boldsymbol{\delta}} - \sum_{\boldsymbol{R}}\boldsymbol{m}_{\boldsymbol{R}}\cdot\boldsymbol{B} \tag{12.11}$$

で記述される系を考察する．ここで，J は隣接モーメント間の相互作用定数であり，$\boldsymbol{R}$ は格子点の位置ベクトル，また，$\boldsymbol{\delta}$ は隣接格子に至るベクトルである．格子点 $\boldsymbol{R}$ と隣接ベクトル $\boldsymbol{\delta}$ の総数をそれぞれ N と d で表すことにする．例えば図 12.1 の三次元単純立方格子の場合，ある原子に着目すると，その隣接ベクトル $\boldsymbol{\delta}$ の数は前後上下左右の六つで，$d = 6$ である．右辺第一項の形の相互作用があることは，量子力学に基づいてハイゼンベルグが明らかにした (1928 年)．その原因は，量子力学において同種粒子が区別できないことによる交換効果である．それゆえ，右辺第一項は**ハイゼンベルグの交換相互作用**，また，ハミルトニアン (12.11) は**ハイゼンベルグ模型**と呼ばれる．以下では $J > 0$ の強磁性的相互作用の場合を考える．実際，$J > 0$ の場合のエネルギー最低状態は，$\boldsymbol{B} = \boldsymbol{0}$ においても，磁気モーメントが全て自発的に一方向に揃った完全強磁性状態である．

(12.11) 式の右辺第一項がある場合，この系の分配関数を厳密に求めることは非常に難しくなる．このような場合の初等的かつ標準的近似法が，**平均場近似**あるいは**分子場近似**と呼ばれる手法である．すなわち，最初に有限の $\boldsymbol{M}$ が出現したと仮定してハミルトニアンを相互作用のない形に近似し，自由エネルギーの表式を求める．そして，未定の $\boldsymbol{M}$ は，自由エネルギーを最小化する条件から決める．この一連の手続きは**自己無撞着近似**と呼ばれる近似法の特徴で，ここでの平均場近似もその一つに数えられる．それを今の場合に適用すると，相互作用のないハミルトニアンが次のように得られる．

例題 12.2

ハミルトニアン (12.11) 式の右辺第一項で，各磁気モーメント $\boldsymbol{m}_{\boldsymbol{R}}$ を，平均値 $\langle \boldsymbol{m}_{\boldsymbol{R}} \rangle$ とそこからのずれ $\Delta \boldsymbol{m}_{\boldsymbol{R}} \equiv \boldsymbol{m}_{\boldsymbol{R}} - \langle \boldsymbol{m}_{\boldsymbol{R}} \rangle$ の和として，

$$\boldsymbol{m}_{\boldsymbol{R}} = \langle \boldsymbol{m}_{\boldsymbol{R}} \rangle + \Delta \boldsymbol{m}_{\boldsymbol{R}} \tag{12.12}$$

と表し，$\Delta \boldsymbol{m}_{\boldsymbol{R}}$ に関する二次の項を無視する．さらに，平均値 $\langle \boldsymbol{m}_{\boldsymbol{R}} \rangle$ は格子点によらず，磁化 $\boldsymbol{M}$ を用いて $\langle \boldsymbol{m}_{\boldsymbol{R}} \rangle = \frac{\boldsymbol{M}}{N}$ と表せるものとする．これらの近似のもとで，(12.11) 式が次のように表せることを示せ．

$$H \approx -\sum_{\boldsymbol{R}} \boldsymbol{m}_{\boldsymbol{R}} \cdot \boldsymbol{B}_{\mathrm{eff}} + \frac{Jd}{2N} M^2, \quad \boldsymbol{B}_{\mathrm{eff}} \equiv \boldsymbol{B} + \frac{Jd}{N} \boldsymbol{M}. \tag{12.13}$$

【解答】 (12.11) 式の右辺第一項は次のように変形できる．

$$-\frac{J}{2} \sum_{\boldsymbol{R}} \sum_{\boldsymbol{\delta}} \boldsymbol{m}_{\boldsymbol{R}} \cdot \boldsymbol{m}_{\boldsymbol{R}+\boldsymbol{\delta}}$$

(12.12) 式を代入

$$= -\frac{J}{2} \sum_{\boldsymbol{R}} \sum_{\boldsymbol{\delta}} (\langle \boldsymbol{m}_{\boldsymbol{R}} \rangle + \Delta \boldsymbol{m}_{\boldsymbol{R}}) \cdot (\langle \boldsymbol{m}_{\boldsymbol{R}+\boldsymbol{\delta}} \rangle + \Delta \boldsymbol{m}_{\boldsymbol{R}+\boldsymbol{\delta}})$$

$\Delta \boldsymbol{m}_{\boldsymbol{R}}$ に関する二次の項を落とす

$$\approx -\frac{J}{2} \sum_{\boldsymbol{R}} \sum_{\boldsymbol{\delta}} (\langle \boldsymbol{m}_{\boldsymbol{R}} \rangle \cdot \langle \boldsymbol{m}_{\boldsymbol{R}+\boldsymbol{\delta}} \rangle + \Delta \boldsymbol{m}_{\boldsymbol{R}} \cdot \langle \boldsymbol{m}_{\boldsymbol{R}+\boldsymbol{\delta}} \rangle + \langle \boldsymbol{m}_{\boldsymbol{R}} \rangle \cdot \Delta \boldsymbol{m}_{\boldsymbol{R}+\boldsymbol{\delta}})$$

$\Delta \boldsymbol{m}_{\boldsymbol{R}} \equiv \boldsymbol{m}_{\boldsymbol{R}} - \langle \boldsymbol{m}_{\boldsymbol{R}} \rangle$ を代入

$$= -\frac{J}{2} \sum_{\boldsymbol{R}} \sum_{\boldsymbol{\delta}} (-\langle \boldsymbol{m}_{\boldsymbol{R}} \rangle \cdot \langle \boldsymbol{m}_{\boldsymbol{R}+\boldsymbol{\delta}} \rangle + \boldsymbol{m}_{\boldsymbol{R}} \cdot \langle \boldsymbol{m}_{\boldsymbol{R}+\boldsymbol{\delta}} \rangle + \langle \boldsymbol{m}_{\boldsymbol{R}} \rangle \cdot \boldsymbol{m}_{\boldsymbol{R}+\boldsymbol{\delta}})$$

$\langle \boldsymbol{m}_{\boldsymbol{R}} \rangle = \dfrac{\boldsymbol{M}}{N}$ を代入

$$= \frac{J}{2} \sum_{\boldsymbol{R}} \sum_{\boldsymbol{\delta}} \left(\frac{\boldsymbol{M}}{N} \right)^2 - \frac{J}{2} \sum_{\boldsymbol{R}} \sum_{\boldsymbol{\delta}} \boldsymbol{m}_{\boldsymbol{R}} \cdot \frac{\boldsymbol{M}}{N} - \frac{J}{2} \sum_{\boldsymbol{R}} \sum_{\boldsymbol{\delta}} \frac{\boldsymbol{M}}{N} \cdot \boldsymbol{m}_{\boldsymbol{R}+\boldsymbol{\delta}}$$

第三項で $\boldsymbol{R}$ の和を $\boldsymbol{R}' \equiv \boldsymbol{R} + \boldsymbol{\delta}$ の和に書き換え

$$= \frac{J}{2} Nd \left(\frac{\boldsymbol{M}}{N} \right)^2 - Jd \frac{\boldsymbol{M}}{N} \cdot \sum_{\boldsymbol{R}} \boldsymbol{m}_{\boldsymbol{R}}.$$

ここで，最後の等式では，その上の第二項と第三項が同じ寄与を与えることを用いた．最後の近似式を (12.11) 式の右辺第一項に用いると，(12.13) 式が得られる．■

(12.13) 式のハミルトニアンは，右辺第二項の定数項を除いて (12.1) 式と同じ形である．従って，(12.6) 式の導出にならって，分配関数が

$$Z = \left(\frac{\sinh \beta\mu_{\mathrm{m}} B_{\mathrm{eff}}}{\beta\mu_{\mathrm{m}} B_{\mathrm{eff}}}\right)^N \exp\left(-\beta\frac{Jd}{2N}M^2\right) \tag{12.14}$$

と計算できる．ただし，$B_{\mathrm{eff}} = |\boldsymbol{B}_{\mathrm{eff}}|$ であり，(12.14) 式の右辺の第二因子は，ハミルトニアン (12.13) の定数項の寄与である．対応する自由エネルギーは，

$$F = -k_{\mathrm{B}}T \ln Z = -Nk_{\mathrm{B}}T \ln \frac{\sinh \beta\mu_{\mathrm{m}} B_{\mathrm{eff}}}{\beta\mu_{\mathrm{m}} B_{\mathrm{eff}}} + \frac{Jd}{2N}M^2 \tag{12.15}$$

と得られる．磁化 $\boldsymbol{M}$ は，対称性から，$\boldsymbol{B}$ 方向の成分のみが有限になると考えられる．その大きさ M は，自由エネルギー F が M に関して最小となっているための必要条件 $\frac{\partial F}{\partial M} = 0$ により決まり，

$$M = N\mu_{\mathrm{m}} L(\beta\mu_{\mathrm{m}} B_{\mathrm{eff}}) \tag{12.16}$$

を得る．ただし，$L(x)$ は (12.8a) 式で定義されている．

例題 12.3

(12.16) 式を導出せよ．

【解答】 (12.15) 式に関する極値条件 $\frac{\partial F}{\partial M} = 0$ は，変数 $x = \beta\mu_{\mathrm{m}} B_{\mathrm{eff}}$ を導入し，微分に関する連鎖律と (12.8a) 式および (12.13) 式を用いることで，次のように変形できる．

$$\begin{aligned}
0 = \frac{\partial F}{\partial M} &= -Nk_{\mathrm{B}}T \left(\frac{d}{dx}\ln\frac{\sinh x}{x}\right)\frac{\partial x}{\partial B_{\mathrm{eff}}}\frac{\partial B_{\mathrm{eff}}}{\partial M}\bigg|_{x=\beta\mu_{\mathrm{m}}B_{\mathrm{eff}}} + \frac{Jd}{N}M \\
&= -Nk_{\mathrm{B}}TL(\beta\mu_{\mathrm{m}}B_{\mathrm{eff}})\beta\mu_{\mathrm{m}}\frac{Jd}{N} + \frac{Jd}{N}M \\
&= \frac{Jd}{N}\left\{-N\mu_{\mathrm{m}}L(\beta\mu_{\mathrm{m}}B_{\mathrm{eff}}) + M\right\}.
\end{aligned}$$

これより，(12.16) 式を得る．■

高温相は，$B \to 0$ で $M \to 0$ となる**常磁性状態**である．この常磁性状態の $B \to 0$ における磁化の大きさ M を決める式は，(12.8b) 式における $x \to 0$ の極限形を (12.16) 式に代入して，

$$M = \frac{C}{T}\left(B + \frac{Jd}{N}M\right)$$

と得られる．ただしキュリー定数 C は (12.9) 式に与えられている．この式を M について解くと，磁化率 (12.5) が

$$\chi = \frac{C}{T - T_{\mathrm{c}}}, \quad T_{\mathrm{c}} \equiv \frac{Jd\mu_{\mathrm{m}}^2}{3k_{\mathrm{B}}} \tag{12.17}$$

と得られる．(12.17) 式の磁化率は，高温から温度を下げるにつれて次第に増大し，有限の温度 T_{c} で発散する．これを**キュリー - ワイスの法則**と呼ぶ．ワイスは，1907 年に，上述の平均場近似（分子場近似）を用いて強磁性を議論した．

この有限温度 T_{c} における磁化率の発散は，系が $T < T_{\mathrm{c}}$ で自発磁化を持つこと，すなわち，強磁性状態になることに由来する．実際，(12.16) 式で $B = 0$ と置いた式を，還元温度 $t \equiv \frac{T}{T_{\mathrm{c}}}$ と還元磁気モーメント $m_{\mathrm{r}} \equiv \frac{M}{N\mu_{\mathrm{m}}}$ を用いて表すと，

$$\frac{t}{3}x = L(x), \quad x \equiv \frac{3m_{\mathrm{r}}}{t} \tag{12.18}$$

となる．この方程式がどのような場合に解を持つのかを，グラフを用いて調べよう．図 12.3(a) には，関数 $y = L(x)$ のグラフと共に，関数 $y = \frac{t}{3}x$ のグラフを $t = 1.5$ と $t = 0.5$ の場合に描いた．$t = 0.5$ の場合，直線は $y = L(x)$ のグラフと $x > 0$ で交わるのがわかる．解を持つ持たないの境目は，直線 $y = \frac{t}{3}x$

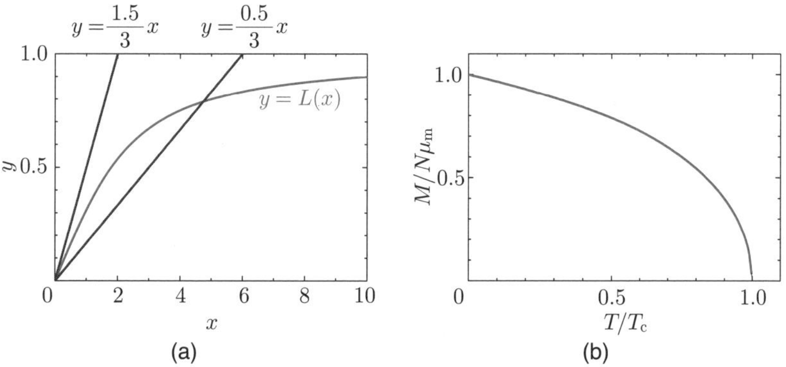

図 12.3　(a) $y = \dfrac{t}{3}x$ と $y = L(x)$ のグラフ，(b) 自発磁化の温度依存性

が $x = 0$ で曲線 $y = L(x)$ に接する条件から，$t = 1$ であるとわかる．(12.18) 式を $t < 1$ で数値的に解いて自発磁化 M の温度依存性を描いたのが図 12.3(b) である．磁化が T_c 近傍で急激に立ち上がるのが見て取れる．

自発磁化のない $T > T_c$ の状態を**常磁性状態**，自発磁化が有限な $T < T_c$ の状態を**強磁性状態**と呼ぶ．それらは，$T = T_c$ での**相転移**を通して移り変わる．$\boldsymbol{B} = \boldsymbol{0}$ の場合の自発磁化 $\boldsymbol{M}$ は，その大きさが同じであれば，どの方向を向いても系の自由エネルギー (12.15) は同じ値を持つ．しかし，それが一つの方向に決まらないと自由エネルギーは下がらない．そして，現実にも，$\boldsymbol{M}$ の方向が決まった強磁性状態が出現し，その状態は，ハミルトニアン (12.11) が $\boldsymbol{B} = \boldsymbol{0}$ の場合に持つ回転対称性が破れた状態である．つまり，実際に実現される状態の対称性が，ハミルトニアンの対称性よりも低くなっているのである．このことを**自発的対称性の破れ**と呼ぶ．その方向の決定には，ゆらぎや外部との微小な相互作用が大きな影響を及ぼす．

❷ ランダウの二次相転移理論

図 12.3(b) によると，磁化の大きさ M は転移点直下で急激に立ち上がる．自由エネルギーを磁化に関して展開することにより，転移点近傍の磁化の振る舞いをより詳細に議論する．これにより，**ランダウの二次相転移理論**を微視的に理解できることになる．

熱平衡条件 $\frac{\partial F}{\partial M} = 0$ を課す前の自由エネルギー (12.15) は，磁化の大きさ M を未定のパラメータとして含んでいる．この F を T_c 近傍で M^2 について展開し，そこでの磁化の振る舞いを詳しく見たのがランダウの二次相転移理論である．簡単のため外部磁場がない $\boldsymbol{B} = \boldsymbol{0}$ の場合を考え，(12.15) 式に現れる関数を次のようにテイラー展開 [6] する．

$$\ln \frac{\sinh x}{x} = \ln \left(1 + \frac{x^2}{3!} + \frac{x^4}{5!} + \cdots \right) = \frac{x^2}{6} - \frac{x^4}{180} + \cdots .$$

この展開式を用いて，(12.15) 式を M^4 まで考慮すると，

$$F \approx aM^2 + \frac{b}{2}M^4 \tag{12.19}$$

が得られる．展開係数 a と b は，(12.17) 式の T_c を用いて，

$$
\begin{aligned}
a &\equiv -\frac{N}{6\beta}\left(\frac{\beta\mu_{\mathrm{m}}Jd}{N}\right)^2 + \frac{Jd}{2N} = -\frac{Jd}{2NT}(T_{\mathrm{c}} - T) \\
&\approx -\frac{Jd}{2NT_{\mathrm{c}}}(T_{\mathrm{c}} - T),
\end{aligned}
\tag{12.20a}
$$

$$
b \equiv \frac{N}{90\beta}\left(\frac{\beta\mu_{\mathrm{m}}Jd}{N}\right)^4 \approx \frac{Nk_{\mathrm{B}}T_{\mathrm{c}}}{90}\left(\frac{\mu_{\mathrm{m}}Jd}{Nk_{\mathrm{B}}T_{\mathrm{c}}}\right)^4 = \frac{(Jd)^2}{10N^3k_{\mathrm{B}}T_{\mathrm{c}}}
\tag{12.20b}
$$

と表せる．ただし，(12.20b) 式では $T \approx T_{\mathrm{c}}$ と近似した．このように，平均場近似による転移点近傍の自由エネルギーは，磁化ベクトル $\boldsymbol{M}$ から作られるもっとも簡単なスカラー

$$
M^2 = \boldsymbol{M}\cdot\boldsymbol{M}
$$

のベキ級数に展開できる．そして，二次の係数 a が転移点 $T = T_{\mathrm{c}}$ でその符号を変える一方で，四次の係数 b は正の定数と見なせる．これらは，現象論であるランダウ理論の基本的仮定であり，そこでは自由エネルギーの具体形を用いずに，(12.19) 式の展開形から出発する．(12.19) 式を，磁化の大きさ $M = \sqrt{\boldsymbol{M}\cdot\boldsymbol{M}}$ の定義域を負の領域まで拡張して描くと，図 12.4 のようになる．転移点を境に，自由エネルギーの最小点が $M = 0$ から有限の M へと移り変わり，正負の領域に二つの最小点が出現するのが見て取れる．実際には，$T < T_{\mathrm{c}}$ において，磁化ベクトル $\boldsymbol{M}$ の全ての方向に対して一つの最小点があり，それらは球面を構成して同じ自由エネルギーを持っている．この縮退が自発的に取り除かれ，ある一つの $\boldsymbol{M}$ が出現するのが自発的対称性の破れである．その方向の決定には，ゆらぎや外界との微小な相互作用が大きな影響を及ぼす．

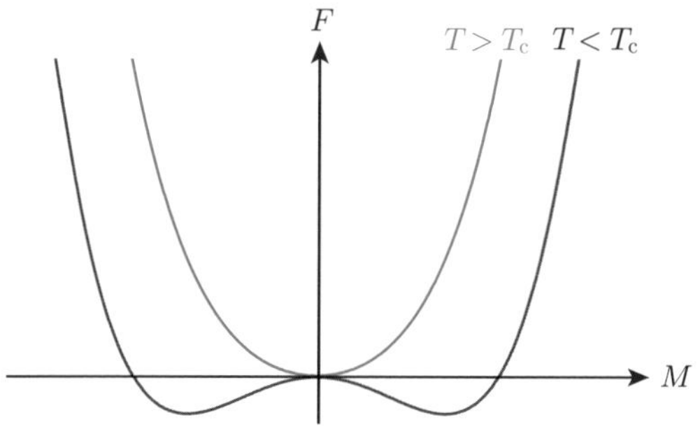

図 12.4　**磁化の関数としての自由エネルギー**

例題 12.4

自由エネルギー (12.19) の係数が (12.20) 式で与えられるものとする．このFをMについて最小化し，$T \geq T_c$ と $T < T_c$ での磁化と自由エネルギーの熱平衡値を求めよ．

【解答】 平衡状態（equilibrium）の磁化 M_{eq} を決める式は

$$0 = \left.\frac{\partial F}{\partial M}\right|_{M=M_{eq}} = (a + bM_{eq}^2)M_{eq}$$

である．解としては $M_{eq} = 0$ もしくは $M_{eq}^2 = -\frac{a}{b}$ が得られるが，後者は $T < T_c$ のみで意味を持ち，その領域での平衡状態に対応する．つまり，転移点近傍の自発磁化は，

$$M_{eq} = \begin{cases} 0 & : T \geq T_c \\ \sqrt{\dfrac{-a}{b}} \propto (T_c - T)^{\frac{1}{2}} & : T < T_c \end{cases} \tag{12.21}$$

と表せる．このように，$T \lesssim T_c$ での自発磁化は，$(T_c - T)^{\frac{1}{2}}$ に比例して急激に立ち上がる（図 12.3(b) 参照）．これは平均場理論の特徴である．平衡状態の自由エネルギー F_{eq} は，(12.21) 式を (12.19) 式の M に代入して，

$$F_{eq} = \begin{cases} 0 & : T \geq T_c \\ -\dfrac{a^2}{2b} \propto -(T_c - T)^2 & : T < T_c \end{cases} \tag{12.22}$$

と得られる．■

(12.22) 式のように，自由エネルギーは $T = T_c$ で連続的かつ滑らかに変化する．一方，エントロピー $S_{eq} = -\frac{\partial F_{eq}}{\partial T}$ は連続的ではあるが $T = T_c$ で折れ曲りを持ち，定積モル比熱 $C_{eq} = T\frac{\partial S_{eq}}{\partial T}$ は $T = T_c$ で不連続となる．このように，自由エネルギー F の二階微分に初めて不連続性が現れる相転移を**二次相転移**と呼ぶ．その相転移には，一般に，対称性の破れが関わっている．一方，体積 V やエントロピー S など，自由エネルギー F の一階微分が不連続に変化する相転移は**一次相転移**と呼ばれる．その典型例は8章で論じた気体液体転移であるが，そこでは，気体も液体も等方的で対称性の破れはない．

上で見てきた常磁性 - 強磁性転移の転移点では，$M = 0$ が，自由エネルギーの最小点から極大点へ，あるいはその逆へと滑らかに移り変わる．それに伴い，

転移点近傍ではゆらぎが大きくなり，実際には平均場近似の記述が不適切となる．その大きなゆらぎに伴う物理量の異常な振る舞いは，**臨界現象**と呼ばれ，現代物理学の中心的な研究テーマの一つとなっている．

演 習 問 題

12.1 N 個の原子からなる固体の各格子点に，自由な磁気モーメントがある．各磁気モーメントは，磁束密度 $\boldsymbol{B}$ の方向に $\mu_0 m$（$m = \pm\frac{1}{2}$）の値だけを取り得るものとする．この磁気モーメント系の全エネルギーは，$B = |\boldsymbol{B}|$ として

$$E_\nu = -\sum_{j=1}^{N} \mu_0 m_j B$$

と表せる．ただし，ν は m_j の組合せ $(m_1, m_2, \cdots) \equiv \{m_j\}$ を表す．

(1) この系の分配関数を求めよ．

(2) 内部エネルギーを求めよ．

(3) モル比熱 C が，**ショットキー型比熱**

$$C = N_{\mathrm{A}} k_{\mathrm{B}} \left. \frac{x^2}{\cosh^2 x} \right|_{x=\frac{\mu_0 B}{2k_{\mathrm{B}} T}} \tag{12.23}$$

となることを示せ．ただし，N_{A} はアボガドロ数である．

第13章　量子力学からの帰結

熱力学第三法則を満たす結果を統計力学で再現するには，量子力学で求められた離散化されたエネルギー準位を，統計確率分布に用いることが必要不可欠である．本章では統計力学で必要となる量子力学の知識を簡潔にまとめる．その要点は次の章の冒頭にまとめられているので，この章を飛ばすことも可能である．

13.1　一粒子系の量子力学と状態密度

簡単な系について一粒子シュレーディンガー方程式を解いてエネルギーの量子化が起こることを確認し，一粒子状態密度の概念を学ぶ．

❶ 一次元運動とエネルギーの量子化

量子力学によると [4, 8]，非相対論的な粒子の定常運動は，シュレーディンガー方程式

$$\widehat{H}\phi(x) = \varepsilon\phi(x) \tag{13.1}$$

で記述できる．ただし，$\widehat{H}$ はハミルトニアン，$\phi(x)$ は粒子の波動関数，ε は固有エネルギーである．ここでは，(13.1) 式を簡単な場合に対して解き，一粒子エネルギーが量子化されることを確かめる．具体的に，質量 m を持ち，ハミルトニアン

$$\widehat{H} = \frac{\widehat{p}^2}{2m} + \mathcal{V}(x) \tag{13.2}$$

で記述される粒子の一次元定常運動を考える．ここで $\widehat{p}$ と $\mathcal{V}(x)$ は，それぞれ

$$\widehat{p} \equiv -i\hbar\frac{d}{dx}, \quad \mathcal{V}(x) = \begin{cases} 0 & : 0 \le x \le L \\ \infty & : \text{その他} \end{cases} \tag{13.3}$$

で定義された運動量演算子とポテンシャルである．まず，ポテンシャル $\mathcal{V}(x)$ が $0 \le x \le L$ 以外では ∞ であることから，$\phi(x)$ が有限の値を持つのは $0 \le x \le L$

の領域のみであることがわかる．また，連続性の要請から，波動関数は境界 $x=0, L$ において

$$\phi(0) = \phi(L) = 0 \tag{13.4}$$

を満たすことも結論づけられる．(13.2) 式のハミルトニアンを (13.1) 式に代入すると，$0 \leq x \leq L$ での方程式が

$$\frac{d^2\phi(x)}{dx^2} + k^2\phi(x) = 0, \quad k \equiv \sqrt{\frac{2m\varepsilon}{\hbar^2}} \tag{13.5}$$

へと書き換えられる．この定数係数二階常微分方程式は，容易に解くことができる．すなわち，$\phi(x) = Ce^{\lambda x}$（C と λ は定数）と置いて (13.5) 式に代入することで，$\lambda = \pm ik$ が得られる．これから，一般解が，二つの積分定数 A, B を用いて

$$\phi(x) = Ae^{ikx} + Be^{-ikx} \tag{13.6}$$

と表せることがわかる．この式を (13.4) 式に代入すると，$\phi(0) = 0$ より $B = -A$ が得られる．また，$\phi(L) = 0$ は

$$0 = Ae^{ikL} + Be^{-ikL} = A(e^{ikL} - e^{-ikL}) = 2iA\sin kL$$

と変形できる．この式が $\phi(x) \neq 0$ の解を持つためには，n をゼロでない整数として

$$kL = n\pi$$

が成り立つ必要がある．以上より，境界条件 (13.4) を満たす (13.5) 式の非自明な（= 有限な）解が次のように得られる．

$$\phi_n(x) = A_n \sin k_n x, \quad k_n \equiv \frac{n\pi}{L} \quad (n = \pm 1, \pm 2, \cdots). \tag{13.7}$$

ここで，n の異なる解を区別するために波動関数 ϕ や k に添字 n をつけ，また $2iA \to A_n$ の置き換えを行った．(13.5) 式より，一粒子エネルギー ε が次のように量子化されることがわかる．

$$\varepsilon_n = \frac{\hbar^2 k_n^2}{2m}.$$

定数 A_n は次の規格化条件により決める．

$$\begin{aligned} 1 &= \int_0^L |\phi_n(x)|^2\, dx = |A_n|^2 \int_0^L \sin^2 k_n x\, dx \\ &= |A_n|^2 \int_0^L \frac{1-\cos 2k_n x}{2}\, dx \\ &= |A_n|^2 \frac{L}{2}. \end{aligned}$$

これより

$$|A_n| = \sqrt{\frac{2}{L}}$$

を得る．このように，規格化定数 A_n は位相を除いて一つに決まる．この位相の任意性はゲージ変換の自由度と関係しており，物理量の期待値には表れない．従って，以下ではこの位相を 0 と選ぶことにする．さらに，$k_{-n} = -k_n$ より，$\phi_{-n}(x)$ と $\phi_n(x)$ の間には比例関係

$$\phi_{-n}(x) = -\frac{A_{-n}}{A_n}\phi_n(x)$$

があることがわかる．すなわちこれら二つの波動関数はせいぜい位相が異なるだけで，物理的には全く同等である．従って (13.7) 式の n を正の値に限ることにする．

以上をまとめると，ハミルトニアン (13.2) に対する (13.1) 式の解として，次の固有関数が得られる．

$$\phi_n(x) = \sqrt{\frac{2}{L}} \sin k_n x, \quad k_n = \frac{n\pi}{L} \quad (n = 1, 2, 3, \cdots). \tag{13.8a}$$

対応するエネルギー固有値は，次のように量子化され，離散的になる．

$$\varepsilon_n = \frac{\hbar^2 k_n^2}{2m}. \tag{13.8b}$$

(13.8) 式は，長さ L の一次元領域に閉じ込められた粒子の固有関数と固有値である．同じように長さ L の一次元領域を運動する粒子の問題を，境界条件を変えて「周期的境界条件」で解くと，以下のようになる．

例題 13.1

ハミルトニアン

$$\widehat{H} = \frac{\widehat{p}^2}{2m} \tag{13.9}$$

に対するシュレーディンガー方程式 (13.1) を，周期的境界条件

$$\phi(0) = \phi(L), \quad \phi'(0) = \phi'(L) \tag{13.10}$$

の下で解き，固有関数 $\phi_n(x)$ と固有値 ε_n を求めよ．

【解答】 (13.9) 式を (13.1) 式に代入すると，自由粒子のシュレーディンガー方程式

$$-\frac{\hbar^2}{2m}\frac{d^2\phi(x)}{dx^2} = \varepsilon\phi(x)$$

が得られる．これは (13.5) 式と同じ方程式で，その一般解は (13.6) 式のように求まっている．そこで，(13.6) 式を境界条件 (13.10) に代入すると，

$$A + B = Ae^{ikL} + Be^{-ikL},$$
$$ik(A - B) = ik(Ae^{ikL} - Be^{-ikL})$$

となる．これらの連立方程式は，行列を用いて，

$$\begin{bmatrix} e^{ikL} - 1 & e^{-ikL} - 1 \\ e^{ikL} - 1 & -(e^{-ikL} - 1) \end{bmatrix} \begin{bmatrix} A \\ B \end{bmatrix} = \begin{bmatrix} 0 \\ 0 \end{bmatrix}$$

と表せる．この連立方程式が非自明な解（$A = B = 0$ ではない解）を持つための必要十分条件は，左辺の 2×2 行列の行列式が 0 となること，すなわち

$$0 = -2(e^{ikL} - 1)(e^{-ikL} - 1) = -4(1 - \cos kL)$$

が成立することである．この式より $kL = 2n\pi$（$n = 0, \pm 1, \pm 2, \cdots$）が結論づけられる．以上より，(13.10) 式を満たす (13.5) 式の独立解が

$$\phi_n(x) = A_n e^{ik_n x}, \quad k_n \equiv \frac{2n\pi}{L}$$

と求まった．この固有関数は，(13.6) 式で $B = 0$ と置いた場合に相当するが，$A = 0$ と置いても同じ固有関数群が得られる．定数 A_n は，規格化条件

$$1 = \int_0^L |\phi_n(x)|^2\, dx = |A_n|^2 \int_0^L dx = |A_n|^2 L$$

より，

$$|A_n| = \frac{1}{\sqrt{L}}$$

と求まる．A_n の位相は 0 と選ぶことにする．まとめると，固有関数 $\phi_n(x)$ と固有値 ε_n が，

$$\phi_n(x) = \frac{1}{\sqrt{L}} e^{ik_n x}, \quad k_n = \frac{2n\pi}{L} \quad (n = 0, \pm 1, \pm 2, \pm 3, \cdots), \tag{13.11a}$$

$$\varepsilon_n = \frac{\hbar^2 k_n^2}{2m} \tag{13.11b}$$

と得られた．■

❷ 完全規格直交性

ハミルトニアン (13.2) の固有値問題を解くことで，一つの固有関数系 $\{\phi_n\}_n$ が (13.8a) 式のように得られた．一般に，あるエルミート演算子の固有値問題を解くと，固有関数系が構成できる．そして，この固有関数系は，**完全規格直交性**という性質を持つ [4, 8]．これを (13.8a) 式の例で確認する．

まず，関数系 $\{\phi_n\}_n$ の内積を

$$\langle \phi_{n'} | \phi_n \rangle \equiv \int_0^L \phi_{n'}^*(x) \phi_n(x) \, dx \tag{13.12}$$

で定義する．すると，(13.8a) の固有関数は，

$$\langle \phi_{n'} | \phi_n \rangle = \delta_{n'n} \tag{13.13a}$$

を満たすことが初等積分により確かめられる．ここで右辺は (10.11) 式で定義されたクロネッカーのデルタである．これを固有関数の**規格直交性**と呼ぶ．また，次の段落で詳しく見るように，$\phi_n(x)$ は**完全性**

$$\sum_n \phi_n(x) \phi_n^*(x') = \delta(x - x') \tag{13.13b}$$

も満たす．ただし，関数 $\delta(x)$ は，

$$\delta(x) \equiv \begin{cases} \infty & : x = 0 \\ 0 & : x \neq 0 \end{cases}, \quad \int_{-\infty}^{\infty} \delta(x) \, dx = 1 \tag{13.14}$$

で定義されたディラックのデルタ関数であり，階段関数 (11.12) との間に

$$\delta(x) = \frac{d\theta(x)}{dx} \tag{13.15}$$

の関係がある．デルタ関数については，以下の 13.1 節❸でより詳しく説明する．

(13.13b) 式は次の内容と等価である．「固有関数 $\{\phi_n\}_n$ と同じ領域 $0 \le x \le L$ で定義され，境界条件 (13.4) を満たす任意の関数 $f(x)$ を考える．$f(x)$ の $\{\phi_n\}_n$ に関する展開

$$f(x) = \sum_n c_n \phi_n(x)$$

は絶対一様収束する．」固有関数 (13.8a) を用いたこの展開は，正弦フーリエ級数に他ならない．等価性を見るために，上の展開式の両辺に $\phi^*_{n'}(x)$ を掛けて $0 \le x \le L$ について積分し，直交性 (13.13a) を用いた後，$n' \to n$ および $x \to x'$ の置き換えを行う．すると，展開係数 c_n が

$$c_n = \int_0^L \phi^*_n(x') f(x')\, dx'$$

と得られる．これを上の $f(x)$ の展開式に再代入し，絶対一様収束性を用いて和と積分の順序を交換すると，展開式が

$$f(x) = \int_0^L \sum_n \phi_n(x)\phi^*_n(x') f(x')\, dx'$$

と表せる．ここで，$f(x)$ が $0 \le x \le L$ で定義された任意の関数であることを思い起こすと，(13.13b) 式が得られる．

周期的境界条件の固有値問題を解くことにより得られた関数系 (13.11a) についても，完全規格直交性が成立していることを示せる．この関数系は，運動量演算子 $\widehat{p}$ の固有関数にもなっており，実用上非常に便利である．それらは，また，d 次元（$d = 1, 2, 3, \cdots$）立方体領域を運動する粒子へと容易に拡張でき，その固有関数と固有値が次のように得られる．

$$\phi_{\boldsymbol{k}}(\boldsymbol{r}) = \frac{1}{L^{\frac{d}{2}}} e^{i\boldsymbol{k}\cdot\boldsymbol{r}}, \quad \boldsymbol{k} = \frac{2\pi}{L}(n_1, n_2, \cdots, n_d), \tag{13.16a}$$

$$\varepsilon_{\boldsymbol{k}} = \frac{\hbar^2 \boldsymbol{k}^2}{2m}. \tag{13.16b}$$

ただし，n_j（$j = 1, 2, \cdots, d$）は整数である．

❸ディラックのデルタ関数 A

ディラックのデルタ関数は，極限形で定義するとわかりやすいかもしれない．具体的に，$\beta > 0$ をパラメータとして含む次の関数を考える．

$$f(x;\beta) \equiv 1 - \frac{1}{e^{\beta x}+1}. \tag{13.17}$$

この関数は，$x=-\infty$ で 0，$x=\infty$ で 1 の値を取る単調増加関数である．従って，x についての導関数

$$f'(x;\beta) \equiv \frac{\beta e^{\beta x}}{(e^{\beta x}+1)^2} \tag{13.18}$$

は，

$$\int_{-\infty}^{\infty} f'(x;\beta)\,dx = f(\infty;\beta) - f(-\infty;\beta) = 1 \tag{13.19}$$

を満たし，また，原点での値は $f'(0;\beta)=\frac{\beta}{4}$ である（図 13.1 参照）．すなわち，x 軸と囲む面積が常に 1 で，その最大値は β に比例して増大する．階段関数とディラックのデルタ関数は，この $f(x;\beta)$ を用いて，

$$\theta(x) = \lim_{\beta\to\infty} f(x;\beta), \quad \delta(x) = \lim_{\beta\to\infty} f'(x;\beta), \tag{13.20}$$

と定義でき，(13.15) 式の成立も自然に理解できる．

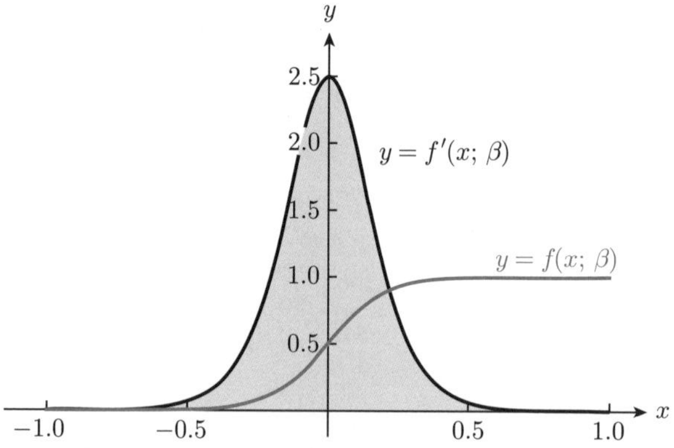

図 13.1 $\beta = 10$ の場合の $f(x;\beta)$ と $f'(x;\beta)$

なお，極限形としてのデルタ関数の表現は無限にあり，例えば，ガウス関数 $\sqrt{\frac{\beta}{\pi}}\,e^{-\beta x^2}$ の $\beta\to\infty$ の極限としても表せる．(13.17) 式を用いた (13.20) 式は，統計力学で重要な役割を果たす「フェルミ分布」，すなわち次章の (14.6) 式に関連した定義である．

ディラックのデルタ関数を三次元に拡張すると，位置ベクトル $\boldsymbol{r}\equiv(x,y,z)$ を用いて次のように表せる．

$$\delta(\boldsymbol{r})\equiv\delta(x)\delta(y)\delta(z). \tag{13.21}$$

❹ 一粒子エネルギー状態密度

統計力学では，量子化された一粒子エネルギー ε_n が，エネルギー軸上にどのように分布しているのかが重要となる．この情報を与えるのが，

$$D(\epsilon)\equiv\sum_n\delta(\epsilon-\varepsilon_n) \tag{13.22}$$

で定義される一粒子エネルギー**状態密度** $D(\epsilon)$ である．

(13.8b) 式の固有エネルギーに対応する状態密度 (13.22) を，**熱力学的極限**と呼ばれる $L\to\infty$ の場合について求めよう．固有波数 k_n が $0\le k_n$ を満たし，その間隔が $\Delta k_n\equiv k_{n+1}-k_n=\frac{\pi}{L}$ と一定であることを用いると，(13.22) 式の和が以下のように変形できる．

$$\begin{aligned}
D(\epsilon)&=\sum_n\delta(\epsilon-\varepsilon_n)\quad\frac{1}{\Delta k_n}\Delta k_n\ \text{を挿入}\\
&=\frac{L}{\pi}\sum_n\Delta k_n\delta(\epsilon-\varepsilon_n)\qquad\text{和を積分で近似}\\
&=\frac{L}{\pi}\int_0^\infty dk_n\,\delta(\epsilon-\varepsilon_n)\qquad\text{変数変換：}k_n=\left(\frac{2m}{\hbar^2}\right)^{\frac{1}{2}}\sqrt{\varepsilon_n}\\
&=\frac{L}{\pi}\left(\frac{2m}{\hbar^2}\right)^{\frac{1}{2}}\int_0^\infty\frac{d\varepsilon_n}{2\sqrt{\varepsilon_n}}\delta(\epsilon-\varepsilon_n)\\
&=\frac{L}{2\pi}\left(\frac{2m}{\hbar^2}\right)^{\frac{1}{2}}\frac{\theta(\epsilon)}{\sqrt{\epsilon}}.
\end{aligned} \tag{13.23}$$

ただし，$\theta(\epsilon)$ は，(11.12) 式で定義された階段関数で，状態密度が $\epsilon>0$ でのみ有限であることを明示するために挿入した．上記の変形では，系が大きくな

るとエネルギーがほぼ連続的に分布することを用い，和を積分で近似した．

(13.23) 式のように，長さ L の一次元有限領域を自由運動する粒子の状態密度は，低エネルギーで $\epsilon^{-\frac{1}{2}}$ のように発散する．また，境界条件が (13.4) と異なっても，状態密度は $\Delta k_n \to 0$ の極限で同じ形を持つ．一般に，系が非常に大きくなると，体系内の性質に与える境界の影響は無視できるようになる．

例題 13.2

(13.11b) 式の固有エネルギーに対応する状態密度 (13.22) を熱力学的極限で求めよ．

【解答】 (13.11b) 式の固有値は，$-\infty \le k_n \le \infty$ の範囲に等間隔

$$\Delta k_n \equiv k_{n+1} - k_n = \frac{2\pi}{L}$$

で分布している．このことを考慮すると，状態密度が次のように計算できる．

$$\begin{aligned}
D(\epsilon) &= \sum_n \delta(\epsilon - \varepsilon_n) \\
&= \frac{L}{2\pi} \sum_n \Delta k_n \delta(\epsilon - \varepsilon_n) \qquad \text{和を積分で近似} \\
&= \frac{L}{2\pi} \int_{-\infty}^{\infty} dk_n \, \delta(\epsilon - \varepsilon_n) \qquad k_n = -k'_n \text{ により } k_n < 0 \text{ の積分を正の領域に} \\
&= \frac{L}{2\pi} 2 \int_0^{\infty} dk_n \, \delta(\epsilon - \varepsilon_n) \qquad \text{変数変換：} k_n = \left(\frac{2m}{\hbar^2}\right)^{\frac{1}{2}} \sqrt{\varepsilon_n} \\
&= \frac{L}{\pi} \left(\frac{2m}{\hbar^2}\right)^{\frac{1}{2}} \int_0^{\infty} \frac{d\varepsilon_n}{2\sqrt{\varepsilon_n}} \delta(\epsilon - \varepsilon_n) \\
&= \frac{L}{2\pi} \left(\frac{2m}{\hbar^2}\right)^{\frac{1}{2}} \frac{\theta(\epsilon)}{\sqrt{\epsilon}}. \ \blacksquare
\end{aligned}$$

このように，固有状態 (13.11) の状態密度 $D(\epsilon)$ は，先に計算した固有状態 (13.8) の状態密度 $D(\epsilon)$，すなわち (13.23) 式と一致する．

一方，d 次元自由粒子の固有値 (13.16b) に対する状態密度

$$D(\epsilon) \equiv \sum_{\boldsymbol{k}} \delta(\epsilon - \varepsilon_{\boldsymbol{k}}) \tag{13.24}$$

を，(11.15) 式と (13.15) 式を用いて計算すると，次の結果を得る．

$$D(\epsilon) = \frac{\pi^{\frac{d}{2}} L^d}{(2\pi)^d \Gamma(\frac{d}{2})} \left(\frac{2m}{\hbar^2}\right)^{\frac{d}{2}} \epsilon^{\frac{d}{2}-1} \theta(\epsilon). \tag{13.25}$$

実際，(13.24) 式は，その有限部分 $\epsilon \geq 0$ について，次のように変形できる．

$$\begin{aligned}
D(\epsilon) &= \sum_{\boldsymbol{k}} \delta(\epsilon - \varepsilon_{\boldsymbol{k}}) \\
&= \frac{d}{d\epsilon} \sum_{\boldsymbol{k}} \theta(\epsilon - \varepsilon_{\boldsymbol{k}}) \qquad \text{(13.15) 式を用いた} \\
&= \frac{d}{d\epsilon} \frac{1}{(\Delta k)^d} \sum_{\boldsymbol{k}} (\Delta k)^d \, \theta(\epsilon - \varepsilon_{\boldsymbol{k}}) \qquad \text{和を積分で近似} \\
&= \frac{d}{d\epsilon} \left(\frac{L}{2\pi}\right)^d \int d^d k \, \theta\left(\frac{2m\epsilon}{\hbar^2} - \sum_{j=1}^{d} k_j^2\right) \qquad k_j = \left(\frac{2m\epsilon}{\hbar^2}\right)^{\frac{1}{2}} u_j \\
&= \frac{d}{d\epsilon} \left(\frac{L}{2\pi}\right)^d \left(\frac{2m\epsilon}{\hbar^2}\right)^{\frac{d}{2}} \int d^d u \, \theta\left(1 - \sum_{j=1}^{d} u_j^2\right) \qquad \text{(11.15) 式を用いる} \\
&= \frac{d}{d\epsilon} \left(\frac{L}{2\pi}\right)^d \left(\frac{2m\epsilon}{\hbar^2}\right)^{\frac{d}{2}} \frac{\pi^{\frac{d}{2}}}{\Gamma(\frac{d}{2}+1)} \\
&= \frac{\pi^{\frac{d}{2}} L^d}{(2\pi)^d \Gamma(\frac{d}{2})} \left(\frac{2m}{\hbar^2}\right)^{\frac{d}{2}} \epsilon^{\frac{d}{2}-1}.
\end{aligned}$$

このように，d 次元自由粒子の状態密度は $\epsilon^{\frac{d}{2}-1}$ に比例し，系の次元 d に強く依存するのがわかる．

13.2 同種多粒子系の量子力学 A

質量などの属性が同じである同種粒子は互いに区別できず，置換しても状態は変わらない．このことが，多粒子系のエネルギー構造に大きな影響を及ぼす．基本的な結果は (13.50)–(13.52) 式にまとめられている．それらを参照して，次の章へ進むことも可能である．

❶ 置換の基礎的事項

前節では一粒子系の量子力学を簡単に紹介し，一粒子エネルギーが量子化されることを見た．その考察を発展させ，ここでは統計力学と関連の深い同種多粒子系の量子力学を扱う．同種多粒子系では，質量や電荷などの粒子の属性が同じことに由来する置換対称性が存在し，粒子を仮想的に入れ替えても状態は区別できない．この事実が多粒子系の量子力学に深遠な影響を及ぼすことになる．置換対称性とスピンとの関連についても説明する．

まず置換についての数学的背景をまとめておく[2,9]．円周上に，N 個の椅子が等間隔で配置され，時計回りに $i = 1, 2, \cdots, N$ の番号がつけられているものとする．**置換**（permutation）とは，それら N 個の席に座っている N 人の人が互いに席を入れ替える操作を意味し，その演算子 $\widehat{P}$ は

$$\widehat{P} \equiv \begin{pmatrix} 1 & 2 & 3 & \cdots & N \\ p_1 & p_2 & p_3 & \cdots & p_N \end{pmatrix} \tag{13.26}$$

と表すことができる．ここで，第二行の p_i は，席 i に座っていた人が席 p_i に移ることを表す．従って，各 p_i は 1 から N までの中の一つの値を取り，それらの間に重複はない．相異なる $\widehat{P}$ の数は $N!$ である．特に，人々が「巡回的」あるいは「玉突き状」に席を移動する置換を**巡回置換**と呼ぶ．この巡回置換の例を $N = 4$ の場合について挙げる．

$$\begin{pmatrix} 1 & 2 & 3 & 4 \\ 4 & 3 & 1 & 2 \end{pmatrix} \equiv (1\,4\,2\,3). \tag{13.27}$$

最後の表式は簡略表現で，席 1 に座っていた人が席 4 へ移り，席 4 に座っていた人が席 2 へ移り，席 2 に座っていた人が席 3 へ移り，席 3 に座っていた人が席 1 へ移ることを意味する．特に，$N = 2$ の場合の巡回置換は**互換**と呼ばれ，

$$\widehat{P}_{12} \equiv \begin{pmatrix} 1 & 2 \\ 2 & 1 \end{pmatrix} \equiv (1\,2) \tag{13.28}$$

と表される．以下，置換に関する基礎事項を列挙する[2, 9]．

(1)　「任意の置換は独立な巡回置換の積として表せる．」例を一つ挙げる．

$$\widehat{P}_a \equiv \begin{pmatrix} 1 & 2 & 3 & 4 & 5 & 6 \\ 2 & 5 & 6 & 4 & 1 & 3 \end{pmatrix} \equiv (3\,6)\,(1\,2\,5). \tag{13.29}$$

このように，恒等置換 (4) は書くのを省くことにする．

(2)　「巡回置換は互換の積に書くことができる．」実際，次式が成立する．

$$\begin{pmatrix} 1 & 2 & \cdots & k{-}2 & k{-}1 & k \\ 2 & 3 & \cdots & k{-}1 & k & 1 \end{pmatrix} = (1\,k)\,(1\,k{-}1)\,\cdots\,(1\,3)(1\,2).$$

ここで，右辺における演算は，右から左へと順に作用させるものとする．$k = 4$ の場合について，この等式が成立していることを確かめてみて頂きたい．

(3)　「任意の置換は互換の積に書くことができる．」これは，上の (1) と (2) からの当然の帰結である．例えば，(13.29) 式の置換 $\widehat{P}_a$ は，

$$\widehat{P}_a = (3\,6)\,(1\,5)\,(1\,2)$$

と表すことができる．

(4)　「各々の置換を互換の積で表したとき，互換の数が偶数であるか奇数であるかは，互換への分解の仕方によらない．」例えば，上の $\widehat{P}_a$ は奇数個の互換の積として表されている．そこで，ある置換を互換の積で表したとき，その数が奇数個になる置換を**奇置換**，偶数個になる置換を**偶置換**と呼ぶことにする．特に，互換は奇置換である．

例題 13.3

次の置換を互換の積に分解し，偶置換であるか奇置換であるかを明らかにせよ．

$$\widehat{P}_b \equiv \begin{pmatrix} 1 & 2 & 3 & 4 & 5 & 6 \\ 2 & 5 & 6 & 3 & 1 & 4 \end{pmatrix}.$$

【解答】　$\widehat{P}_b$ は次のように変形できる．

$$\widehat{P}_b = \begin{pmatrix} 1 & 2 & 3 & 4 & 5 & 6 \\ 2 & 5 & 6 & 3 & 1 & 4 \end{pmatrix} = (3\,6\,4)\,(1\,2\,5) = (3\,4)\,(3\,6)\,(1\,5)\,(1\,2).$$

従って，$\widehat{P}_b$ は偶置換である．■

❷ 同種多粒子系の置換対称性

同種粒子 N 個からなる多粒子系の置換対称性を考察する．まず，置換 $\widehat{P}$ の波動関数への作用を明確にすることから始める．量子力学によると [4, 8]，粒子にはスピンという内部自由度が付随する．具体的に，注目する粒子のスピンの大きさが s とすると，スピン演算子の z 成分 $\widehat{s}_z$ の固有値 α は $\alpha = s, s-1, \cdots, -s$ の $2s+1$ 個あり，各々に縮退はない．任意の波動関数のスピン状態は，それら $2s+1$ 個の固有値に属する固有状態の線形結合で記述できる．例えば，電子は大きさ $s = \frac{1}{2}$ のスピンを持ち，その波動関数は，$\alpha = \pm\frac{1}{2}$ で区別される二つのスピン状態を取り得る．そこで，このスピン "座標" α を空間座標 $\boldsymbol{r}$ と一緒にして，$\xi \equiv (\boldsymbol{r}, \alpha)$ と書くことにする．すると，N 粒子系の波動関数は，一般に

$$\Phi_\nu(\xi_1, \xi_2, \cdots, \xi_N) \tag{13.30}$$

と表せる．ただし，ν は N 粒子系の波動関数を指定する量子数である．そして，(13.26) 式の置換 $\widehat{P}$ を Φ_ν に作用させることは，

$$\widehat{P}\Phi_\nu(\xi_1, \xi_2, \cdots, \xi_N) \equiv \Phi_\nu(\xi_{p_1}, \xi_{p_2}, \cdots, \xi_{p_N}) \tag{13.31}$$

を意味する．この定義式は，N 個の引数を持つ関数一般について成立する．

さて，同種多粒子系においては，質量などの粒子の属性が同じであるために，置換に関連した特別の対称性が備わっている．典型例として，ハミルトニアン

$$\widehat{H} = \sum_{j=1}^{N} \frac{\widehat{\boldsymbol{p}}_j^2}{2m} + \sum_{i=1}^{N-1} \sum_{j=i+1}^{N} \mathcal{V}(|\boldsymbol{r}_i - \boldsymbol{r}_j|) \tag{13.32}$$

を考える．ここで，$\widehat{\boldsymbol{p}}_j \equiv -i\hbar\boldsymbol{\nabla}_j$ は運動量演算子，$\mathcal{V}$ は粒子間の相互作用ポテンシャルである．対応する定常状態のシュレーディンガー方程式は，

$$\widehat{H}\Phi_\nu(\xi_1, \xi_2, \cdots, \xi_N) = E_\nu\Phi_\nu(\xi_1, \xi_2, \cdots, \xi_N) \tag{13.33a}$$

と表せる．その左から置換演算子 $\widehat{P}$ を作用すると，

$$\widehat{P}\widehat{H}\widehat{P}^{-1}\widehat{P}\Phi_\nu(\xi_1, \xi_2, \cdots, \xi_N) = E_\nu \widehat{P}\Phi_\nu(\xi_1, \xi_2, \cdots, \xi_N) \tag{13.33b}$$

が得られる．ただし，左辺のハミルトニアンのすぐ後に，恒等演算子 $\widehat{P}^{-1}\widehat{P}$ を挿入した．そのようにして現れた演算子 $\widehat{P}\widehat{H}\widehat{P}^{-1}$ に注目すると，ハミルトニアン (13.32) は，任意の置換 $\widehat{P}$ に対し，$\widehat{P}\widehat{H}\widehat{P}^{-1} = \widehat{H}$ を満たす．

例題 13.4

ハミルトニアン (13.32) が $\widehat{P}\widehat{H}\widehat{P}^{-1} = \widehat{H}$ を満たすことを，$N = 2$ の場合について確かめよ．

【解答】 $N = 2$ の場合の非自明な置換は，(13.28) 式の互換のみである．その場合について，以下のように変形する．

$$\begin{aligned}
\widehat{P}_{12}\widehat{H}\widehat{P}_{12}^{-1} &= \widehat{P}_{12}\left\{\frac{\widehat{\boldsymbol{p}}_1^2}{2m} + \frac{\widehat{\boldsymbol{p}}_2^2}{2m} + \mathcal{V}(|\boldsymbol{r}_1 - \boldsymbol{r}_2|)\right\}\widehat{P}_{12}^{-1} \qquad \widehat{H}\ \text{に}\ \widehat{P}_{12}\ \text{を作用} \\
&= \left\{\frac{\widehat{\boldsymbol{p}}_2^2}{2m} + \frac{\widehat{\boldsymbol{p}}_1^2}{2m} + \mathcal{V}(|\boldsymbol{r}_2 - \boldsymbol{r}_1|)\right\}\widehat{P}_{12}\widehat{P}_{12}^{-1} = \widehat{H}\widehat{P}_{12}\widehat{P}_{12}^{-1} \qquad \widehat{P}_{12}\widehat{P}_{12}^{-1} = 1 \\
&= \widehat{H}. \ \blacksquare
\end{aligned}$$

このように，置換はハミルトニアンにおける和の順序を変えるのみで，ハミルトニアンそのものを不変に保つ．ここで，$\widehat{P}\widehat{H}\widehat{P}^{-1} = \widehat{H}$ を交換関係

$$\widehat{P}\widehat{H} = \widehat{H}\widehat{P} \tag{13.34}$$

へと書き換え，量子力学における保存則の議論と [4, 8]，線形代数における可換なエルミート行列に関する定理を思い起こすと [2]，次の二点が結論づけられる．

(1)　$\widehat{H}$ に時間依存性がない場合には $\widehat{P}$ の期待値は時間変化しない．
(2)　$\widehat{P}$ と $\widehat{H}$ は同時対角化可能である．

置換 $\widehat{P}$ の固有値は次のように求められる．まず，構成単位である互換 (13.28) を考え，その固有値を σ とすると，$\widehat{P}_{12}^2$ は恒等演算子なので，$\sigma^2 = 1$ が成立する．これより $\sigma = \pm 1$ が結論される．次に，一般の置換 (13.26) を考え，その固有値を σ^P と書くことにする．このことは，具体的に，

$$\widehat{P}\Phi_\nu(\xi_1, \xi_2, \cdots, \xi_N) = \sigma^P \Phi_\nu(\xi_1, \xi_2, \cdots, \xi_N) \tag{13.35}$$

と表現できる．ここで,「任意の置換 $\widehat{P}$ が互換の積として表すことができ，その互換の数の偶奇はその置換に固有である」という前項の (4) を思い起こすと，σ^P が

$$\sigma^P \equiv \begin{cases} 1 & \text{：偶置換} \\ \sigma & \text{：奇置換} \end{cases} \tag{13.36}$$

と得られる．

同種多粒子系の波動関数は，任意の置換 $\widehat{P}$ の固有状態である．従って，奇置換に対して不変であるか（$\sigma = 1$），符号を変えるか（$\sigma = -1$）の二種類に分類できる．また，その符号は，粒子の持つ全スピンの大きさ s と，次のように関連づけられる．

スピン - 統計定理 ここがポイント !

$$s = \begin{cases} 0, 1, 2, \cdots & \text{（整数）} \\ \dfrac{1}{2}, \dfrac{3}{2}, \dfrac{5}{2}, \cdots & \text{（半整数）} \end{cases} \quad \longleftrightarrow \quad \sigma = \begin{cases} +1 & \text{（ボーズ粒子）} \\ -1 & \text{（フェルミ粒子）} \end{cases} \tag{13.37}$$

このように，奇置換に際して符号を変えない（変える）粒子を**ボーズ粒子**（**フェルミ粒子**）と呼ぶ．そして，その区別は，粒子の持つスピンの大きさが整数か半整数か，という簡単な指標のみに依存する．

電子，陽子，中性子などはいずれもスピン $\frac{1}{2}$ を持つフェルミ粒子である．一方，ボーズ粒子としては，スピン 1 を持つ光子がある．また，複合粒子である水素原子は，陽子 1 個と電子 1 個からなっており，その全スピンはスピンの合成則より 1 あるいは 0 の整数値を取るため，全体としてボーズ粒子の振る舞いをする．面白いのはヘリウムで，安定な ^{4}He の他に，^{3}He という同位体が存在する．電子と陽子は共に 2 個ずつで電気的に中性であるが，中性子の数が，^{4}He は 2 個，^{3}He は 1 個と異なる．電子，陽子，中性子は全てスピン $s = \frac{1}{2}$ を持つ．従って，それらの総数が 6 個の ^{4}He はボーズ粒子，5 個の ^{3}He は半整数スピンを持つフェルミ粒子である．この違いに起因して，集団としての ^{4}He と ^{3}He は，低温で全く異なった挙動を示すことが知られている．一般に，電子と陽子の数が同じである中性原子は，中性子の数の偶奇により，それぞれボーズ

粒子とフェルミ粒子に分類される．

最後に，(13.35) 式を満たす関数の族 $\{\Phi_\nu\}_\nu$ に対して，$\widehat{P}$ がエルミート演算子であることを確認しよう．まず，波動関数の内積を，

$$\langle \Phi_{\nu'}|\Phi_\nu\rangle \equiv \int d\xi_1 \cdots \int d\xi_N\, \Phi^*_{\nu'}(\xi_1, \xi_2, \cdots, \xi_N)\Phi_\nu(\xi_1, \xi_2, \cdots, \xi_N) \quad (13.38)$$

で定義する．ただし，ξ_j 積分は，空間積分と α_j についての和

$$\int d\xi_j \equiv \sum_{\alpha_j=-s}^{s} \int d^3 r_j \quad (13.39)$$

を意味する．すると，内積 $\langle \Phi_{\nu'}|\widehat{P}\Phi_\nu\rangle$ が，

$$\begin{aligned}\langle \Phi_{\nu'}|\widehat{P}\Phi_\nu\rangle &= \langle \widehat{P}^{-1}\Phi_{\nu'}|\widehat{P}^{-1}\widehat{P}\Phi_\nu\rangle = \langle \widehat{P}^{-1}\Phi_{\nu'}|\Phi_\nu\rangle = \sigma^P\langle \Phi_{\nu'}|\Phi_\nu\rangle \\ &= \langle \widehat{P}\Phi_{\nu'}|\Phi_\nu\rangle\end{aligned}$$

と変形できる．ここで第一の等号では二つの関数に $\widehat{P}^{-1}$ を掛けて変数変換を行い，その後，$\widehat{P}^{-1}$ の固有値が $\widehat{P}$ の固有値 σ^P と一致することを用いた．このように，$\widehat{P}$ は確かにエルミート演算子となっている．

❸相互作用のない場合

以下では相互作用のない系に対してその固有関数をあらわに書き下しておく．考察するハミルトニアンとして，具体的に次のものを考える．

$$\widehat{H}_0 \equiv \sum_{j=1}^{N} \left\{ \frac{\widehat{\boldsymbol{p}}_j^2}{2m} + U(\boldsymbol{r}_j) \right\}. \quad (13.40)$$

ここで，一粒子ハミルトニアンの固有値問題

$$\left\{ \frac{\widehat{\boldsymbol{p}}_1^2}{2m} + U(\boldsymbol{r}_1) \right\} \varphi_q(\xi_1) = \varepsilon_q \varphi_q(\xi_1) \quad (13.41)$$

が解けたとし，その固有関数 $\varphi_q(\xi) = \langle \xi|q\rangle$ が以下の完全規格直交関係を満たすものと仮定する．

$$\langle q|q'\rangle \equiv \int \varphi^*_q(\xi_1)\varphi_{q'}(\xi_1)\, d\xi_1 = \delta_{qq'}, \quad (13.42\text{a})$$

$$\sum_q \varphi_q(\xi_1)\varphi_q^*(\xi_2) = \delta(\xi_1, \xi_2). \tag{13.42b}$$

ここで，q は，固有状態を指定する一組の量子数 (quantum numbers) であり，また，ξ 積分は (13.39) 式で，そのデルタ関数は $\delta(\xi_1, \xi_2) \equiv \delta(\boldsymbol{r}_1 - \boldsymbol{r}_2)\delta_{\alpha_1\alpha_2}$ で定義されている．

次に，$\widehat{H}_0$ の固有関数，すなわち相互作用のない N 粒子系の波動関数を得るため，一粒子波動関数の N 個の積

$$\widetilde{\Phi}_\nu(\xi_1, \xi_2, \cdots, \xi_N) \equiv \prod_{j=1}^{N} \langle \xi_j | q_j \rangle$$

から出発する．ここで，N 粒子状態を指定する左辺の量子数 ν は，右辺を構成する一粒子量子数 q_j の組

$$\nu = (q_1, q_2, \cdots, q_N) \tag{13.43}$$

であり，対応する固有値 E_ν は

$$E_\nu = \sum_{j=1}^{N} \varepsilon_{q_j} \tag{13.44}$$

と表せる．次に，$\widetilde{\Phi}_\nu$ を $\widehat{P}$ の固有空間へ埋め込む作業を，射影演算子 [2]

$$\frac{1}{N!}\sum_{\widehat{P}} \sigma^P \widehat{P}$$

を作用することにより，

$$\frac{1}{N!}\sum_{\widehat{P}} \sigma^P \widehat{P}\widetilde{\Phi}_\nu(\xi_1, \xi_2, \cdots, \xi_N) = \frac{1}{N!}\sum_{\widehat{P}} \sigma^P \widetilde{\Phi}_\nu(\xi_{p_1}, \xi_{p_2}, \cdots, \xi_{p_N})$$

と行う．$\widehat{P}$ と $\widehat{H}$ が可換であることから，この操作により固有値 (13.44) は変化しない．そのようにして，置換対称性を持った波動関数が，次のように得られる．

$$\begin{aligned}\Phi_\nu(\xi_1, \xi_2, \cdots, \xi_N) &= \frac{A_N}{N!}\sum_{\widehat{P}} \sigma^P \langle \xi_{p_1} | q_1 \rangle \langle \xi_{p_2} | q_2 \rangle \cdots \langle \xi_{p_N} | q_N \rangle \\ &= \frac{A_N}{N!}\sum_{\widehat{P}} \sigma^P \langle \xi_1 | q_{p_1} \rangle \langle \xi_2 | q_{p_2} \rangle \cdots \langle \xi_N | q_{p_N} \rangle. \end{aligned} \tag{13.45}$$

ここで A_N は規格化定数である．第二の等式では，$\widehat{P}$ がエルミート演算子であることを用いて，置換操作の対象を座標から固有状態に変えた．

フェルミ粒子系 ($\sigma = -1$) の場合，(13.45) 式は行列式の定義に他ならず[2, 9]，

$$\varPhi_\nu^{(\mathrm{F})}(\xi_1, \xi_2, \cdots, \xi_N) = \frac{A_N^{(\mathrm{F})}}{N!} \det \begin{bmatrix} \langle \xi_1 | q_1 \rangle & \cdots & \langle \xi_1 | q_N \rangle \\ \vdots & & \vdots \\ \langle \xi_N | q_1 \rangle & \cdots & \langle \xi_N | q_N \rangle \end{bmatrix} \tag{13.46}$$

と表すことができる．この一粒子波動関数を要素とする行列式は，**スレーター行列式**と呼ばれている．そして，行列式の性質から，$(q_1, \cdots, q_N)$ もしくは $(\xi_1, \cdots, \xi_N)$ のなかに同一のものがあると，$\varPhi_\nu^{(\mathrm{F})} = 0$ となることが結論される．これは，「二個の同種粒子が同時に同じ一粒子状態もしくは（スピンも含めた）同じ一粒子座標を占めることはできない」という**パウリ原理**に他ならない．このように，パウリ原理は実際は「原理」ではなく，同種粒子系の置換対称性に起因する性質である．規格化定数 $A_N^{(\mathrm{F})}$ は，q_j が全て異なることに注意すると，以下のように計算できる．

$$\begin{aligned} 1 &= \int d\xi_1 \cdots \int d\xi_N \, |\varPhi_\nu^{(\mathrm{F})}(\xi_1, \cdots, \xi_N)|^2 \\ &= \frac{\left(A_N^{(\mathrm{F})}\right)^2}{(N!)^2} \sum_{\widehat{P}} \sum_{\widehat{P}'} (-1)^{P'+P} \prod_{j=1}^{N} \langle q_{p'_j} | q_{p_j} \rangle \\ &= \frac{\left(A_N^{(\mathrm{F})}\right)^2}{(N!)^2} \sum_{\widehat{P}} \sum_{\widehat{P}'} (-1)^{P'+P} \prod_{j=1}^{N} \delta_{p'_j p_j} \\ &= \frac{\left(A_N^{(\mathrm{F})}\right)^2}{(N!)^2} \sum_{\widehat{P}} \sum_{\widehat{P}'} (-1)^{P'+P} \delta_{\widehat{P}' \widehat{P}} \\ &= \frac{\left(A_N^{(\mathrm{F})}\right)^2}{(N!)^2} N! . \end{aligned}$$

これから，

$$A_N^{(\mathrm{F})} = \sqrt{N!} \tag{13.47}$$

が得られる．

一方，ボーズ粒子系（$\sigma = 1$）の場合には，同一の q_j に複数個の粒子が入ることが可能になる．ここでは ν として，q_1 に n_1 個，q_2 に n_2 個，$\cdots$，q_ℓ に n_ℓ 個の粒子が存在する場合，すなわち，

$$\nu = (\underbrace{q_1, \cdots, q_1}_{n_{q_1}}, \underbrace{q_2, \cdots, q_2}_{n_{q_2}}, \cdots, \underbrace{q_\ell, \cdots, q_\ell}_{n_{q_\ell}}), \quad \sum_{j=1}^{\ell} n_{q_j} = N \tag{13.48}$$

の場合を考える．波動関数は再び $\sigma = 1$ の (13.45) 式で与えられ，q_{p_j} は (13.48) 式の ν の置換である．対応する規格化定数は以下のように計算できる．

$$\begin{aligned}1 &= \int d\xi_1 \cdots \int d\xi_N \, |\Phi_\nu^{(\mathrm{B})}(\xi_1, \cdots, \xi_N)|^2 \\ &= \frac{\left(A_N^{(\mathrm{B})}\right)^2}{(N!)^2} \sum_{\widehat{P}'} \sum_{\widehat{P}} \prod_{j=1}^{N} \langle q_{p'_j} | q_{p_j} \rangle \\ &\qquad \widehat{P}' \text{ が恒等置換の場合を考えて結果を } N! \text{ 倍する} \\ &= \frac{\left(A_N^{(\mathrm{B})}\right)^2}{(N!)^2} N! \sum_{\widehat{P}} \prod_{j=1}^{N} \langle q_j | q_{p_j} \rangle \\ &= \frac{\left(A_N^{(\mathrm{B})}\right)^2}{N!} n_1! \, n_2! \cdots n_\ell! .\end{aligned}$$

これより，ボーズ粒子系の規格化定数が

$$A_N^{(\mathrm{B})} = \frac{\sqrt{N!}}{\sqrt{n_1! \, n_2! \cdots n_\ell!}} \tag{13.49}$$

と求まる．

以上の結果をまとめると，次のようになる．相互作用のないボーズ粒子系とフェルミ粒子系のエネルギー E_ν と粒子数 N は，統一的に

$$E_\nu = \sum_q \varepsilon_q n_q, \tag{13.50a}$$

$$N = \sum_q n_q, \tag{13.50b}$$

と表すことができる．ここで ε_q は一粒子状態 q のエネルギーを表し，また n_q はその占有数である．多粒子系を指定する量子数 ν は，各一粒子状態 q の占有

数 n_q の組に一対一対応し，改めて以下のように表現できる．

$$\nu = (n_{q_1}, n_{q_2}, n_{q_3}, n_{q_4}, \cdots) \equiv \{n_q\}. \tag{13.51}$$

従って，この ν には粒子数の情報も含まれていることになる．

可能な n_q の値は，ボーズ粒子系とフェルミ粒子系によって異なり，

$$n_q = \begin{cases} 0, 1, 2, 3, \cdots & \text{：ボーズ粒子}\ (s = 0, 1, 2, \cdots) \\ 0, 1 & \text{：フェルミ粒子}\ (s = \frac{1}{2}, \frac{3}{2}, \cdots) \end{cases} \tag{13.52}$$

と表せる．ここで s は考察している粒子のスピンの大きさである．フェルミ粒子系で n_q の上限値が 1 に制限される事実は，**パウリ原理**と呼ばれる．N 粒子系の量子状態 ν は，占有数の組 $\{n_q\}$ と一対一対応する．

相互作用のない多粒子状態 (13.51) は，図 13.2 のように，一粒子エネルギー ε_q の準位をその低い順に下から線分で表し，その線上に占有粒子を置いて可視化できる．一粒子エネルギーがスピンに依存しない場合には，スピン縮退を同一水平面上の $(2s+1)$ 本の線分で表すかわりに，スピンの種類を記号で区別することもよく行われる．典型例として，$s = \frac{1}{2}$ の場合には，異なる z 成分 $\alpha = \frac{1}{2}, -\frac{1}{2}$ を持つ粒子を，それぞれ $\uparrow$ および $\downarrow$ で区別して表す．

ここでは相互作用のない場合のみを考察したが，置換対称性を取り込むより便利な方法として**第二量子化法**があり [10]，相互作用のある系を統計力学的に考察する場合に広く用いられている．

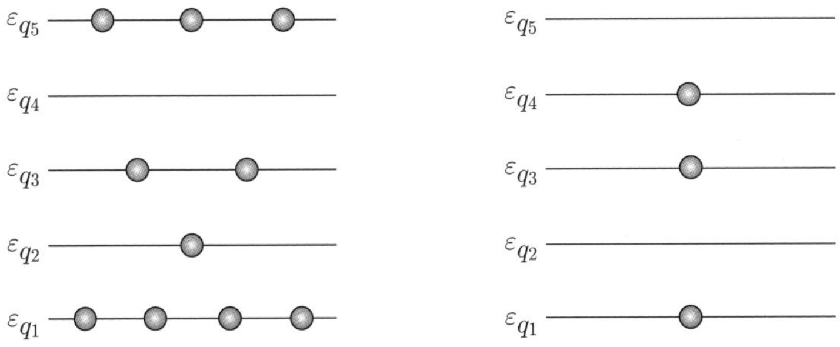

(a) ボーズ粒子系　　(b) フェルミ粒子系

図 13.2　相互作用のない (a) ボーズ粒子系と (b) フェルミ粒子系における多粒子状態の例．それぞれの状態は，(a) $\nu = (4, 1, 2, 0, 3, \cdots)$，および，(b) $\nu = (1, 0, 1, 1, 0, \cdots)$ と表せる．

演 習 問 題

13.1 同種粒子 N 個からなる理想気体がある．

(1) 系の全エネルギー E と全粒子数 N を，一粒子状態のエネルギー ε_q とその占有数 n_q を用いて表せ．ただし，q は一粒子状態を指定する量子数である．

(2) ボーズ粒子・フェルミ粒子の区別と，粒子の全スピンの大きさとの関係を述べよ．

(3) ボーズ粒子系とフェルミ粒子系の区別と，N 粒子波動関数の置換対称性の関係を述べよ．

(4) ボーズ粒子系とフェルミ粒子系のそれぞれにおいて，占有数 n_q としてどのような値が許されるか．

13.2 リチウム原子の安定な同位体には，^{6}Li と ^{7}Li がある．それぞれについて，電子・陽子・中性子の数，ボーズ粒子かフェルミ粒子かの区別，を明らかにせよ．

13.3 スピンの大きさが $s = \frac{1}{2}$ の同種フェルミ粒子からなる理想気体がある．その一粒子エネルギー準位 ε_j $(j = 1, 2, \cdots)$ は，スピンによらず，$\varepsilon_1 < \varepsilon_2 < \varepsilon_3 < \cdots$ の構造を持つことがわかっている．$\widehat{s}_z$ の固有値 $\alpha = \frac{1}{2}$ を持つ粒子と $\alpha = -\frac{1}{2}$ を持つ粒子をそれぞれ↑と↓で区別し，占有数が

$$\nu_\uparrow = (1, 0, 1, 1, 0, 0, 1, \cdots),$$
$$\nu_\downarrow = (0, 1, 0, 1, 1, 0, 1, \cdots)$$

の状態を図 13.2 にならって可視化せよ．

第14章　量子理想気体の熱力学ポテンシャル

量子力学に従う相互作用のない多粒子系を考察し，グランドカノニカル集団を用いて，内部エネルギーやエントロピーなどの熱力学ポテンシャルの表式を導出する．それら熱力学ポテンシャルは，一粒子分布関数と状態密度を用いて一般的に表現できる．同種多粒子系の置換対称性の違いは分布関数の違いに，また，系の違いは状態密度の違いに現れる．

14.1　大分配関数

❶ 相互作用のない粒子系の固有状態

前章の (13.50) 式にまとめられているように，相互作用のない同種多粒子系の全エネルギー E_ν と粒子数 $\mathcal{N}_\nu$ は，一粒子固有エネルギー ε_q とその占有数 n_q を用いて，それぞれ

$$E_\nu = \sum_q n_q \varepsilon_q, \quad \mathcal{N}_\nu = \sum_q n_q \tag{14.1a}$$

と表すことができる．ただし，q は一粒子状態を指定する量子数であり，以下で粒子数の変化するグランドカノニカル集団を扱う理由から，(13.50) 式から $N \to \mathcal{N}_\nu$ の変更を行った．多粒子状態 ν は，各一粒子状態 $(q_1, q_2, q_3, \cdots)$ を占める粒子数の組 $\{n_q\}_q$ で完全に指定され，具体的に $\nu = (n_{q_1}, n_{q_2}, n_{q_3}, \cdots)$ のように表せる．さらに，各々の n_q は，粒子のスピンの大きさ s が整数か半整数かにより，

$$n_q = \begin{cases} 0, 1, 2, \cdots & \text{：ボーズ粒子（}\sigma = 1\text{）} \\ 0, 1 & \text{：フェルミ粒子（}\sigma = -1\text{）} \end{cases} \tag{14.1b}$$

と，取り得る値が異なる．ただし，σ は互換演算子 (13.28) の固有値であり，その正負と s の整数・半整数は，スピン - 統計定理 (13.37) に従う．

❷大分配関数

この量子系に 10.2 節における統計力学の定式化を適用し，基本的な熱力学ポテンシャルと一粒子状態の占有数期待値の表式を導く．用いるのはグランドカノニカル集団の方法 (10.20) である．これは技術的理由による．すなわち，ミクロカノニカル集団のエネルギー一定条件 $E_\nu = U$ と粒子数一定条件 $\mathcal{N}_\nu = N$，および，カノニカル集団の粒子数一定条件 $\mathcal{N}_\nu = N$ は，数学的に扱いにくいからである．

グランドカノニカル集団の最も基本的な物理量は大分配関数 (10.20b) で，(14.1) 式を代入して変形すると，

$$Z_{\mathrm{G}} = \prod_q \left\{1 - \sigma e^{-\beta(\varepsilon_q - \mu)}\right\}^{-\sigma} \tag{14.2}$$

が得られる．

例題 14.1

エネルギー固有値 E_ν と粒子数固有値 $\mathcal{N}_\nu$ が (14.1) 式で与えられる系の大分配関数 (10.20b) は，(14.2) 式のように表せることを示せ．

【解答】 (14.1a) 式を (10.20b) 式に代入し，状態 $\nu = (n_{q_1}, n_{q_2}, \cdots)$ に関する和を，$q_1 \to 1$ などと略記して，次のように実行する．

$$\begin{aligned}
Z_{\mathrm{G}} &= \sum_\nu e^{-\beta(E_\nu - \mu\mathcal{N}_\nu)} \qquad \text{(14.1a) 式を代入} \\
&= \sum_{\{n_q\}_q} e^{-\beta\sum_q(\varepsilon_q - \mu)n_q} = \left(\sum_{n_1}\sum_{n_2}\cdots\right) e^{-\beta(\varepsilon_1-\mu)n_1 - \beta(\varepsilon_2-\mu)n_2\cdots} \\
&= \sum_{n_1} e^{-\beta(\varepsilon_1-\mu)n_1} \sum_{n_2} e^{-\beta(\varepsilon_2-\mu)n_2} \cdots \\
&= \prod_q \sum_{n_q} e^{-\beta(\varepsilon_q-\mu)n_q} \qquad n_q\ \text{についての和を (14.1b) 式に従って実行} \\
&= \begin{cases} \displaystyle\prod_q \left\{1 + e^{-\beta(\varepsilon_q-\mu)} + e^{-2\beta(\varepsilon_q-\mu)} + \cdots\right\} & : \sigma = +1\ \text{（ボーズ粒子系）} \\ \displaystyle\prod_q \left\{1 + e^{-\beta(\varepsilon_q-\mu)}\right\} & : \sigma = -1\ \text{（フェルミ粒子系）} \end{cases} \\
&= \prod_q \left\{1 - \sigma e^{-\beta(\varepsilon_q-\mu)}\right\}^{-\sigma}. \ \blacksquare
\end{aligned}$$

14.2 熱力学ポテンシャル

❶ グランドポテンシャル

次に，熱力学ポテンシャルの導出に移る．(10.20c) 式と (14.2) 式より，グランドポテンシャル

$$\Omega = -\beta^{-1} \ln Z_{\mathrm{G}}$$

が，

$$\begin{aligned} \Omega &= \frac{\sigma}{\beta} \sum_q \ln \left\{ 1 - \sigma e^{-\beta(\varepsilon_q - \mu)} \right\} \\ &= \frac{\sigma}{\beta} \int_{-\infty}^{\infty} D(\epsilon) \ln \left\{ 1 - \sigma e^{-\beta(\epsilon - \mu)} \right\} d\epsilon \end{aligned} \tag{14.3}$$

と求まる．第二の等号では，後の便宜上，q についての和を，状態密度

$$D(\epsilon) \equiv \sum_q \delta(\epsilon - \varepsilon_q) \tag{14.4}$$

に関する積分に書き換えた．一様系の場合，この Ω は，(6.20) 式により，系の圧力 P と関係づけられる．

❷ 粒子数と内部エネルギー

粒子数 N と内部エネルギー U は，

$$N = \sum_q \overline{n}(\varepsilon_q) = \int_{-\infty}^{\infty} D(\epsilon)\, \overline{n}(\epsilon)\, d\epsilon, \tag{14.5}$$

$$U = \sum_q \varepsilon_q \overline{n}(\varepsilon_q) = \int_{-\infty}^{\infty} D(\epsilon)\, \epsilon\, \overline{n}(\epsilon)\, d\epsilon \tag{14.6}$$

と得られる（導出は以下の例題 14.2 参照）．ただし，関数 $\overline{n}(\epsilon)$ は，

$$\overline{n}(\epsilon) \equiv \frac{1}{e^{\beta(\epsilon - \mu)} - \sigma} \quad (\sigma = \pm 1) \tag{14.7}$$

で与えられ，「エネルギー ϵ を持つ一粒子状態を占有する平均粒子数」という物理的意味を持つ．このことは，(14.5) 式と (14.6) 式が，(14.1a) 式を形式的に平

均操作することで得られることからも明らかである．(14.7) 式で $\sigma = 1$ の場合を**ボーズ分布**，$\sigma = -1$ の場合を**フェルミ分布**と呼ぶ．高温では $e^{-\beta(\epsilon-\mu)} \ll 1$ が成立し，二つの分布は同じ表式

$$\overline{n}(\epsilon) \approx e^{-\beta(\epsilon-\mu)}$$

へと移行する．この分布は**マクスウェル - ボルツマン分布**と呼ばれている．

例題 14.2

(10.21) 式に (14.3) 式を代入し，(14.5) 式と (14.6) 式を導け．

【解答】 まず，$N = -\frac{\partial \Omega}{\partial \mu}$ を計算する．この微分を見通し良く行うため，変数

$$x_q \equiv -\sigma e^{-\beta(\varepsilon_q-\mu)}$$

を導入し，微分に関する連鎖律を用いて次のように変形する．

$$\begin{aligned}
N &= -\frac{\partial}{\partial \mu}\frac{\sigma}{\beta}\sum_q \ln(1+x_q) = \sum_q \left(-\frac{\sigma}{\beta}\frac{\partial x_q}{\partial \mu}\right)\frac{d}{dx_q}\ln(1+x_q) \\
&= \sum_q \frac{-\sigma x_q}{1+x_q} = \sum_q \frac{e^{-\beta(\varepsilon_q-\mu)}}{1-\sigma e^{-\beta(\varepsilon_q-\mu)}} \\
&= \sum_q \frac{1}{e^{\beta(\varepsilon_q-\mu)}-\sigma} = \sum_q \overline{n}(\varepsilon_q).
\end{aligned}$$

次に，$U = -\frac{\partial}{\partial \beta}\ln Z_{\mathrm{G}} + \mu N$ に $-\ln Z_{\mathrm{G}} = \beta \Omega$ の表式を代入し，次のように微分を実行する．

$$\begin{aligned}
U &= \frac{\partial}{\partial \beta}\sigma \sum_q \ln(1+x_q) + \mu N \\
&= \sum_q \left(\sigma \frac{\partial x_q}{\partial \beta}\right)\frac{d}{dx_q}\ln(1+x_q) + \mu N \\
&= \sum_q \frac{-\sigma(\varepsilon_q-\mu)x_q}{1+x_q} + \mu N = \sum_q \frac{(\varepsilon_q-\mu)e^{-\beta(\varepsilon_q-\mu)}}{1-\sigma e^{-\beta(\varepsilon_q-\mu)}} + \mu N \\
&= \sum_q \frac{\varepsilon_q-\mu}{e^{\beta(\varepsilon_q-\mu)}-\sigma} + \mu N = \sum_q \frac{\varepsilon_q}{e^{\beta(\varepsilon_q-\mu)}-\sigma} \\
&= \sum_q \varepsilon_q \overline{n}(\varepsilon_q). \ \blacksquare
\end{aligned}$$

❸エントロピー

エントロピーは，熱力学関係式

$$S = -\frac{\partial \Omega}{\partial T}$$

に (14.3) 式を代入して変形することで，

$$S = k_{\mathrm{B}} \int_{-\infty}^{\infty} D(\epsilon)\bigl\{-\overline{n}\ln\overline{n} + \sigma(1+\sigma\overline{n})\ln(1+\sigma\overline{n})\bigr\}\, d\epsilon \tag{14.8}$$

と得られる．ただし，表現を見やすくするため，$\overline{n}(\epsilon)$ の ϵ 依存性を省略した．平均占有数で表された (14.8) 式は，エントロピーが確率と直接関係していることをあらわに示している．

例題 14.3

熱力学関係式 $S = -\frac{\partial \Omega}{\partial T}$ に (14.3) 式を代入し，(14.8) 式を導出せよ．

【解答】 この微分は，変数 $x_q \equiv -\sigma e^{-\beta(\varepsilon_q - \mu)}$ を導入し，連鎖律を用いることで次のように実行できる．

$$\begin{aligned}
S &= -\frac{\partial}{\partial T}\frac{\sigma}{\beta}\sum_q \ln(1+x_q) = -\frac{d\beta}{dT}\frac{\partial}{\partial \beta}\frac{\sigma}{\beta}\sum_q \ln(1+x_q) \\
&= k_{\mathrm{B}}\beta^2 \sum_q \left\{-\frac{\sigma}{\beta^2}\ln(1+x_q) + \frac{\sigma}{\beta}\frac{\partial x_q}{\partial \beta}\frac{d}{dx_q}\ln(1+x_q)\right\} \\
&= k_{\mathrm{B}} \sum_q \left\{-\sigma\ln(1+x_q) - \sigma\beta(\varepsilon_q - \mu)x_q\frac{1}{1+x_q}\right\}
\end{aligned}$$

(a) $\overline{n}_q = \dfrac{-\sigma x_q}{1+x_q} \quad \longleftrightarrow \quad x_q = -\dfrac{\sigma\overline{n}_q}{1+\sigma\overline{n}_q},\quad 1+x_q = \dfrac{1}{1+\sigma\overline{n}_q}$

(b) $\beta(\varepsilon_q - \mu) = -\ln(-\sigma x_q) = -\ln\dfrac{\overline{n}_q}{1+\sigma\overline{n}_q}$

$$\begin{aligned}
&= k_{\mathrm{B}} \sum_q \left\{-\sigma\ln\frac{1}{1+\sigma\overline{n}_q} - \left(\ln\frac{\overline{n}_q}{1+\sigma\overline{n}_q}\right)\overline{n}_q\right\} \\
&= k_{\mathrm{B}} \sum_q \bigl\{-\overline{n}_q\ln\overline{n}_q + \sigma(1+\sigma\overline{n}_q)\ln(1+\sigma\overline{n}_q)\bigr\}. \ \blacksquare
\end{aligned}$$

導出した表式について，コメントを三つ加える．

第一に，相互作用のない系の熱力学量は，(14.3), (14.5), (14.6), (14.8) 式から明らかなように，状態密度 (14.4) と分布関数 (14.7) のみを用いて表現できる．グランドポテンシャルに関しては，以下の演習 14.1 も参照されたい．また，系の具体的な特徴は，全て $D(\epsilon)$ に含まれている．従って，理想気体の統計力学においては，一粒子エネルギー ε_q の詳細な表式は不要で，それらがエネルギー軸上にどのように分布しているかが重要なのである．

第二に，これらの表式は，体積 V が独立変数として適切でない場合にも有効である．そのような例としては，粒子が調和振動子型ポテンシャルで捕捉された冷却原子気体の系が挙げられる．

第三に，(14.5) 式は，N を与えて $\mu = \mu(T, N)$ を決める方程式と見なすこともできる．それを解いて求めた $\mu = \mu(T, N)$ をグランドポテンシャル $\Omega(T, \mu)$ の μ に代入することで，Ω の独立変数を μ から N に変更することができ，ヘルムホルツ自由エネルギーも

$$F(T, N) = \Omega(T, \mu(T, N)) + N\mu(T, N)$$

により構成できる．ただし，その N はあくまで「平均粒子数」であり，カノニカル集団の N（$=$ 一定値）とは意味が異なることに注意されたい．

14.3　積分の評価

ボーズ分布・フェルミ分布が関与する量子理想気体の統計力学では，次の積分が頻繁に現れる．

$$I_\sigma(x) \equiv \int_0^\infty \frac{u^{x-1}}{e^u - \sigma}\,du \quad (x > 0;\ \sigma = \pm 1). \tag{14.9a}$$

この積分は，次のように表せる．

$$I_\sigma(x) = \begin{cases} \Gamma(x)\zeta(x) & : \sigma = 1 \\ \left(1 - \dfrac{1}{2^{x-1}}\right)\Gamma(x)\zeta(x) & : \sigma = -1 \end{cases}. \tag{14.9b}$$

ここで，$\Gamma(x)$ は (11.5) 式で与えられるガンマ関数，また，$\zeta(x)$ は

$$\zeta(x) \equiv \sum_{n=1}^\infty \frac{1}{n^x} \tag{14.10}$$

で定義された**リーマンゼータ関数**である．

(14.9b) 式の導出は次のように実行できる．

$$\begin{aligned}
I_\sigma(x) &= \int_0^\infty \frac{u^{x-1}}{e^u - \sigma}\,du \quad \text{被積分関数の分母分子に } e^{-u} \text{ を掛ける} \\
&= \int_0^\infty \frac{u^{x-1}e^{-u}}{1 - \sigma e^{-u}}\,du \quad \sigma e^{-u} \text{ についてテイラー展開} \\
&= \int_0^\infty u^{x-1}e^{-u}\sum_{k=0}^\infty \sigma^k e^{-ku}\,du \quad \text{和と積分の順序入れ替え} \\
&= \sum_{k=0}^\infty \sigma^k \int_0^\infty u^{x-1}e^{-(k+1)u}\,du \quad \text{変数変換：} n = k+1 \\
&= \sum_{n=1}^\infty \sigma^{n-1} \int_0^\infty u^{x-1}e^{-nu}\,du \quad \text{変数変換：} v = nu \\
&= \sum_{n=1}^\infty \frac{\sigma^{n-1}}{n^x} \int_0^\infty v^{x-1}e^{-v}\,dv \\
&= \sum_{n=1}^\infty \frac{\sigma^{n-1}}{n^x}\Gamma(x).
\end{aligned}$$

最後の等号ではガンマ関数の定義式 (11.5) を用いた．$\sigma = 1$ のとき，最後の数列はリーマンゼータ関数 (14.10) そのものとなる．一方，$\sigma = -1$ のときには，この級数は次のように変形できる．

$$\begin{aligned}
&\sum_{n=1}^{\infty} \frac{(-1)^{n-1}}{n^x} \\
&= 1 - \frac{1}{2^x} + \frac{1}{3^x} - \cdots \\
&= \left(1 + \frac{1}{2^x} + \frac{1}{3^x} + \frac{1}{4^x} + \cdots\right) - 2\left(\frac{1}{2^x} + \frac{1}{4^x} + \frac{1}{6^x} + \cdots\right) \\
&= \sum_{n=1}^{\infty} \frac{1}{n^x} - 2\sum_{n=1}^{\infty} \frac{1}{(2n)^x} \\
&= \left(1 - \frac{2}{2^x}\right) \sum_{n=1}^{\infty} \frac{1}{n^x} \\
&= \left(1 - \frac{1}{2^{x-1}}\right) \zeta(x).
\end{aligned}$$

よって，(14.9b) 式が示せた．

演習問題

14.1　グランドポテンシャル (14.3) が，分布関数 (14.7) を用いて，次のように表せることを示せ．

$$\varOmega = -\frac{\sigma}{\beta} \int_{-\infty}^{\infty} D(\epsilon) \ln\left\{1 + \sigma \overline{n}(\epsilon)\right\} d\epsilon. \tag{14.11}$$

第15章 光子気体とフォノン気体

物質との相互作用で粒子数が変化する光子気体は，質量と化学ポテンシャルがゼロの理想ボーズ気体とみなせる．量子化された格子振動であるフォノンの統計力学も，光子気体とほぼ同様に議論できる．前章の定式化を光子気体とフォノン気体に適用し，熱力学ポテンシャルの温度変化を調べる．

15.1 光 子 気 体

❶光子の状態密度

例えば太陽や溶けた鉄のように，高温の物体から発せられる光のスペクトルは，光子気体の熱平衡状態からの輻射として記述できる．歴史的にも，それらの温度を正確に測るための研究から，量子論の発端となったプランクの光量子仮説が生まれた．また，二十世紀後半には，宇宙背景放射が観測されて温度2.7 K の**プランクの公式**（= 光子気体のボーズ分布）で記述できることが確認され，ビッグバン宇宙論に強力な支持を与えた．

光子は質量がゼロでスピンが1のボーズ粒子である．スピン演算子 $\widehat{\boldsymbol{s}}$ の運動量方向の成分 $\widehat{s}_{\boldsymbol{p}} \equiv \widehat{\boldsymbol{s}}\cdot\frac{\boldsymbol{p}}{|\boldsymbol{p}|}$ の固有値は，**ヘリシティ**と呼ばれ，± 1 の値のみを取り得る．光子のエネルギー ε と振動数 ν は，アインシュタインの関係 $\varepsilon = h\nu$ で結ばれている（$h \equiv 2\pi\hbar$）．また振動数 ν は，光速 c，波長 λ，波数 $k \equiv \frac{2\pi}{\lambda}$ を用いて，$\nu = \frac{c}{\lambda} = \frac{ck}{2\pi}$ と表せる．以上をまとめると，**アインシュタインの関係**は，

$$\varepsilon = h\nu = \frac{hc}{\lambda} = \hbar ck \tag{15.1}$$

と三通りに表せる．同じ振動数を持つ光子の自由度は2で，ヘリシティの二つの固有値に由来し，古典的には光が自由度2の横波であることに対応している．以上が光子の基本的な性質である．

光子の状態密度を求めるため，一辺 L の立方体中の光子を考え，周期的境界

条件を採用する．すると，波数ベクトル $\boldsymbol{k}$ は，自由粒子の場合の (13.16a) 式と同じく，

$$\boldsymbol{k} = \frac{2\pi}{L}(n_1, n_2, n_3) \tag{15.2}$$

と表せる．ただし n_j ($j = 1, 2, 3$) は整数である．対応する状態密度 $D(\epsilon)$ は，(13.25) 式と同様に計算できる．違いは，

(i)　光子のエネルギーが $\varepsilon_{\boldsymbol{k}} = \hbar ck$ と波数 k に比例すること
(ii)　自由度が 2 であること

の二点である．これらに注意すると，光子の状態密度が

$$D(\epsilon) \equiv 2\sum_{\boldsymbol{k}} \delta(\epsilon - \varepsilon_{\boldsymbol{k}}) = \frac{8\pi V}{(hc)^3}\epsilon^2\,\theta(\epsilon) \tag{15.3}$$

と得られる．ただし，$V = L^3$ は系の体積で，$\theta(x)$ は階段関数 (11.12) である．

例題 15.1

(15.1) 式と (15.2) 式を用いて，光子の一粒子エネルギー状態密度が (15.3) 式のように表せることを示せ．

【解答】 (15.2) 式の $\boldsymbol{k}$ は，各方向について一定の間隔 $\Delta k \equiv \frac{2\pi}{L}$ で分布している．このことと光子の自由度が 2 であることを用いると，状態密度が次のように計算できる．

$$\begin{aligned}
D(\epsilon) &= 2\sum_{\boldsymbol{k}} \delta(\epsilon - \varepsilon_{\boldsymbol{k}}) = \frac{2}{(\Delta k)^3}\sum_{\boldsymbol{k}} (\Delta k)^3 \delta(\epsilon - \varepsilon_{\boldsymbol{k}}) \quad \text{和を積分に変換} \\
&= 2\left(\frac{L}{2\pi}\right)^3 \int d^3k\,\delta(\epsilon - \varepsilon_{\boldsymbol{k}}) \quad \text{極座標に変換（角度積分} \to 4\pi\text{）} \\
&= 2\frac{V}{(2\pi)^3} 4\pi \int_0^\infty dk\,k^2 \delta(\epsilon - \varepsilon_{\boldsymbol{k}}) \quad \text{(15.1) 式に基づく変数変換：} k = \frac{\varepsilon_{\boldsymbol{k}}}{\hbar c} \\
&= \frac{V}{\pi^2} \int_0^\infty d\varepsilon_{\boldsymbol{k}} \frac{\varepsilon_{\boldsymbol{k}}^2}{(\hbar c)^3} \delta(\epsilon - \varepsilon_{\boldsymbol{k}}) = \frac{V}{\pi^2(\hbar c)^3}\epsilon^2\,\theta(\epsilon) = \frac{8\pi V}{(hc)^3}\epsilon^2\,\theta(\epsilon). \blacksquare
\end{aligned}$$

光子のエネルギーと波数の関係は

$$\varepsilon_{\boldsymbol{k}} = \hbar ck$$

で，自由粒子の関係 $\varepsilon_{\boldsymbol{k}} = \frac{\hbar^2 k^2}{2m}$ とは k のベキ指数が異なる．この違いが状態密度にも現れている．(13.25) 式の $d = 3$ の場合と比較して頂きたい．

❷光子気体の熱力学ポテンシャル

状態密度 (15.3) を用いて，光子気体の熱力学ポテンシャルを計算する．ヘルムホルツ自由エネルギー F は，熱力学関係式

$$dF = -S\,dT - P\,dV + \mu\,dN$$

に従う．一方，光電効果を思い起こすとわかるように，光子には物質と相互作用して生成・消滅するという性質があり，光子数 N は可変量である．従って，熱平衡状態における N は，極値条件 $\frac{\partial F}{\partial N} = 0$ で決まることになる．これより，光子気体について

$$\mu = 0 \tag{15.4}$$

が成立すると結論できる．(15.4) 式をグランドポテンシャルとヘルムホルツ自由エネルギーの一般的関係

$$\Omega = F - \mu N$$

に代入すると，光子気体では $\Omega = F$ が成立することもわかる．

(15.3) 式と (15.4) 式を (14.6) 式に代入し，変数変換 $\epsilon = h\nu$ を行うと，光子気体の内部エネルギーを振動数 ν の積分として表す式

$$U = V\int_0^{\infty} u(\nu, T)\,d\nu, \quad u(\nu, T) \equiv \frac{8\pi h\nu^3}{c^3}\frac{1}{e^{\beta h\nu} - 1} \tag{15.5}$$

が得られる．この $u(\nu, T)$ は，振動数が ν と $\nu + d\nu$ の間にある光の内部エネルギー密度を表す．これが，量子論の発端となった有名な**プランクの公式**である．

例題 15.2

(15.5) 式の積分を実行し，内部エネルギー $U(T, V)$ の表式を求めよ．

【解答】 次のように計算を行う．

$$U = \frac{8\pi hV}{c^3}\int_0^{\infty} \frac{\nu^3}{e^{\beta h\nu} - 1}\,d\nu \qquad \textbf{変数変換}\ x = \beta h\nu$$

$$= \frac{8\pi V(k_{\mathrm{B}}T)^4}{(hc)^3}\int_0^{\infty} \frac{x^3}{e^x - 1}\,dx \qquad (14.9)\ \textbf{式を用いる}$$

$$= \frac{8\pi V(k_{\mathrm{B}}T)^4}{(hc)^3}\Gamma(4)\zeta(4). \ ■$$

例題 15.2 の最後の表式に $\Gamma(4)\zeta(4)=\frac{\pi^4}{15}$ の値を代入すると，光子気体の内部エネルギーが，

$$U=\frac{8\pi^5 k_{\mathrm{B}}^4}{15(hc)^3}VT^4 \tag{15.6}$$

と得られる．このように，熱平衡状態にある光子気体の内部エネルギーは T^4 に比例する．これは**シュテファン - ボルツマンの法則**と呼ばれる．また，光子気体のエントロピー S と圧力 P は，上記の U を用いて

$$S=\frac{4U}{3T},\quad P=\frac{U}{3V} \tag{15.7}$$

と表せる（演習 15.1 参照）．

(15.5) 式は，変数変換 $\nu=\frac{c}{\lambda}$ により，波長 λ に関する積分

$$U=V\int_0^\infty \overline{u}(\lambda,T)\,d\lambda,\quad \overline{u}(\lambda,T)=\frac{8\pi hc}{\lambda^5}\frac{1}{e^{\frac{\beta hc}{\lambda}}-1} \tag{15.8}$$

に変換できる．図 15.1 には，いくつかの温度における $\overline{u}(\lambda,T)$ を描いた．いずれの場合にも，$\overline{u}(\lambda,T)$ がある波長で最大となっている．この最大値を与える波長 $\lambda=\lambda_{\mathrm{max}}$ の温度依存性を明らかにしよう．(15.8) 式の $\overline{u}(\lambda,T)$ は $x\equiv\frac{hc}{\lambda k_{\mathrm{B}}T}$

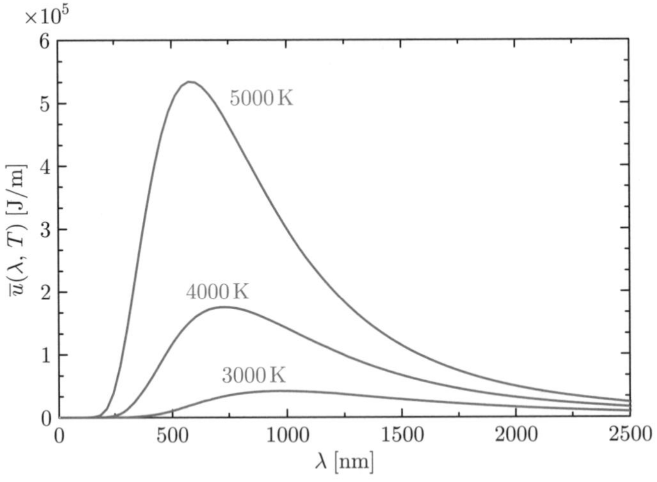

図 15.1　プランクの公式

を変数として

$$\overline{u}(\lambda, T) = \frac{8\pi(k_B T)^5}{(hc)^4} g(x), \quad g(x) \equiv \frac{x^5}{e^x - 1}$$

と表せ，その λ 依存性は全て $g(x)$ に含まれる．従って，与えられた温度において $u(\lambda)$ に最大値を与える波長 $\lambda = \lambda_{\max}$ は，極値条件 $g'(x_{\max}) = 0$，すなわち，方程式

$$\frac{x_{\max}}{1 - e^{-x_{\max}}} = 5$$

の解として，

$$x_{\max} = 4.965$$

と求まる．これより，温度 T において $\overline{u}(\lambda, T)$ を最大にする波長は，

$$\lambda_{\max} = \frac{hc}{x_{\max} k_B T} = \frac{2.898 \times 10^{-3}}{T} \,[\mathrm{m}] \tag{15.9}$$

と温度に逆比例することがわかる．この結果は，**ウィーンの変位則**と呼ばれる．例えば $T = 4000\,[\mathrm{K}]$ と $T = 5000\,[\mathrm{K}]$ においては

$$\lambda_{\max} = \begin{cases} 724\,[\mathrm{nm}] & : 4000\,[\mathrm{K}] \\ 580\,[\mathrm{nm}] & : 5000\,[\mathrm{K}] \end{cases} \tag{15.10}$$

と計算でき，高温になるにつれ短波長側にずれることがわかる．表 15.1 に，光の波長と色とのおおよその関係を示した．

表 15.1　**光の色と波長（単位は nm）**

紫	青	緑	黄	橙	赤
380～450	450～495	495～570	570～590	590～620	620～750

15.2 フォノン気体 A

量子化された格子振動は**フォノン**（phonon）と呼ばれる．温度低下に伴って観測される格子比熱の減少を説明するため，初めてこの量子化を行ってフォノンを統計力学的に扱ったのがアインシュタインである（1906 年）．彼は，「全てのフォノンがエネルギー ε_0 で振動する」という模型を用いた．

しかし，実際のフォノンは，長波長での一粒子エネルギーが，光子の (15.1) 式と同じ波数依存性

$$\varepsilon^{\ell}_{\boldsymbol{k}} = \hbar c_{\ell} k, \quad \varepsilon^{\mathrm{t}}_{\boldsymbol{k}} = \hbar c_{\mathrm{t}} k \tag{15.11}$$

を持つことが知られている．ここで，c_{ℓ} と c_{t} は縦波（longitudinal wave）と横波（transverse wave）の音速である．一方，格子振動においては，格子間隔が有限であることから，波数 k に上限値 k_{D} が存在する．ここでは，三次元単純立方格子中のフォノンを統計力学的に扱うために，次の簡単化された模型を採用する．

(i)　(15.11) 式が $0 \le k \le k_{\mathrm{D}}$ で成立する
(ii)　縦波と横波の音速が等しい（$c_{\ell} = c_{\mathrm{t}} \equiv c_{\mathrm{ph}}$）

対応する状態密度は，光子気体の (15.3) 式と同様に，

$$D(\epsilon) = 3\frac{4\pi V}{(hc_{\mathrm{ph}})^3}\epsilon^2\,\theta(\epsilon)\theta(k_{\mathrm{B}}T_{\mathrm{D}} - \epsilon) \tag{15.12}$$

のように得られる．ここで，因子 3 は，縦波の自由度 1 と横波の自由度 2 の和である．また，T_{D} は**デバイ温度**と呼ばれ，波数の上限値 k_{D} を用いて

$$T_{\mathrm{D}} \equiv \frac{\hbar c_{\mathrm{ph}} k_{\mathrm{D}}}{k_{\mathrm{B}}}$$

で定義されている．その呼称は，状態密度 (15.12) を用いて低温の格子比熱を考察したデバイ理論（1912 年）に由来する．

格子点の数を N とすると，格子振動の自由度は $3N$ である．従って，「状態密度 (15.12) の総和は格子振動の自由度 $3N$ に等しい」という条件が成立する．この条件を書き下すと，次のようになる．

$$3N = \int_{-\infty}^{\infty} D(\epsilon)\, d\epsilon = 3\frac{4\pi V}{(hc_{\rm ph})^3}\int_0^{k_{\rm B}T_{\rm D}} \epsilon^2 d\epsilon$$
$$= \frac{4\pi V}{(hc_{\rm ph})^3}(k_{\rm B}T_{\rm D})^3. \tag{15.13}$$

この式より，$T_{\rm D}$ の表式が

$$T_{\rm D} = \left(\frac{3N}{4\pi V}\right)^{\frac{1}{3}} \frac{hc_{\rm ph}}{k_{\rm B}} \tag{15.14}$$

と得られる．

振動の振幅に対応するフォノン数は可変量であることから，フォノン気体の化学ポテンシャルは光子気体と同様にゼロである．(14.6) 式を用いて，温度 T におけるフォノン気体の内部エネルギー U を積分で表すと，

$$U = \int_{-\infty}^{\infty} \frac{D(\epsilon)\epsilon}{e^{\beta\epsilon}-1}\, d\epsilon = \frac{12\pi V}{(hc_{\rm ph})^3}\int_0^{k_{\rm B}T_{\rm D}} \frac{\epsilon^3}{e^{\beta\epsilon}-1}\, d\epsilon \tag{15.15}$$

となる．$T \gg T_{\rm D}$ の高温では，被積分関数において，$\beta\epsilon = \frac{\epsilon}{k_{\rm B}T} \ll 1$ が全積分区間で成立する．従って，$e^{\beta\epsilon} - 1 \approx \beta\epsilon$ という近似が良い精度で成立する．この近似を (15.15) 式で行うと，内部エネルギーが

$$U \approx \frac{12\pi V}{(hc_{\rm ph})^3}\int_0^{k_{\rm B}T_{\rm D}} \frac{\epsilon^3}{\beta\epsilon}\, d\epsilon = k_{\rm B}T\frac{12\pi V}{(hc_{\rm ph})^3}\int_0^{k_{\rm B}T_{\rm D}} \epsilon^2\, d\epsilon$$
$$= k_{\rm B}T\int_0^{k_{\rm B}T_{\rm D}} D(\epsilon)\, d\epsilon = 3Nk_{\rm B}T \tag{15.16}$$

と得られる．ただし，最後の等式では (15.13) 式を用いた．対応する定積モル比熱 $C_V = \frac{1}{n}\frac{\partial U}{\partial T}$ は，

$$C_V = 3N_{\rm A}k_{\rm B} = 3R \tag{15.17}$$

となり，デュロン - プティ則 (11.50) を再現する．ここで n はモル数，$N_{\rm A}$ はアボガドロ数である．

一方，$T \ll T_{\rm D}$ の低温における (15.15) 式と比熱は，次のように得られる．

$$U = \frac{3\pi^4 N}{5}\left(\frac{T}{T_{\rm D}}\right)^3 k_{\rm B}T, \quad C_V = 3N_{\rm A}k_{\rm B}\frac{4\pi^4}{5}\left(\frac{T}{T_{\rm D}}\right)^3. \tag{15.18}$$

このように，格子振動の低温比熱は T^3 に比例する．

例題 15.3

内部エネルギー (15.15) の低温極限と対応する比熱が，(15.18) 式のように表せることを示せ.

【解答】 $T \ll T_{\mathrm{D}}$ の低温における (15.15) 式は，$x = \beta\epsilon$ と変数変換して次のように変形できる.

$$U = \frac{12\pi V(k_{\mathrm{B}}T)^4}{(hc_{\mathrm{ph}})^3}\int_0^{\frac{T_{\mathrm{D}}}{T}} \frac{x^3}{e^x - 1}\,dx \qquad \frac{T_{\mathrm{D}}}{T} \to \infty \text{ と近似}$$

$$\approx \frac{12\pi V(k_{\mathrm{B}}T)^4}{(hc_{\mathrm{ph}})^3}\int_0^{\infty} \frac{x^3}{e^x - 1}\,dx \qquad \text{(14.9) 式を用いる}$$

$$= \frac{12\pi V(k_{\mathrm{B}}T)^4}{(hc_{\mathrm{ph}})^3}\Gamma(4)\zeta(4) \qquad \Gamma(4)\zeta(4) = \frac{\pi^4}{15}$$

$$= \frac{4\pi^5 V(k_{\mathrm{B}}T)^4}{5(hc_{\mathrm{ph}})^3} \qquad \text{(15.13) 式より } \frac{4\pi V}{(hc_{\mathrm{ph}})^3} = \frac{3N}{(k_{\mathrm{B}}T_{\mathrm{D}})^3}$$

$$= \frac{3\pi^4 N}{5}\left(\frac{T}{T_{\mathrm{D}}}\right)^3 k_{\mathrm{B}}T.$$

定積モル比熱

$$C_V = \frac{1}{n}\frac{\partial U}{\partial T}$$

は (15.18) 式のように得られる. ■

演習問題

15.1 光子気体の熱力学ポテンシャルに関する以下の問いに答えよ.

(1) 光子気体の状態密度は (15.3) 式で与えられ，その化学ポテンシャルはゼロである. このボーズ粒子系において，グランドポテンシャル (14.3) と内部エネルギー (14.6) との間に，

$$\Omega = -\frac{1}{3}U$$

の関係があることを示せ.

(2) (1) の結果と (15.6) 式，および，(10.21a) 式を用いて，エントロピー S と圧力 P の表式を求めよ.

15.2 アインシュタインは，フォノンの状態密度として，

$$D(\epsilon) = 3N\delta(\epsilon - \varepsilon_0) \tag{15.19}$$

を採用した. ここで N は格子点の数を表し，因子 3 は x, y, z 方向の振動の自由度に由来する.

(1) 振動の振幅に対応するフォノン数は可変量であることから，フォノン気体の化学ポテンシャルは光子気体と同様にゼロである. (14.6) 式を用いて，温度 T における内部エネルギー U の表式を求めよ.

(2) $T \gg \frac{\varepsilon_0}{k_B}$ が成り立つ高温での内部エネルギー U と定積モル比熱 C_V の近似的表式を求めよ.

(3) $T \ll \frac{\varepsilon_0}{k_B}$ が成り立つ低温での内部エネルギー U と定積モル比熱 C_V の近似的表式を求めよ.

第16章 単原子分子量子理想気体

量子力学に従う単原子分子の理想ボーズ気体とフェルミ気体を考察する．同種多粒子系の置換対称性が，熱力学的な観測量に顕著に現れることを理解する．

16.1 単原子分子理想気体

質量 m とスピン s を持つ単原子分子 N 個が，体積 V の容器に閉じ込められている系を考察する．外部磁場や外部ポテンシャルはないものとし，s が整数のボーズ粒子系と半整数のフェルミ粒子系のそれぞれについて，その統計力学的性質を明らかにする．

❶ 固有エネルギーと状態密度

外部磁場がないので，スピン変数 $\alpha = s, s-1, \cdots, -s$ は，そのままで固有量子数となっており，また一粒子エネルギーには関与しない．問題を扱いやすくするため，容器が一辺 L の立方体の場合を考え，周期的境界条件を採用すると，一粒子エネルギーは (13.16b) 式で $d=3$ の場合，すなわち

$$\varepsilon_{\boldsymbol{k}} = \frac{\hbar^2 k^2}{2m}, \quad \boldsymbol{k} = \frac{2\pi}{L}(n_1, n_2, n_3) \tag{16.1}$$

のように得られる．ここで n_j $(j = 1, 2, 3)$ は整数である．対応する状態密度は，(13.25) 式にスピンの縮重度 $2s+1$ を掛けた式

$$D(\epsilon) = \frac{(2s+1)V}{4\pi^2}\left(\frac{2m}{\hbar^2}\right)^{\frac{3}{2}} \epsilon^{\frac{1}{2}}\,\theta(\epsilon) \tag{16.2}$$

となる．ただし $V = L^3$ であり，また $\Gamma(\frac{3}{2}) = \frac{\sqrt{\pi}}{2}$ の関係を用いた．

❷ 圧力と内部エネルギーの関係

状態密度 (16.2) を用いると，この理想気体の圧力 P と内部エネルギー U との間に，等式

$$PV = \frac{2}{3}U \tag{16.3}$$

が成り立つことを証明できる．

例題 16.1

状態密度が次式で与えられる一様な量子理想気体がある．

$$D(\epsilon) = A\,\epsilon^{\eta-1}\,\theta(\epsilon) \quad (A > 0;\ \eta > 0). \tag{16.4}$$

この状態密度を (14.3) 式と (14.6) 式に代入し，この気体の圧力 P と内部エネルギー U との間に，

$$PV = \frac{1}{\eta}U \tag{16.5}$$

の関係が成り立つことを示せ．ただし，(6.20) 式の関係 $\Omega = -PV$ を既知とし，また，相互作用のない一様ボーズ粒子系では，全ての温度領域について $\mu \leq 0$ が成立しているものとする．

【解答】 (16.4) 式を (14.3) 式に代入し，次のように変形する．

$$\begin{aligned}
\Omega &= \frac{\sigma}{\beta}\int_{-\infty}^{\infty} D(\epsilon)\ln\left\{1-\sigma e^{-\beta(\epsilon-\mu)}\right\}d\epsilon \\
&= \frac{\sigma}{\beta}A\int_{0}^{\infty} \epsilon^{\eta-1}\ln\left\{1-\sigma e^{-\beta(\epsilon-\mu)}\right\}d\epsilon \\
&\qquad\qquad \text{ϵ について部分積分} \\
&= \frac{\sigma A}{\beta\eta}\epsilon^{\eta}\ln\left\{1-\sigma e^{-\beta(\epsilon-\mu)}\right\}\Bigg|_{0}^{\infty} - \frac{\sigma A}{\beta\eta}\int_{0}^{\infty}\epsilon^{\eta}\frac{\sigma\beta e^{-\beta(\epsilon-\mu)}}{1-\sigma e^{-\beta(\epsilon-\mu)}}\,d\epsilon \\
&\qquad\qquad \text{第一項はゼロ（詳細は以下参照）} \\
&= -\frac{A\sigma^2}{\eta}\int_{0}^{\infty}\epsilon^{\eta}\frac{1}{e^{\beta(\epsilon-\mu)}-\sigma}\,d\epsilon = -\frac{1}{\eta}\int_{0}^{\infty}\frac{D(\epsilon)\epsilon}{e^{\beta(\epsilon-\mu)}-\sigma}\,d\epsilon \\
&\qquad\qquad \text{(14.6) 式を用いる} \\
&= -\frac{1}{\eta}U.
\end{aligned}$$

この式と $\Omega = -PV$ より，(16.5) 式が得られる．

なお，上記の「第一項はゼロ」であることは，次のように示せる．まず，$\epsilon \gtrsim 0$ での関数

$$f(\epsilon) \equiv \epsilon^{\eta} \ln \left\{ 1 - \sigma e^{-\beta(\epsilon-\mu)} \right\}$$

の振る舞いは，次のように評価できる．

$$\begin{aligned} f(\epsilon) &= \epsilon^{\eta} \ln \left[1 - \sigma \left\{ 1 - \beta(\epsilon - \mu) + \frac{1}{2}\beta^2(\epsilon-\mu)^2 - \cdots \right\} \right] \\ &= \epsilon^{\eta} \ln \left\{ 1 - \sigma + \sigma\beta(\epsilon-\mu) - \cdots \right\}. \end{aligned}$$

対数関数の引数は，$\epsilon \to 0$ の極限で，$\sigma = -1$ のとき有限値 2 に近づき，$\sigma = 1$ のとき $\beta(\epsilon - \mu) \geq 0$ のように振る舞う．ただし，$\sigma = 1$ のとき $\mu \leq 0$ が成立することを用いた．これらの事実と $\eta > 0$ より，$\sigma = \pm 1$ いずれの場合にも $f(0) = 0$ が結論される．一方，$\epsilon \to \infty$ の極限では，$f(\epsilon)$ は

$$f(\epsilon) = \epsilon^{\eta} \left\{ -\sigma e^{-\beta(\epsilon-\mu)} - \frac{1}{2} e^{-2\beta(\epsilon-\mu)} - \cdots \right\} \overset{\epsilon\to\infty}{\longrightarrow} 0$$

と評価できる．以上より,「第一項はゼロ」が示せた．■

$\sigma = 1$ で $\mu \leq 0$ が成立することは，16.3 節で明らかになる．一般に相互作用のないボーズ粒子系の化学ポテンシャルの上限値は，最低一粒子エネルギーである．(16.5) 式で $\eta = \frac{3}{2}$ と置くと，(16.3) 式が得られる．なお，(16.5) 式が成り立つ系として，既に光子気体を考察している．その状態密度 (15.3) は，(16.4) 式で $\eta = 3$ の場合であり，圧力は (15.7) 式，すなわち，$P = \frac{U}{3V}$ と表されることになる．

❸ 無次元化

これから熱力学ポテンシャルの温度依存性を詳しく見ていくが，その議論を見通し良く簡潔にするため，まず，常套手段である無次元化を行う．これにより，一見全く異なって見える様々な系の間に，共通点が見いだせるようになる．以下の操作は，古典系での (11.9) 式を，スピン自由度を含むように一般化することに対応する．

まず，長さの単位として，

$$\ell_{\rm Q} \equiv \left\{ \frac{(2s+1)V}{N} \right\}^{\frac{1}{3}} \tag{16.6a}$$

を採用する．定義から明らかなように，$\ell_{\rm Q}$ は，同じスピン量子数 α を持つ粒子一個当りの占める平均体積の $\frac{1}{3}$ 乗で，それらの粒子間の平均間隔のオーダーである．$\ell_{\rm Q}$ を用いて，波数の単位 $k_{\rm Q}$，エネルギーの単位 $\varepsilon_{\rm Q}$，温度の単位 $T_{\rm Q}$ を，

$$k_{\rm Q} \equiv \frac{\pi}{\ell_{\rm Q}}, \quad \varepsilon_{\rm Q} \equiv \frac{\hbar^2 k_{\rm Q}^2}{2m}, \quad T_{\rm Q} \equiv \frac{\varepsilon_{\rm Q}}{k_{\rm B}} \tag{16.6b}$$

と導入する．ただし，$k_{\rm Q}$ の定義式における定数 π は便宜上挿入した．本節❹で見るように，これらの単位は，各次元において量子効果（quantum effects）が顕著になるスケールとなっている．表 16.1 に，いくつかの同種多粒子系における $T_{\rm Q}$ の値を与えた．$T_{\rm Q}$ は，単元素金属中の伝導電子（$s=\frac{1}{2}$）に対しては 10^4 K のオーダーであるのに対し，液体 ^{4}He（$s=0$）と液体 ^{3}He（$s=\frac{1}{2}$）では数 K のオーダーであり，値が大きく異なる．しかし，$T_{\rm Q}$ でスケールした温度 $\frac{T}{T_{\rm Q}}$ で見ると，これらの物質における熱力学ポテンシャルの温度変化に共通点を見いだせるようになる．(16.6) 式の単位系を用いて，一粒子エネルギー，温度，化学ポテンシャル，内部エネルギー，および定積モル比熱を，

$$\epsilon = \varepsilon_{\rm Q}\widetilde{\epsilon}, \quad k_{\rm B}T = \varepsilon_{\rm Q}\widetilde{T}, \quad \mu = \varepsilon_{\rm Q}\widetilde{\mu}, \quad U = N\varepsilon_{\rm Q}\widetilde{u}, \quad C_V = N_{\rm A}k_{\rm B}\widetilde{c} \tag{16.7}$$

と変数変換する．ここで $N_{\rm A}$ はアボガドロ数である．一方，一粒子エネルギー状態密度は，(14.4) 式より，一般にエネルギーの逆数の次元を持つことがわかる．従って，三次元自由粒子系の状態密度 (16.2) も，

$$D(\epsilon) = \frac{N}{\varepsilon_{\rm Q}}\widetilde{D}(\widetilde{\epsilon}) \tag{16.8}$$

表 16.1　量子効果が現れ始める温度 $T_{\rm Q}$．密度の値は 1 気圧下で括弧内の温度における測定値[11]．銅に関しては，電子の価数が一価であることを考慮し，Cu の原子量と金属の密度[12]を用いて $T_{\rm Q}$ を評価した．

粒子系	Cu の伝導電子	液体 ^{4}He	液体 ^{3}He
スピンの大きさ	$\frac{1}{2}$	0	$\frac{1}{2}$
原子量 [g/mol]	63.5	4.00	3.02
密度 [g/cm^3]	8.96（298 K）	0.125（4.23 K）	0.059（3.19 K）
$T_{\rm Q}$ [K]	5.31×10^4	4.21	2.58

と表すことにする．すると，右辺の無次元化された一粒子当りの状態密度が，

$$
\begin{aligned}
\widetilde{D}(\widetilde{\epsilon}) \equiv \frac{\varepsilon_{\mathrm{Q}}}{N} D(\epsilon) &= \frac{(2s+1)V}{4\pi^2 N}\left(\frac{2m}{\hbar^2}\right)^{\frac{3}{2}} \epsilon^{\frac{1}{2}} \varepsilon_{\mathrm{Q}} \theta(\epsilon) \\
&= \frac{\ell_{\mathrm{Q}}^3}{4\pi^2}\left(\frac{2m}{\hbar^2}\right)^{\frac{3}{2}} \varepsilon_{\mathrm{Q}}^{\frac{3}{2}} \widetilde{\epsilon}^{\frac{1}{2}} \theta(\widetilde{\epsilon}) \\
&= \frac{\pi}{4} \widetilde{\epsilon}^{\frac{1}{2}} \theta(\widetilde{\epsilon})
\end{aligned}
\tag{16.9}
$$

と得られる．以下の計算ではこの無次元化された状態密度を用いる．

量子理想気体における基本的な物理量を無次元化して表そう．まず，(14.7) 式に (16.7) 式を代入して $\overline{n}(\epsilon) = \widetilde{n}(\widetilde{\epsilon})$ と表すと，$\widetilde{n}(\widetilde{\epsilon})$ として

$$
\widetilde{n}(\widetilde{\epsilon}) = \frac{1}{e^{\widetilde{\beta}(\widetilde{\epsilon}-\widetilde{\mu})} - \sigma}, \quad \widetilde{\beta} \equiv \frac{1}{\widetilde{T}}
\tag{16.10}
$$

が得られる．これは，無次元化されたボーズ分布（$\sigma = 1$）あるいはフェルミ分布（$\sigma = -1$）である．次に，(14.5) 式を N で割り，変数変換 $\epsilon = \varepsilon_{\mathrm{Q}} \widetilde{\epsilon}$ と (16.8) 式を用いると，

$$
1 = \int_0^\infty \widetilde{D}(\widetilde{\epsilon})\, \widetilde{n}(\widetilde{\epsilon})\, d\widetilde{\epsilon}
\tag{16.11}
$$

が得られる．この式は，粒子密度を決めて化学ポテンシャル $\widetilde{\mu} = \widetilde{\mu}(\widetilde{T})$ を決定する積分方程式である．

内部エネルギー (14.6) とエントロピー (14.8) も，変数変換 (16.7) により，それぞれ

$$
\widetilde{u} = \int_0^\infty \widetilde{D}(\widetilde{\epsilon})\, \widetilde{\epsilon}\, \widetilde{n}(\widetilde{\epsilon})\, d\widetilde{\epsilon},
\tag{16.12}
$$

$$
\widetilde{s} = \int_0^\infty \widetilde{D}(\widetilde{\epsilon}) \left\{ -\widetilde{n} \ln \widetilde{n} + \sigma(1+\sigma\widetilde{n}) \ln(1+\sigma\widetilde{n}) \right\} d\widetilde{\epsilon}
\tag{16.13}
$$

へと簡略化される．これらはそれぞれ，無次元化された一粒子当りの内部エネルギーおよびエントロピーという意味を持つ．(16.11) 式で決めた化学ポテンシャル $\widetilde{\mu}(\widetilde{T})$ を用いることで，$\widetilde{u}$ および $\widetilde{s}$ が温度 $\widetilde{T}$ のみの関数として求まる．さらに，比熱は，

$$
\widetilde{c} = \int_0^\infty \widetilde{D}(\widetilde{\epsilon}) \left(x + \frac{d\widetilde{\mu}}{d\widetilde{T}} \right) \frac{x\, e^x}{(e^x - \sigma)^2} \bigg|_{x = \frac{\widetilde{\epsilon}-\widetilde{\mu}}{\widetilde{T}}} d\widetilde{\epsilon}
\tag{16.14}
$$

と表され，微分 $\frac{d\widetilde{\mu}}{d\widetilde{T}}$ は，

$$\frac{d\widetilde{\mu}}{d\widetilde{T}} = -\frac{\displaystyle\int_0^\infty \widetilde{D}(\widetilde{\epsilon}) \left.\frac{xe^x}{(e^x-\sigma)^2}\right|_{x=\frac{\widetilde{\epsilon}-\widetilde{\mu}}{\widetilde{T}}} d\widetilde{\epsilon}}{\displaystyle\int_0^\infty \widetilde{D}(\widetilde{\epsilon}) \left.\frac{e^x}{(e^x-\sigma)^2}\right|_{x=\frac{\widetilde{\epsilon}-\widetilde{\mu}}{\widetilde{T}}} d\widetilde{\epsilon}} \tag{16.15}$$

により計算できる．(16.14) 式と (16.15) 式は下記のように導出できるが，その詳細に興味のある読者は確認して頂きたい．

【証明】　まず，(16.10) 式の $\widetilde{T}$ に関する導関数が必要である．この微分は，変数 $x \equiv \frac{\widetilde{\epsilon}-\widetilde{\mu}}{\widetilde{T}}$ を導入し，連鎖律を用いて次のように計算できる．

$$\begin{aligned}
\frac{d\widetilde{n}}{d\widetilde{T}} &= \frac{d}{d\widetilde{T}} \frac{1}{\exp\left(\dfrac{\widetilde{\epsilon}-\widetilde{\mu}}{\widetilde{T}}\right)-\sigma} \\
&= \frac{dx}{d\widetilde{T}} \frac{d}{dx} \left.\frac{1}{e^x-\sigma}\right|_{x=\frac{\widetilde{\epsilon}-\widetilde{\mu}}{\widetilde{T}}} \\
&= \left(-\frac{x}{\widetilde{T}} - \frac{1}{\widetilde{T}}\frac{d\widetilde{\mu}}{d\widetilde{T}}\right) \left.\frac{-e^x}{(e^x-\sigma)^2}\right|_{x=\frac{\widetilde{\epsilon}-\widetilde{\mu}}{\widetilde{T}}} \\
&= \frac{1}{\widetilde{T}}\left(x + \frac{d\widetilde{\mu}}{d\widetilde{T}}\right) \left.\frac{e^x}{(e^x-\sigma)^2}\right|_{x=\frac{\widetilde{\epsilon}-\widetilde{\mu}}{\widetilde{T}}}.
\end{aligned}$$

次に，(16.11) 式の両辺を $\widetilde{T}$ で微分し，上の結果を代入すると，

$$0 = \frac{1}{\widetilde{T}} \int_0^\infty \widetilde{D}(\widetilde{\epsilon}) \left(x + \frac{d\widetilde{\mu}}{d\widetilde{T}}\right) \left.\frac{e^x}{(e^x-\sigma)^2}\right|_{x=\frac{\widetilde{\epsilon}-\widetilde{\mu}}{\widetilde{T}}} d\widetilde{\epsilon} \tag{16.16}$$

を得る．これより，$\frac{d\widetilde{\mu}}{d\widetilde{T}}$ の表式が，(16.15) 式のように得られる．さらに，(16.12) 式を $\widetilde{T}$ で微分すると，比熱が

$$\widetilde{c} = \int_0^\infty \widetilde{D}(\widetilde{\epsilon}) \left(x + \frac{d\widetilde{\mu}}{d\widetilde{T}}\right) \frac{\widetilde{\epsilon}}{\widetilde{T}} \left.\frac{e^x}{(e^x-\sigma)^2}\right|_{x=\frac{\widetilde{\epsilon}-\widetilde{\mu}}{\widetilde{T}}} d\widetilde{\epsilon}$$

と求まる．この式と，(16.16) 式に $-\widetilde{\mu}$ を掛けた式を辺々加えると，数値計算に便利な (16.14) 式を得る．■

❹熱力学ポテンシャルの温度変化の図

(16.11)〜(16.15) 式を数値的に解くと，密度一定のボーズ粒子系（$\sigma = 1$）とフェルミ粒子系（$\sigma = -1$）における無次元化された化学ポテンシャル，内部エネルギー，エントロピー，および比熱の温度依存性が図 16.1 のように得られる．それほど難しい計算ではないので，余裕があれば試みて頂きたい．計算の手順としては，まず，各温度 $\widetilde{T}$ で (16.11) 式を解いて $\widetilde{\mu}(\widetilde{T})$ を求める．その結果を (16.12), (16.13), (16.15) 式に代入すると，それぞれ $\widetilde{u}$, $\widetilde{s}$, $\frac{d\widetilde{\mu}}{d\widetilde{T}}$ が得られる．さらに，得られた $\widetilde{\mu}$ と $\frac{d\widetilde{\mu}}{d\widetilde{T}}$ を用いて，(16.14) 式の比熱を計算すれば良いのである．

図 16.1 の実線はその数値計算から得たものである．一点鎖線は古典統計力学すなわちマクスウェル - ボルツマン分布による結果を表し，図 11.1 の結果

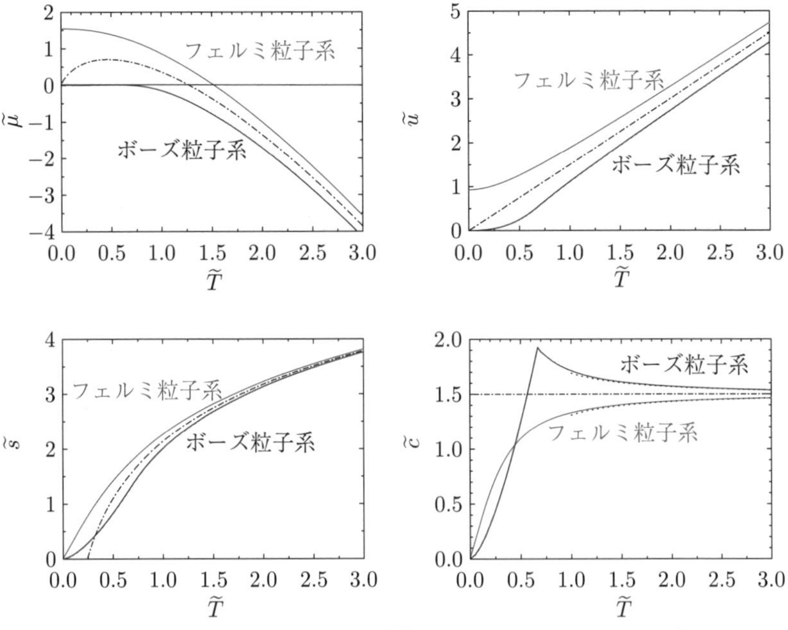

図 16.1　化学ポテンシャル $\widetilde{\mu}$，内部エネルギー $\widetilde{u}$，エントロピー $\widetilde{s}$，比熱 $\widetilde{c}$ の温度依存性．実線が正確な曲線で，一点鎖線は古典統計力学の結果．比熱の図における破線（$\widetilde{T} \geq 1$）は，古典統計力学の結果に最低次の量子補正を加えた曲線．

を再現している．また，比熱の図における破線は，最低次の量子補正まで考慮した高温近似

$$\widetilde{c} = \frac{3}{2}\left(1 + \frac{\sigma}{\sqrt{2}\,\pi^{\frac{3}{2}}\widetilde{T}^{\frac{3}{2}}}\right) \tag{16.17}$$

に従って描いた（演習 16.1 参照）．いずれの実線も，$\widetilde{T} \lesssim 1$ で古典統計力学の結果から大きくはずれることがわかる．また，ボーズ粒子系とフェルミ粒子系で，低温での振る舞いが大きく異なることも一目瞭然である．(16.3) 式を思い起こすと，内部エネルギー $\widetilde{u}$ のグラフは，量子効果を取り込んだ理想気体の状態方程式と見なすこともできる．これより，ボーズ（フェルミ）粒子系の圧力は，古典系よりも減少（増大）することがわかる．すなわち，ボーズ（フェルミ）粒子系においては，同じスピン量子数 α を持つ粒子間に，置換対称性に由来する量子力学的な有効引力（斥力）が働くのである．エントロピーは，古典統計力学の非物理的結果 $\widetilde{s} \xrightarrow{\widetilde{T}\to 0} -\infty$ と異なり，熱力学第三法則に従って絶対零度でゼロとなっている．また，比熱も絶対零度でゼロに近づく．ボーズ粒子系の比熱のピークは，**ボーズ‐アインシュタイン凝縮**（Bose-Einstein condensation, 略して **BEC**）と呼ばれる相転移に対応し，その温度以下での化学ポテンシャル $\widetilde{\mu}$ は，最低一粒子エネルギー $\widetilde{\varepsilon}_{\mathbf{0}} = 0$ に一致して不変である．以下，これらのグラフの低温における特徴を，節を改めて解析的により詳しく見てゆくことにする．

16.2　低温のフェルミ粒子系

低温のフェルミ粒子系（$\sigma = -1$）を考察する．対応する現実の物理系としては，金属中の電子系がある．実際，表 16.1 からも明らかなように，金属電子系では，室温においても量子効果が無視できない．その理解には，低温におけるフェルミ粒子系の統計力学が必要不可欠となっている．

例題 16.2

状態密度が (16.9) 式で与えられるフェルミ粒子系（$\sigma = -1$）がある．(16.11) 式を用いて，絶対零度における化学ポテンシャル $\widetilde{\mu}(0)$ の解析的表式を求めよ．

【解答】　フェルミ分布関数は，絶対零度の極限で，

$$\widetilde{n}(\widetilde{\epsilon}) \equiv \frac{1}{e^{\widetilde{\beta}(\widetilde{\epsilon}-\widetilde{\mu})}+1} \stackrel{\widetilde{\beta}\to\infty}{\longrightarrow} \theta(\widetilde{\mu}-\widetilde{\epsilon}) \tag{16.18}$$

と，階段関数 (11.12) を用いて表せる．この極限形を (16.11) 式に代入して積分を実行すると，

$$1 = \int_0^\infty \widetilde{D}(\widetilde{\epsilon})\,\theta(\widetilde{\mu}-\widetilde{\epsilon})\,d\widetilde{\epsilon} = \frac{\pi}{4}\int_0^{\widetilde{\mu}} \widetilde{\epsilon}^{\frac{1}{2}}\,d\widetilde{\epsilon} = \frac{\pi}{6}\widetilde{\mu}^{\frac{3}{2}}$$

となる．これより，

$$\widetilde{\mu}(0) = \left(\frac{6}{\pi}\right)^{\frac{2}{3}} = 1.54$$

を得る．■

絶対零度の化学ポテンシャル $\mu(0)$ は**フェルミエネルギー**と呼ばれる．フェルミエネルギーは，(16.6) 式で定義された ε_{Q} と同じオーダーで，フェルミ粒子系を特徴づけるエネルギースケールとなっている．$\mu(0) \equiv \varepsilon_{\mathrm{F}}$ と表して無次元化された表式と共に書き下すと，次のようになる．

$$\widetilde{\varepsilon}_{\mathrm{F}} = \left(\frac{6}{\pi}\right)^{\frac{2}{3}} = 1.54, \quad \varepsilon_{\mathrm{F}} = \frac{\hbar^2}{2m}\left\{\frac{6\pi^2 N}{(2s+1)V}\right\}^{\frac{2}{3}}. \tag{16.19}$$

対応する波数 $k_{\mathrm{F}} \equiv \left(\frac{2m\varepsilon_{\mathrm{F}}}{\hbar^2}\right)^{\frac{1}{2}}$，すなわち，

$$k_{\mathrm{F}} = \left\{\frac{6\pi^2 N}{(2s+1)V}\right\}^{\frac{1}{3}} \tag{16.20}$$

は**フェルミ波数**と呼ばれ，粒子密度のみに依存する．(16.18) 式より，絶対零度では，$\varepsilon_{\boldsymbol{k}} \le \varepsilon_{\mathrm{F}}$ すなわち $k \le k_{\mathrm{F}}$ を満たす一粒子状態 $\boldsymbol{k}\alpha$ に全粒子がぎっしりと詰まった基底状態が実現することがわかる．

次に，有限温度のフェルミ粒子系を考察する．(16.11) 式を解くことで化学ポテンシャル $\widetilde{\mu} = \widetilde{\mu}(\widetilde{T})$ が求まる．その値を (16.10) 式に代入すると，フェルミ分布関数が得られる．いくつかの温度についてこの操作を実行し，フェルミ分布関数を描いたのが図 16.2 である．絶対零度におけるフェルミ分布関数の不連続な飛びが，温度上昇と共に，次第にぼやけていくのがわかる．この分布関数が関わる熱力学ポテンシャルの計算では，

$$J \equiv \int_0^\infty \frac{g(\widetilde{\epsilon})}{e^{\widetilde{\beta}(\widetilde{\epsilon}-\widetilde{\mu})}+1}\, d\widetilde{\epsilon}$$

の形の積分が頻繁に現れ，分布関数以外の因子 $g(\widetilde{\epsilon})$ は一般に $\widetilde{\epsilon} \approx \widetilde{\mu}$ で緩やかに変化する．上記の積分を低温で精度良く評価するため，J を

$$J = \int_0^{\widetilde{\mu}} g(\widetilde{\epsilon})\, d\widetilde{\epsilon} + \Delta J, \tag{16.21a}$$

$$\Delta J \equiv \int_0^\infty g(\widetilde{\epsilon}) \left\{ \frac{1}{e^{\widetilde{\beta}(\widetilde{\epsilon}-\widetilde{\mu})}+1} - \theta(\widetilde{\mu}-\widetilde{\epsilon}) \right\} d\widetilde{\epsilon} \tag{16.21b}$$

と表す．この積分は，$\widetilde{T} \ll 1$ の低温で，

$$\Delta J \approx \frac{\pi^2}{6} g'(\widetilde{\mu})\widetilde{T}^2 + \frac{7\pi^4}{360} g^{(3)}(\widetilde{\mu})\widetilde{T}^4 + \cdots \tag{16.21c}$$

と評価できる．(16.21) 式を**ゾンマーフェルト展開**と呼ぶ．

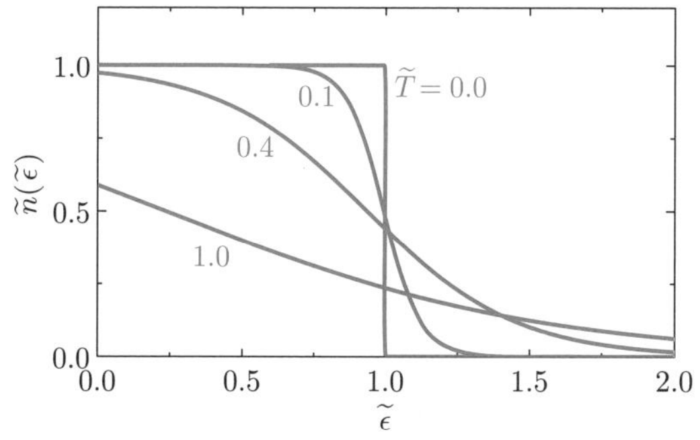

図 16.2 $\widetilde{T} = 0.0, 0.1, 0.4, 1.0$ におけるフェルミ分布関数 (16.18)．化学ポテンシャル $\widetilde{\mu}(\widetilde{T})$ は (16.11) 式を解いて求めた．

例題 16.3

$\widetilde{T} \ll 1$ の低温で，(16.21b) 式が (16.21c) 式のように表せることを示せ．(14.9) 式を用いて良い．$\zeta(2) = \frac{\pi^2}{6}$ および $\zeta(4) = \frac{\pi^4}{90}$ である．

【解答】 ΔJ の積分区間を $\widetilde{\epsilon} = \widetilde{\mu}$ で二分し，下側を

$$(e^x + 1)^{-1} - 1 = -(e^{-x} + 1)^{-1}$$

の関係を用いて書き換えた後，次のように変形する．

$$\Delta J = -\int_0^{\widetilde{\mu}} \frac{g(\widetilde{\epsilon})}{e^{-\widetilde{\beta}(\widetilde{\epsilon}-\widetilde{\mu})} + 1} d\widetilde{\epsilon} + \int_{\widetilde{\mu}}^{\infty} \frac{g(\widetilde{\epsilon})}{e^{\widetilde{\beta}(\widetilde{\epsilon}-\widetilde{\mu})} + 1} d\widetilde{\epsilon}$$

第一項と第二項で $x = -\widetilde{\beta}(\widetilde{\epsilon} - \widetilde{\mu})$ **および** $x = \widetilde{\beta}(\widetilde{\epsilon} - \widetilde{\mu})$ **の変数変換**

$$= -\widetilde{T} \int_0^{\frac{\widetilde{\mu}}{\widetilde{T}}} \frac{g(\widetilde{\mu} - \widetilde{T}x)}{e^x + 1} dx + \widetilde{T} \int_0^{\infty} \frac{g(\widetilde{\mu} + \widetilde{T}x)}{e^x + 1} dx.$$

二つの被積分関数は，分母の指数関数のため，$x \gg 1$ で指数関数的に減少する．従って，$\widetilde{T} \ll 1$ の低温では，非常に良い精度で，第一項の積分の上限 $\frac{\widetilde{\mu}}{\widetilde{T}} \gg 1$ を ∞ で置き換えることが可能である．この近似の後は，ΔJ を次のように変形できる．

$$\Delta J \approx \widetilde{T} \int_0^{\infty} \frac{g(\widetilde{\mu} + \widetilde{T}x) - g(\widetilde{\mu} - \widetilde{T}x)}{e^x + 1} dx \qquad g(\widetilde{\mu} \pm \widetilde{T}x) \text{ を } x = 0 \text{ でテイラー展開}$$

$$= 2g'(\widetilde{\mu})\widetilde{T}^2 \int_0^{\infty} \frac{x}{e^x + 1} dx + \frac{2g^{(3)}(\widetilde{\mu})}{3!}\widetilde{T}^4 \int_0^{\infty} \frac{x^3}{e^x + 1} dx + \cdots \qquad (14.9) \text{ 式}$$

$$= 2g'(\widetilde{\mu})\widetilde{T}^2 \frac{1}{2}\Gamma(2)\zeta(2) + \frac{2g^{(3)}(\widetilde{\mu})}{3!}\widetilde{T}^4 \frac{7}{8}\Gamma(4)\zeta(4) + \cdots .$$

この式に $\Gamma(2) = 1$, $\zeta(2) = \frac{\pi^2}{6}$, $\Gamma(4) = 3!$, $\zeta(4) = \frac{\pi^4}{90}$ を代入すると，(16.21c) 式が得られる．■

ゾンマーフェルト展開を (16.11) 式と (16.12) 式に用いると，低温のフェルミ粒子系における化学ポテンシャルと内部エネルギーが，それぞれ

$$\widetilde{\mu} \approx \widetilde{\varepsilon}_{\mathrm{F}} \left\{ 1 - \frac{\pi^2}{12} \left(\frac{\widetilde{T}}{\widetilde{\varepsilon}_{\mathrm{F}}} \right)^2 \right\}, \tag{16.22}$$

$$\widetilde{u} \approx \frac{2}{5} \widetilde{D}(\widetilde{\varepsilon}_{\mathrm{F}}) \widetilde{\varepsilon}_{\mathrm{F}}^2 \left\{ 1 + \frac{5\pi^2}{12} \left(\frac{\widetilde{T}}{\widetilde{\varepsilon}_{\mathrm{F}}} \right)^2 \right\} \tag{16.23}$$

と得られる．その導出は，次のように実行できる．

【証明】　(16.11) 式で低温展開 (16.21) を行い，$\widetilde{T}^2$ まで考慮すると，低温（$\widetilde{T} \ll 1$）での化学ポテンシャルを決める方程式

$$1 = \frac{\pi}{6}\widetilde{\mu}^{\frac{3}{2}}\left\{1 + \frac{\pi^2}{8}\left(\frac{\widetilde{T}}{\widetilde{\mu}}\right)^2\right\}$$

が得られる．これより，低温での $\widetilde{\mu}$ が，

$$\widetilde{\mu} \approx \left(\frac{6}{\pi}\right)^{\frac{2}{3}}\left\{1 + \frac{\pi^2}{8}\left(\frac{\widetilde{T}}{\widetilde{\mu}}\right)^2\right\}^{-\frac{2}{3}}$$

(16.19) **式を代入，温度補正項はテイラー展開して** $\widetilde{\mu} \to \widetilde{\varepsilon}_{\mathrm{F}}$ **の置き換え**

$$\approx \widetilde{\varepsilon}_{\mathrm{F}}\left\{1 - \frac{2}{3}\frac{\pi^2}{8}\left(\frac{\widetilde{T}}{\widetilde{\mu}}\right)^2\right\} \approx \widetilde{\varepsilon}_{\mathrm{F}}\left\{1 - \frac{\pi^2}{12}\left(\frac{\widetilde{T}}{\widetilde{\varepsilon}_{\mathrm{F}}}\right)^2\right\}$$

と求まる．

内部エネルギー (16.12) は，(16.21) 式で $g(\widetilde{\epsilon}) = \frac{\pi}{4}\widetilde{\epsilon}^{\frac{3}{2}}$ と置いた場合に相当する．その展開で $\widetilde{T}^2$ まで考慮し，次のように変形する．

$$\widetilde{u} \approx \frac{\pi}{10}\widetilde{\mu}^{\frac{5}{2}}\left\{1 + \frac{5\pi^2}{8}\left(\frac{\widetilde{T}}{\widetilde{\mu}}\right)^2\right\}$$

$\widetilde{\mu}^{\frac{5}{2}}$ **に** (16.22) **式を代入，温度補正項は** $\widetilde{\mu} \to \widetilde{\varepsilon}_{\mathrm{F}}$ **の置き換え**

$$\approx \frac{\pi}{10}\widetilde{\varepsilon}_{\mathrm{F}}^{\frac{5}{2}}\left\{1 - \frac{\pi^2}{12}\left(\frac{\widetilde{T}}{\widetilde{\varepsilon}_{\mathrm{F}}}\right)^2\right\}^{\frac{5}{2}}\left\{1 + \frac{5\pi^2}{8}\left(\frac{\widetilde{T}}{\widetilde{\varepsilon}_{\mathrm{F}}}\right)^2\right\}$$

温度補正項についてテイラー展開

$$\approx \frac{\pi}{10}\widetilde{\varepsilon}_{\mathrm{F}}^{\frac{5}{2}}\left\{1 + \left(-\frac{5}{2}\frac{1}{12} + \frac{5}{8}\right)\pi^2\left(\frac{\widetilde{T}}{\widetilde{\varepsilon}_{\mathrm{F}}}\right)^2\right\}$$

$$= \frac{\pi}{10}\widetilde{\varepsilon}_{\mathrm{F}}^{\frac{5}{2}}\left\{1 + \frac{5}{12}\pi^2\left(\frac{\widetilde{T}}{\widetilde{\varepsilon}_{\mathrm{F}}}\right)^2\right\}.$$

この式を $\widetilde{D}(\widetilde{\epsilon}) = \frac{\pi}{4}\widetilde{\epsilon}^{\frac{1}{2}}$ で表すと，(16.23) 式となる．■

(16.23) 式を $\widetilde{T}$ で微分すると，フェルミ粒子系の低温比熱が，

$$\widetilde{c} = \frac{\pi^2}{3}\widetilde{D}(\widetilde{\varepsilon}_{\mathrm{F}})\widetilde{T}, \quad C_V = N_{\mathrm{A}}k_{\mathrm{B}}\widetilde{c} = \frac{\pi^2}{3n}D(\varepsilon_{\mathrm{F}})k_{\mathrm{B}}^2 T \qquad (16.24)$$

と求まる．ただし n はモル数である．このように，低温比熱は温度とフェルミエネルギーでの状態密度に比例する．この解析的結果は，図 16.1 におけるフェルミ粒子系の比熱曲線の低温部を良く再現できる．

16.3　低温のボーズ粒子系 A

次に，低温のボーズ粒子系（$\sigma = 1$）を考察する．数学的に見た場合のボーズ分布関数 (14.7) の大きな特徴は，$\epsilon = \mu$ に特異点を持ち発散することである．高温では

$$\varepsilon_q > \mu$$

が成立するので，この特異点は物理現象に現れない．しかし，温度低下と共に μ は増加し，最低一粒子エネルギーに向かって下から近づいていく．そして，系の次元や外部ポテンシャルの形状によっては，ある有限温度 T_0 で化学ポテンシャル μ が最低一粒子エネルギーに等しくなり，ボーズ分布関数の発散が現実のものとなる．この発散は，最低一粒子エネルギー状態を巨視的な数の粒子が占有する**ボーズ - アインシュタイン凝縮**（**BEC**）相への転移を意味する．

具体的に，三次元自由ボーズ粒子系における BEC 転移を，図 16.1 に基づき予備的に概観する．最低一粒子エネルギーは

$$\varepsilon_{\mathbf{0}} = 0$$

で，有限の温度 $T_0 \sim \frac{\varepsilon_{\mathrm{Q}}}{k_{\mathrm{B}}}$ で化学ポテンシャル μ が 0 となる．そして，$T < T_0$ では，化学ポテンシャルは上限値 $\mu = 0$ を取って変化せず，最低一粒子エネルギー状態 $\boldsymbol{k} = \mathbf{0}$ を巨視的な数 $N_0 \lesssim N$ の粒子が占めている．このボーズ - アインシュタイン凝縮を以下で解析的により詳しく見て行く．

例題 16.4

状態密度が (16.9) 式で与えられる理想ボーズ粒子系（$\sigma = 1$）がある．(16.11) 式と (14.9) 式を用いて，BEC 転移温度 $\widetilde{T}_0$ の表式を求めよ．ただし，$\Gamma(\frac{3}{2}) = \frac{\sqrt{\pi}}{2}$ および $\zeta(\frac{3}{2}) = 2.612\cdots$ である．

【解答】　考察する系の最低一粒子エネルギーは $\varepsilon_{\mathbf{0}} = 0$ であるから，BEC の転移点は条件

$$\widetilde{\mu} = 0$$

により決まる．つまり，転移温度 $\widetilde{T}_0$ は，(16.11) 式で $\sigma = 1, \widetilde{T} = \widetilde{T}_0$，および $\widetilde{\mu} = 0$ と置いた式から決定できる．この $\widetilde{T}_0$ の方程式は，次のように変形できる．

$$
\begin{aligned}
1 &= \frac{\pi}{4}\int_0^\infty \frac{\widetilde{\epsilon}^{\frac{1}{2}}}{e^{\widetilde{\beta}_0\widetilde{\epsilon}}-1}\,d\widetilde{\epsilon} && \text{変数変換 } x=\widetilde{\beta}_0\widetilde{\epsilon} \\
&= \frac{\pi}{4}\widetilde{T}_0^{\frac{3}{2}}\int_0^\infty \frac{x^{\frac{1}{2}}}{e^x-1}\,dx && \text{(14.9) 式を用いる.} \\
&= \frac{\pi}{4}\widetilde{T}_0^{\frac{3}{2}}\Gamma\left(\frac{3}{2}\right)\zeta\left(\frac{3}{2}\right) \\
&= \left(\frac{\pi}{4}\widetilde{T}_0\right)^{\frac{3}{2}}\zeta\left(\frac{3}{2}\right).
\end{aligned} \tag{16.25}
$$

これより，$\widetilde{T}_0$ の表式が

$$
\widetilde{T}_0 = \frac{4}{\pi\left\{\zeta(\frac{3}{2})\right\}^{\frac{2}{3}}} \approx 0.671
$$

と得られる. ■

通常の単位系における BEC 相への転移温度

$$
T_0 = \frac{\varepsilon_{\mathrm{Q}}}{k_{\mathrm{B}}}\widetilde{T}_0
$$

を，無次元化された表式と共に書き下すと，次のようになる.

$$
\begin{aligned}
\widetilde{T}_0 &= \frac{4}{\pi\left\{\zeta(\frac{3}{2})\right\}^{\frac{2}{3}}} = 0.671, \\
T_0 &= \frac{\hbar^2}{2mk_{\mathrm{B}}}4\pi\left\{\frac{N}{(2s+1)V\zeta(\frac{3}{2})}\right\}^{\frac{2}{3}}.
\end{aligned} \tag{16.26}
$$

このように，T_0 は，(16.6) 式で定義された T_{Q} と同じオーダーで，ボーズ粒子系を特徴づけるエネルギースケールとなっている.

$\widetilde{T} < \widetilde{T}_0$ では

$$
\widetilde{\mu} = 0
$$

が成立する．そこでの非凝縮粒子数，すなわち，$\varepsilon_{\boldsymbol{k}} > 0$ のエネルギー準位を占める粒子数の全粒子数に対する割合は，(16.11) 式の右辺で $\widetilde{\mu} = 0$ と置いた式に等しい．従って，$\frac{N_0}{N}$ が次のように計算できる.

$$
\begin{aligned}
\frac{N_0}{N} &= 1 - \frac{\pi}{4}\int_0^\infty \frac{\widetilde{\epsilon}^{\frac{1}{2}}}{e^{\widetilde{\beta}\widetilde{\epsilon}}-1}\,d\widetilde{\epsilon} \\
&= 1 - \frac{\pi}{4}\widetilde{T}^{\frac{3}{2}}\int_0^\infty \frac{x^{\frac{1}{2}}}{e^x-1}\,dx
\end{aligned}
$$

$$= 1 - \left(\frac{\widetilde{T}}{\widetilde{T}_0}\right)^{\frac{3}{2}}.$$

ただし，最後の等式では (16.25) 式を用いた．これより，凝縮粒子数 N_0 が，

$$N_0 = N\left\{1 - \left(\frac{T}{T_0}\right)^{\frac{3}{2}}\right\} \tag{16.27}$$

と得られる．内部エネルギー $\widetilde{u}$ は，(16.12) 式で $\widetilde{\mu} = 0$ と置き，(14.9) 式を用いて

$$\begin{aligned}\widetilde{u} &= \frac{\pi}{4}\int_0^\infty \frac{\widetilde{\epsilon}^{\frac{3}{2}}}{e^{\widetilde{\beta}\widetilde{\epsilon}} - 1}\,d\widetilde{\epsilon} \\ &= \frac{\pi}{4}\widetilde{T}^{\frac{5}{2}}\int_0^\infty \frac{x^{\frac{3}{2}}}{e^x - 1}\,dx \\ &= \frac{3\pi^{\frac{3}{2}}\zeta(\frac{5}{2})}{16}\widetilde{T}^{\frac{5}{2}}\end{aligned} \tag{16.28}$$

と求まる．ただし，$\Gamma(\frac{5}{2}) = \frac{3\sqrt{\pi}}{4}$ および $\zeta(\frac{5}{2}) = 1.341\cdots$ である．

比熱 $\widetilde{c}$ は (16.28) 式を $\widetilde{T}$ で微分することで得られる．その結果を (16.26) 式を用いて書き換えると，

$$\begin{aligned}\widetilde{c} &= \frac{15\pi^{\frac{3}{2}}\zeta(\frac{5}{2})}{32}\widetilde{T}^{\frac{3}{2}} \\ &= \frac{15\,\zeta(\frac{5}{2})}{4\,\zeta(\frac{3}{2})}\left(\frac{T}{T_0}\right)^{\frac{3}{2}} \\ &= 1.93\left(\frac{T}{T_0}\right)^{\frac{3}{2}}\end{aligned} \tag{16.29}$$

となる．転移点での値 1.93 は，対応する古典値 1.5 より大きくなっている．図 16.1 を参照して頂きたい．

最後に，$T \gtrsim T_0$ における化学ポテンシャルは，(16.11) 式と (16.25) 式を用いて，

$$\widetilde{\mu} \approx -\frac{36}{\pi^4\widetilde{T}_0^2}\left(\frac{\widetilde{T} - \widetilde{T}_0}{\widetilde{T}_0}\right)^2 \tag{16.30}$$

と得られる．その導出は，以下のように実行できる．

【証明】 $\widetilde{T} \gtrsim \widetilde{T}_0$ における化学ポテンシャル $\widetilde{\mu} \lesssim 0$ の温度依存性を求めるために，(16.11) 式を次のように変形する．

$$1 = \frac{\pi}{4}\int_0^\infty \frac{\widetilde{\epsilon}^{\frac{1}{2}}}{e^{\widetilde{\beta}(\widetilde{\epsilon}-\widetilde{\mu})}-1}\,d\widetilde{\epsilon}$$

被積分関数に $\widetilde{\mu}=0$ と置いたボーズ分布関数を足して引く操作を行う

$$= \frac{\pi}{4}\int_0^\infty \frac{\widetilde{\epsilon}^{\frac{1}{2}}}{e^{\widetilde{\beta}\widetilde{\epsilon}}-1}\,d\widetilde{\epsilon} + \frac{\pi}{4}\int_0^\infty \left\{\frac{1}{e^{\widetilde{\beta}(\widetilde{\epsilon}-\widetilde{\mu})}-1} - \frac{1}{e^{\widetilde{\beta}\widetilde{\epsilon}}-1}\right\}\widetilde{\epsilon}^{\frac{1}{2}}\,d\widetilde{\epsilon}$$

第二項で分母の指数関数をテイラー展開し主要項のみを残す

$$\approx \frac{\pi}{4}\widetilde{T}^{\frac{3}{2}}\int_0^\infty \frac{x^{\frac{1}{2}}}{e^x-1}\,dx + \frac{\pi}{4}\int_0^\infty \left(\frac{\widetilde{T}}{\widetilde{\epsilon}-\widetilde{\mu}} - \frac{\widetilde{T}}{\widetilde{\epsilon}}\right)\widetilde{\epsilon}^{\frac{1}{2}}\,d\widetilde{\epsilon}$$

第一項に (16.25) 式を用い，第二項で変数変換 $\widetilde{\epsilon} = |\widetilde{\mu}|x^2$

$$= \left(\frac{\widetilde{T}}{\widetilde{T}_0}\right)^{\frac{3}{2}} - \frac{\pi}{2}\widetilde{T}|\widetilde{\mu}|^{\frac{1}{2}}\int_0^\infty \frac{1}{x^2+1}\,dx$$

第二項で変数変換 $x = \tan\theta$

$$= \left(1 + \frac{\widetilde{T}-\widetilde{T}_0}{\widetilde{T}_0}\right)^{\frac{3}{2}} - \frac{\pi}{2}\widetilde{T}|\widetilde{\mu}|^{\frac{1}{2}}\int_0^{\frac{\pi}{2}} d\theta$$

第一項でテイラー展開を行い，第二項では $\widetilde{T} \to \widetilde{T}_0$ の置き換え

$$\approx 1 + \frac{3}{2}\frac{\widetilde{T}-\widetilde{T}_0}{\widetilde{T}_0} - \frac{\pi^2}{4}\widetilde{T}_0|\widetilde{\mu}|^{\frac{1}{2}}.$$

この式から，$\widetilde{T} \gtrsim \widetilde{T}_0$ における化学ポテンシャル $\widetilde{\mu}$ の温度依存性が，(16.30) 式のように求まる．■

このように，(16.30) 式の導出には，少し高度な物理的洞察と数学的テクニックが必要である．ボーズ分布関数の分母のテイラー展開では，積分に最も大きな寄与を与える項，すなわち，$\widetilde{\epsilon} = 0$ 近傍で発散的に振る舞う項のみを残した．$\widetilde{\mu} = 0$ のボーズ分布関数が差し引かれた元々の被積分関数は，積分に寄与する領域が $\widetilde{\epsilon} = 0$ 近傍に限られている．従って，前述の近似により精度良く積分が実行できることになる．

(16.30) 式より，$\widetilde{\mu}$ と $\frac{d\widetilde{\mu}}{d\widetilde{T}}$ が共に

$$\widetilde{T} = \widetilde{T}_0$$

で連続であることがわかる．従って，(16.14) 式より，定積モル比熱も $\widetilde{T} = \widetilde{T}_0$ で連続である．

演 習 問 題

16.1 分布関数 (16.10) を，高温で $e^{-\widetilde{\beta}(\widetilde{\epsilon}-\widetilde{\mu})} \ll 1$ についてテイラー展開し，第二項まで考慮する近似を行う．この近似を用いて (16.11) 式と (16.12) 式の積分を評価し，$\widetilde{T} \gg 1$ における化学ポテンシャル $\widetilde{\mu}$ と比熱 $\widetilde{c} \equiv \frac{d\widetilde{u}}{d\widetilde{T}}$ が，それぞれ

$$\widetilde{\mu} \approx -\frac{3}{2}\widetilde{T}\ln\frac{\pi\widetilde{T}}{4} - \sigma\left(\frac{2}{\pi}\right)^{\frac{3}{2}}\frac{1}{\widetilde{T}^{\frac{1}{2}}}, \quad \widetilde{c} = \frac{3}{2}\left(1 + \frac{\sigma}{\sqrt{2}\,\pi^{\frac{3}{2}}\widetilde{T}^{\frac{3}{2}}}\right)$$

と表せることを示せ．ただし，(11.5) 式で定義されたガンマ関数は，$\Gamma(\frac{3}{2}) = \frac{1}{2}\sqrt{\pi}$ の値を持つ．

16.2 同種フェルミ粒子 N 個からなる単原子分子理想気体がある．その状態密度は，

$$D(\epsilon) = A\epsilon^{\eta-1}\theta(\epsilon) \quad (A > 0, \eta > 0)$$

で与えられる．以下の問いに答えよ．

(1)　(14.5) 式を用いて，フェルミエネルギー $\varepsilon_{\mathrm{F}} = \mu(0)$ の表式を求めよ．

(2)　(14.5) 式と (16.21) 式を用いて，低温における化学ポテンシャルの表式を，温度に関する最低次の補正項まで求めよ．

(3)　(14.6) 式，(16.21) 式，および (2) の結果を用いて，低温における内部エネルギー U と定積モル比熱 C_V の表式を，温度に関する最低次の補正項まで求めよ．

16.3 単原子分子 N 個からなる理想ボーズ気体がある．その状態密度は

$$D(\epsilon) = A(\epsilon - \varepsilon_0)^{\eta-1}\theta(\epsilon - \varepsilon_0) \quad (A > 0, \eta > 0) \qquad (16.31)$$

で与えられる．ただし ε_0 は最低一粒子エネルギーである．(14.5) 式と (14.9) 式を用いて，BEC 相への転移温度 T_0 が，$\eta \geq 1$ の場合について

$$T_0 = \frac{1}{k_{\mathrm{B}}}\left\{\frac{N}{A\zeta(\eta)\Gamma(\eta)}\right\}^{\frac{1}{\eta}} \qquad (16.32)$$

で与えられること，および，$\eta < 1$ の場合には BEC が起こらないことを示せ．

演習問題解答

第 1 章

1.1 重りが羽根車にした仕事 $\varDelta W$ は

$$\begin{aligned}\varDelta W &= \text{質量 [kg]} \times \text{重力加速度 [m/s}^2\text{]} \times \text{垂直落下距離 [m]} \\ &= 1.0 \times 9.8 \times 1.0 = 9.8\,[\mathrm{J}].\end{aligned}$$

これが全て水を温める熱量に変化したので，水の温度上昇を $\varDelta T$ [K] とすると，等式

$$\begin{aligned}\varDelta W &= \text{熱の仕事当量 [J/cal]} \times \text{水の比熱 [cal/g·K]} \times \text{水の質量 [g]} \times \varDelta T\,[\mathrm{K}] \\ &= 4.2 \times 1 \times 1000 \times \varDelta T\,[\mathrm{J}]\end{aligned}$$

が成立．ゆえに，$\varDelta T = \frac{9.8}{4200} = 2.3 \times 10^{-3}$ [K].

1.2 外部への仕事 $-\varDelta W$ は次のように計算できる．

$$\begin{aligned}-\varDelta W &= \int_{V_{10}}^{V_1} P\,dV \overset{\text{状態方程式}}{=} \int_{V_{10}}^{V_1} \frac{RT}{V}\,dV \overset{\text{等温}}{=} RT \int_{V_{10}}^{V_1} \frac{1}{V}\,dV = RT \ln \frac{V_1}{V_{10}} \\ &\overset{\text{等温}}{=} RT \ln \frac{P_{10}}{P_1} = 8.3 \times (273 + 15) \times \ln 10 = 5.5 \times 10^3\,[\mathrm{J}].\end{aligned}$$

ただし，$\ln x$ は自然対数，すなわち，$\ln x = \log_e x$.

第 2 章

2.1 (1) $\boldsymbol{\nabla} f = (2x, 2y)$.

(2) 右図の等高線.

(3) (1) で求めた $\boldsymbol{\nabla} f$ に $(0,0)$, $(\frac{1}{2},0)$, $(\frac{1}{2},\frac{1}{2})$, $(0,\frac{\sqrt{3}}{2})$, $(-1,0)$ を代入すると，それぞれの点での勾配ベクトルとして，$(0,0)$, $(1,0)$, $(1,1)$, $(0,\sqrt{3})$, $(-2,0)$ を得る．五つのベクトルを，それらの方向と相対的な大きさが正しくなるように注意して右図に描いた．勾配ベクトルは，等高線に垂直で f が増大する方向を向き，等高線の間隔が狭いほど大きくなる．

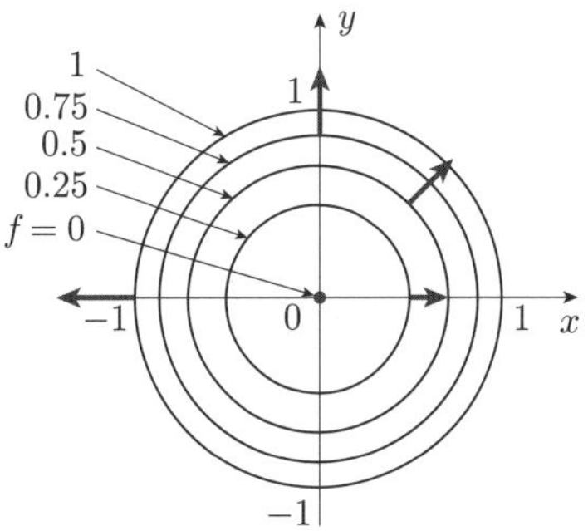

2.2 $z = xy + x + 1$ を

$$x = \frac{z-1}{y+1}, \quad y = \frac{z-1}{x} - 1$$

と書き換えると，(2.9) 式に現れる三つの偏微分が，

$$\left(\frac{\partial z}{\partial x}\right)_y = y+1, \quad \left(\frac{\partial x}{\partial y}\right)_z = -\frac{z-1}{(y+1)^2}, \quad \left(\frac{\partial y}{\partial z}\right)_x = \frac{1}{x}$$

と計算できる．従って，

$$\left(\frac{\partial z}{\partial x}\right)_y \left(\frac{\partial x}{\partial y}\right)_z \left(\frac{\partial y}{\partial z}\right)_x = -\frac{z-1}{x(y+1)} = -1.$$

2.3 $\boldsymbol{F}(\boldsymbol{r}) = (x, y)$.

(1a) $\boldsymbol{r} = (t, t)$, $d\boldsymbol{r} = (dt, dt)$, $\boldsymbol{F}(\boldsymbol{r}) = (t, t)$ より，$\boldsymbol{F}(\boldsymbol{r}) \cdot d\boldsymbol{r} = 2t\,dt$．ゆえに，

$$\int_C \boldsymbol{F} \cdot d\boldsymbol{r} = \int_0^1 2t\,dt = 1.$$

(1b) $\boldsymbol{r} = (t, t^2)$, $d\boldsymbol{r} = (dt, 2t\,dt)$, $\boldsymbol{F}(\boldsymbol{r}) = (t, t^2)$ より，$\boldsymbol{F} \cdot d\boldsymbol{r} = (t + 2t^3)\,dt$．ゆえに，

$$\int_C \boldsymbol{F} \cdot d\boldsymbol{r} = \int_0^1 (t + 2t^3)\,dt = 1.$$

(1c) $\boldsymbol{r} = (\cos\theta, 1 + \sin\theta)$, $d\boldsymbol{r} = (-\sin\theta\,d\theta, \cos\theta\,d\theta)$, $\boldsymbol{F}(\boldsymbol{r}) = (\cos\theta, 1 + \sin\theta)$ より，$\boldsymbol{F} \cdot d\boldsymbol{r} = \cos\theta\,d\theta$．ゆえに，

$$\int_C \boldsymbol{F} \cdot d\boldsymbol{r} = \int_{-\frac{\pi}{2}}^0 \cos\theta\,d\theta = \big[\sin\theta\big]_{-\frac{\pi}{2}}^0 = 1.$$

(2) $\dfrac{\partial F_x}{\partial y} = 0$, $\dfrac{\partial F_y}{\partial x} = 0$ より，$\dfrac{\partial F_x}{\partial y} = \dfrac{\partial F_y}{\partial x}$.

(3) 原点 $(0, 0)$ を基準点に取り，そこから (x, y) まで適当な経路に沿って積分すれば良い．積分経路として直線を選ぶと，経路上の点は，パラメータ t $(0 \leq t \leq 1)$ を用いて $\boldsymbol{r}_1 = (xt, yt)$ と表せる．その微小変化は，$d\boldsymbol{r}_1 = (x\,dt, y\,dt)$ である．また，$\boldsymbol{F}(\boldsymbol{r}_1) = (xt, yt)$ より，$\boldsymbol{F}(\boldsymbol{r}_1) \cdot d\boldsymbol{r}_1 = (x^2 + y^2)t\,dt$．ゆえに，

$$W(x, y) = \int_C \boldsymbol{F}(\boldsymbol{r}_1) \cdot d\boldsymbol{r}_1 = (x^2 + y^2) \int_0^1 t\,dt = \frac{1}{2}(x^2 + y^2).$$

(4) $W(1, 1) - W(0, 0) = 1 - 0 = 1$.

第 3 章

3.1 断熱自由膨張の過程では，$\Delta Q = \Delta W = 0$ であるので，第一法則より $\Delta U = 0$ が成立する．また，(3.18a) 式より，理想気体の内部エネルギーは温度のみの関数である．従って，理想気体の断熱自由膨張では $\Delta T = 0$ が成り立つ．このことと (3.18b) 式より，この過程でのエントロピー変化 ΔS が次のように得られる．

$$\Delta S = S(T, V_1 + V_2) - S(T, V_1) = nR \ln \frac{V_1 + V_2}{V_1}.$$

3.2 (1) 外部への微小仕事 $-d'W = P\,dV$ を $V_1 \to V_2$ まで準静的断熱過程について積分する．この過程で「$PV^\gamma = P_1 V_1^\gamma =$ 定数」が成立することに注意すると，積分が以下のように実行できる．

$$\begin{aligned}-\Delta W &= \int_{V_1}^{V_2} P\,dV \overset{\text{断熱}}{=} \int_{V_1}^{V_2} \frac{P_1 V_1^\gamma}{V^\gamma}\,dV = -\frac{P_1 V_1^\gamma}{\gamma - 1}\left[\frac{1}{V^{\gamma-1}}\right]_{V_1}^{V_2} \\ &= -\frac{P_1 V_1^\gamma}{\gamma - 1}\left(\frac{1}{V_2^{\gamma-1}} - \frac{1}{V_1^{\gamma-1}}\right) = \frac{P_1 V_1 - P_2 V_2}{\gamma - 1}.\end{aligned}$$

ただし，最後の等式では，$P_1 V_1^\gamma = P_2 V_2^\gamma$ を用いた．内部エネルギーの変化は，第一法則 $\Delta U = \Delta Q + \Delta W$ に断熱条件 $\Delta Q = 0$ を代入して，次のように求まる．

$$\Delta U = \Delta W = -\frac{P_1 V_1 - P_2 V_2}{\gamma - 1}.$$

(2) 「$TV^{\gamma-1} =$ 一定」を用いると，求める温度が次のように計算できる．

$$(27 + 273) \times \left(\frac{1.0}{0.5}\right)^{\frac{7}{5}-1} = 396\,[\mathrm{K}] = 123\,[^\circ\mathrm{C}].$$

3.3 (1) 状態方程式より，

$$\left(\frac{\partial P}{\partial T}\right)_V = \frac{nR}{V - nb}, \quad T\left(\frac{\partial P}{\partial T}\right)_V - P = a\frac{n^2}{V^2}$$

が得られる．これらを (3.7) 式に代入すると，内部エネルギーとエントロピーの微小変化が，

$$dU = nC_V\,dT + a\frac{n^2}{V^2}\,dV, \quad dS = \frac{nC_V}{T}\,dT + \frac{nR}{V - nb}\,dV$$

と表せる．

(2) (1) の U は状態量であるから，マクスウェルの関係式

$$\frac{\partial(nC_V)}{\partial V}=\frac{\partial}{\partial T}\left(a\frac{n^2}{V^2}\right)=0$$

が成立する．従って，C_V は体積に依存しない．dS からも同じ結論が得られる．
(3) C_V が定数であることを考慮して (1) の表式を積分すると，内部エネルギーとエントロピーが，

$$U=nC_VT-a\frac{n^2}{V}+U_0,$$
$$S=nC_V\ln T+nR\ln(V-nb)+S_0=nC_V\ln\left\{T(V-nb)^{\frac{R}{C_V}}\right\}+S_0$$

と求まる．ただし，S_0 と U_0 は定数である．
(4) 準静的断熱過程ではエントロピーは変化しない．この事実と (3) の結果より，準静的断熱過程で「$T(V-nb)^{\frac{R}{C_V}}=$ 一定」が成立することになる．
(5) 断熱自由膨張では $d'Q=d'W=0$ が成立している．従って，熱力学第一法則より，この過程で内部エネルギーは変化しない．従って，(3) の結果より，

$$nC_VT_2-a\frac{n^2}{V_2}=nC_VT_1-a\frac{n^2}{V_1}$$

が成立する．これより，求める温度変化 $\Delta T\equiv T_2-T_1$ が，

$$\Delta T=\frac{an}{C_V}\left(\frac{1}{V_2}-\frac{1}{V_1}\right)<0$$

と得られる．

3.4 ポアソンの式「$PV^\gamma=$ 一定」から，可逆断熱過程（$dS=0$）で，$d(PV^\gamma)=V^\gamma dP+\gamma PV^{\gamma-1}dV=0$ が成立する．この式を dP で割り，「$S=$ 一定」の条件をあらわに書き加えると，$\left(\frac{\partial V}{\partial P}\right)_S=-\frac{V}{\gamma P}$ を得る．これより，断熱圧縮率が，

$$\kappa_S=-\frac{1}{V}\left(\frac{\partial V}{\partial P}\right)_S=\frac{1}{\gamma P}$$

と得られる．また，気体の密度は $\rho=\frac{nM}{V}$ と表せる．これらの結果と状態方程式を用いると，音速が次のように書き換えられる．

$$u=\sqrt{\frac{1}{\rho\kappa_S}}=\sqrt{\frac{V\gamma P}{nM}}=\sqrt{\frac{\gamma RT}{M}}=\sqrt{\frac{\gamma R}{M}\times 273\left(1+\frac{t}{273}\right)}.$$

ここで t [°C] は摂氏温度である．この式に $\gamma=1.41$，$R=8.314$ [J/mol·K]，$M=28.9\times10^{-3}$ [kg/mol] を代入すると，音速が次のように得られる．

$$u \simeq 333\left(1+\frac{t}{273}\right)^{\frac{1}{2}} \simeq 333\left(1+\frac{1}{2}\frac{t}{273}\right) \simeq 333+0.61t.$$

ただし，$|x| \ll 1$ の場合に精度良く成立する近似式 $\sqrt{1+x} \simeq 1+\frac{x}{2}$ を用いた．よって $0\,^\circ\mathrm{C}$ での音速は $333\,\mathrm{m/s}$，$1\,^\circ\mathrm{C}$ との音速の差 Δu は $0.61\,\mathrm{m/s}$ と求まる．

第 4 章

4.1 A→B と C→D で受け取った熱量は，それぞれ

$$\begin{cases} \Delta Q_{\mathrm{AB}} = nC_V(T_{\mathrm{B}} - T_{\mathrm{A}}) > 0 \\ \Delta Q_{\mathrm{CD}} = nC_V(T_{\mathrm{D}} - T_{\mathrm{C}}) < 0 \end{cases} \tag{A.1}$$

と計算できる．ただし，不等号をつける際には，同じ体積下では圧力の大きい方が内部エネルギーが大きい（= 温度が高い）ことを考慮した．一方，二つの断熱過程では，ポアソンの式

$$T_{\mathrm{B}}V_1^{\gamma-1} = T_{\mathrm{C}}V_2^{\gamma-1}, \quad T_{\mathrm{A}}V_1^{\gamma-1} = T_{\mathrm{D}}V_2^{\gamma-1}$$

が成立する．第一式から第二式を引いて $V_2^{\gamma-1}$ で割ると，

$$T_{\mathrm{C}} - T_{\mathrm{D}} = (T_{\mathrm{B}} - T_{\mathrm{A}})\left(\frac{V_1}{V_2}\right)^{\gamma-1}. \tag{A.2}$$

第一法則と (A.1) 式および (A.2) 式より，この熱機関の効率が，次のように求まる．

$$\eta = \frac{-\Delta W}{\Delta Q_{\mathrm{AB}}} = \frac{\Delta Q_{\mathrm{AB}} - (-\Delta Q_{\mathrm{CD}})}{\Delta Q_{\mathrm{AB}}} = 1 - \frac{T_{\mathrm{C}} - T_{\mathrm{D}}}{T_{\mathrm{B}} - T_{\mathrm{A}}} = 1 - \left(\frac{V_1}{V_2}\right)^{\gamma-1}.$$

4.2 まず，(V_1, P_1) から (V_2, P_1) への等圧変化の際に系が外部から受け取った熱量 ΔQ_{12} を計算する．等圧過程では，$d'Q = nC_P\,dT$ が成立する．この式を T_1 から T_2 まで積分し，状態方程式 $PV = nRT$ とマイヤーの関係 $C_P - C_V = R$ を用いると，ΔQ_{12} が以下のように求まる．

$$\begin{aligned} \Delta Q_{12} &= n\int_{T_1}^{T_2} C_P\,dT = nC_P(T_2 - T_1) \\ &= nC_P\frac{P_1(V_2 - V_1)}{nR} = C_P\frac{P_1(V_2 - V_1)}{C_P - C_V} = P_1\frac{\gamma(V_2 - V_1)}{\gamma - 1} > 0. \end{aligned}$$

同様に，(V_3, P_3) から (V_3, P_4) への等積変化の際に系が外部から受け取った熱量 ΔQ_{34} は，$d'Q = nC_V\,dT$ と状態方程式およびマイヤーの関係を用いて，以下のよ

うに計算できる.

$$\Delta Q_{34} = \int_{T_3}^{T_4} nC_V\, dT = nC_V(T_4 - T_3)$$
$$= nC_V \frac{(P_4 - P_3)V_3}{nR} = C_V \frac{(P_4 - P_3)V_3}{C_P - C_V} = -\frac{(P_3 - P_4)V_3}{\gamma - 1} < 0. \qquad (A.3)$$

ところで,二つの断熱過程においては,ポアソンの式より

$$P_1 V_2^\gamma = P_3 V_3^\gamma, \quad P_1 V_1^\gamma = P_4 V_3^\gamma$$

が成立することになる.第一式から第二式を引くことにより,$P_1(V_2^\gamma - V_1^\gamma) = (P_3 - P_4)V_3^\gamma$,すなわち

$$(P_3 - P_4)V_3 = P_1 \frac{V_2^\gamma - V_1^\gamma}{V_3^{\gamma-1}}$$

が得られる.この式を (A.3) 式に代入すると,ΔQ_{34} が P_1 を用いて次のように表せる.

$$\Delta Q_{34} = -P_1 \frac{V_2^\gamma - V_1^\gamma}{(\gamma - 1)V_3^{\gamma-1}} < 0.$$

二つの断熱過程で熱の出入りはない.従って,この循環過程の際に系が外部にした全仕事 $-\Delta W$ は,熱力学第一法則より,$-\Delta W = \Delta Q_{12} + \Delta Q_{34}$ と計算される.以上より,この熱機関の効率 η は,系が高温部から受け取った熱量 ΔQ_{12} と外部にした全仕事 $-\Delta W$ の比として,次のように求まる.

$$\eta = \frac{-\Delta W}{\Delta Q_{12}} = \frac{\Delta Q_{12} - (-\Delta Q_{34})}{\Delta Q_{12}} = 1 - \frac{V_2^\gamma - V_1^\gamma}{(V_2 - V_1)V_3^{\gamma-1}\gamma}.$$

第 5 章

5.1 (T, P) を独立変数とするポテンシャル (H, S) の微小変化は,一般式 (2.7) に従って,

$$dH = \left(\frac{\partial H}{\partial T}\right)_P dT + \left(\frac{\partial H}{\partial P}\right)_T dP, \qquad (A.4a)$$
$$dS = \left(\frac{\partial S}{\partial T}\right)_P dT + \left(\frac{\partial S}{\partial P}\right)_T dP \qquad (A.4b)$$

と表せる.これらを (5.19) 式に代入し,dT と dP が任意であることを考慮すると,

それらの係数に関する等式

$$\left(\frac{\partial H}{\partial T}\right)_P = T\left(\frac{\partial S}{\partial T}\right)_P, \tag{A.5a}$$

$$\left(\frac{\partial H}{\partial P}\right)_T = T\left(\frac{\partial S}{\partial P}\right)_T + V \tag{A.5b}$$

が導かれる．さらに，ポテンシャル H に関して $\frac{\partial^2 H}{\partial P \partial T} = \frac{\partial^2 H}{\partial T \partial P}$ が成立することから，

$$\frac{\partial}{\partial P}\left(T\frac{\partial S}{\partial T}\right) = \frac{\partial}{\partial T}\left(T\frac{\partial S}{\partial P} + V\right)$$

が成立することも結論づけられる．独立変数が (T, P) であることを念頭に，この微分を実行すると，

$$\left(\frac{\partial S}{\partial P}\right)_T = -\left(\frac{\partial V}{\partial T}\right)_P \tag{A.6}$$

が得られる．(A.5) 式を (A.4a) 式に代入すると，dH が

$$dH = T\left(\frac{\partial S}{\partial T}\right)_P dT + \left\{T\left(\frac{\partial S}{\partial P}\right)_T + V\right\} dP$$

と表せる．さらに，この式と (A.4b) 式に (3.14) 式と (A.6) 式を用いると，(5.20) 式が得られる．

5.2 完全微分

$$dF = -(nC_V \ln T + nR \ln V + S_0)\, dT - \frac{nRT}{V}\, dV \tag{A.7}$$

の積分を行う．まず，T 軸に平行な直線に沿って $dF = -(nC_V \ln T + nR \ln V + S_0)\, dT$ を積分すると，

$$F(T, V) = -nC_V(T \ln T - T) - nRT \ln V - S_0 T + g(V)$$

を得る．ここで $g(V)$ は V の未知関数．この F の V 方向の勾配が (A.7) 式と無矛盾であること，すなわち，$\frac{\partial F(T,V)}{\partial V} = -\frac{nRT}{V}$ を要請すると，$g'(V) = 0$ すなわち $g(V) = F_0$（F_0 は定数）を得る．従って，

$$F(T, V) = -nC_V T \ln T - nRT \ln V + (nC_V - S_0)T + F_0.$$

5.3 (1) 状態方程式 $V = \frac{nRT}{P}$ より，$\left(\frac{\partial V}{\partial T}\right)_P = \frac{nR}{P}$．これを (5.20b) 式に代入して不定積分すると，エントロピーが $S(T, P) = nC_P \ln T - nR \ln P + S_0$ と得られる．

(2) 上の結果を問題文の式に代入すると，

$$dG = -(nC_P \ln T - nR \ln P + S_0)\, dT + \frac{nRT}{P}\, dP \qquad \text{(A.8)}$$

が得られる．まず，T 軸に平行な直線に沿って $dG = -(nC_P \ln T - nR \ln P + S_0)\, dT$ を積分すると，

$$G(T, P) = -nC_P(T \ln T - T) + nRT \ln P - S_0 T + g(P)$$

を得る．ここで $g(P)$ は P の未知関数．この G の P 方向の勾配が (A.8) 式と無矛盾であること，すなわち，$\frac{\partial G(T,P)}{\partial P} = \frac{nRT}{P}$ を要請すると，$g'(P) = 0$ すなわち $g(P) = G_0$（G_0 は定数）を得る．従って，

$$G(T, P) = -nC_P T \ln T + nRT \ln P + (nC_P - S_0)T + G_0.$$

第 6 章

6.1 求めるエントロピー変化を ΔS とする．熱の仕事当量は $1\,[\mathrm{cal}] = 4.2\,[\mathrm{J/K}]$ である．従って，

$$\Delta S = \frac{\Delta Q}{T} = \frac{4.2 \times (540 \times 100)}{100 + 273} = 610\,[\mathrm{J/K}].$$

6.2 (1) 仮定 (i)〜(iii) の下で，クラペイロン - クラウジウスの式を，1 モルの状態方程式 $V_\mathrm{g} = \frac{RT}{P}$ を使って書き換えると，

$$\frac{dP}{dT} = \frac{L}{(V_\mathrm{g} - V_\ell)T} \approx \frac{L}{V_\mathrm{g} T} = \frac{LP}{RT^2}$$

となる．これより，

$$\frac{dP}{P} = \frac{L}{RT^2}\, dT$$

が得られる．この式を積分すると，$\ln P = -\frac{L}{RT} +$ 定数，すなわち，$P = P_0 \exp\left(-\frac{L}{RT}\right)$ となる．ここで P_0 は定数．

(2) $\ln P = -\frac{L}{RT} +$ 定数 から，2 気圧での沸騰温度を $T_2\,[\mathrm{K}]$ として，

$$\ln \frac{2}{1} = -\frac{L}{R}\left(\frac{1}{T_2} - \frac{1}{373}\right)$$

が得られる．この式より，T_2 が

$$T_2 = \frac{1}{\frac{1}{373} - \frac{R}{L}\ln 2} = \frac{373}{1 - \frac{373\times 8.3}{4.2\times 9700}\times 0.693} = 394\,[\mathrm{K}]$$

と評価できる．

6.3 (6.19) 式より，Ω は (T, V, μ) なる独立変数を持ち，その中の示量変数は体積 V のみである．一方，Ω も示量変数であるから，(T, μ) を一定に保って体積を λ 倍すると，Ω も λ 倍されるはずである．すなわち，

$$\Omega(T, \lambda V, \mu) = \lambda\Omega(T, V, \mu) \tag{A.9}$$

の関係が成り立つ．この式を λ に関して微分すると，その結果は，新たな変数 $V_\lambda \equiv \lambda V$ を用いて，

$$\frac{\partial\Omega(T, V_\lambda, \mu)}{\partial V_\lambda}\frac{dV_\lambda}{d\lambda} = \Omega(T, V, \mu)$$

と表せる．この式で $\lambda = 1$ と置くと，

$$\left(\frac{\partial\Omega}{\partial V}\right)_{T,\mu} V = \Omega(T, V, \mu)$$

となる．さらに (6.19) 式からの関係 $\left(\frac{\partial\Omega}{\partial V}\right)_{T,\mu} = -P$ を代入すると，$\Omega = -PV$ が得られる．

第 7 章

7.1 (1) $dH = T\,dS + V\,dP$ より，$dH = 0$ のとき，$T\,dS + V\,dP = 0$ が成立．これより，

$$\left(\frac{\partial S}{\partial P}\right)_H = -\frac{V}{T} < 0.$$

(2) $dU = T\,dS - P\,dV$ より，$dU = 0$ のとき，$T\,dS - P\,dV = 0$ が成立．これより，

$$\left(\frac{\partial S}{\partial V}\right)_U = \frac{P}{T} > 0.$$

7.2 証明は，次のように実行できる．

$$\frac{\kappa_T}{\kappa_S} = \frac{-\frac{1}{V}\left(\frac{\partial V}{\partial P}\right)_T}{-\frac{1}{V}\left(\frac{\partial V}{\partial P}\right)_S} = \frac{\frac{\partial(V,T)}{\partial(P,T)}}{\frac{\partial(V,S)}{\partial(P,S)}} = \frac{\frac{\partial(P,S)}{\partial(P,T)}}{\frac{\partial(V,S)}{\partial(V,T)}} = \frac{\left(\frac{\partial S}{\partial T}\right)_P}{\left(\frac{\partial S}{\partial T}\right)_V} = \frac{C_P}{C_V}.$$

第 8 章

8.1 (1) $\left(\frac{\partial P}{\partial V}\right)_{\mathrm{c}}=0$ と $\left(\frac{\partial^2 P}{\partial V^2}\right)_{\mathrm{c}}=0$ を書き下すと，それぞれ次のようになる．

$$P_{\mathrm{c}}\left(-\frac{1}{V_{\mathrm{c}}-nb}+\frac{na}{RT_{\mathrm{c}}V_{\mathrm{c}}^2}\right)=0, \tag{A.10a}$$

$$P_{\mathrm{c}}\left\{\left(-\frac{1}{V_{\mathrm{c}}-nb}+\frac{na}{RT_{\mathrm{c}}V_{\mathrm{c}}^2}\right)^2+\frac{1}{(V_{\mathrm{c}}-nb)^2}-\frac{2na}{RT_{\mathrm{c}}V_{\mathrm{c}}^3}\right\}=0. \tag{A.10b}$$

(A.10a) 式より，T_{c} が V_{c} を用いて

$$T_{\mathrm{c}}=\frac{na(V_{\mathrm{c}}-nb)}{RV_{\mathrm{c}}^2} \tag{A.11}$$

と表せる．次に，(A.11) 式を (A.10b) 式に代入すると，

$$0=\frac{1}{(V_{\mathrm{c}}-nb)^2}-\frac{2na}{RV_{\mathrm{c}}^3}\frac{RV_{\mathrm{c}}^2}{na(V_{\mathrm{c}}-nb)}=\frac{1}{(V_{\mathrm{c}}-nb)^2}\left\{1-\frac{2(V_{\mathrm{c}}-nb)}{V_{\mathrm{c}}}\right\}$$

となる．これより V_{c} が，

$$V_{\mathrm{c}}=2nb$$

と得られる．この結果を (A.11) 式に代入すると，

$$T_{\mathrm{c}}=\frac{a}{4Rb}$$

となり，さらに $(V_{\mathrm{c}},T_{\mathrm{c}})$ を (8.10) 式に代入して，

$$P_{\mathrm{c}}=\frac{a}{4Rb}\frac{nR}{nb}\,e^{-\frac{na}{2Rnb}\frac{4Rb}{a}}=\frac{a}{4e^2b^2}$$

を得る．まとめると，

$$(V_{\mathrm{c}},P_{\mathrm{c}},T_{\mathrm{c}})=\left(2nb,\frac{a}{4e^2b^2},\frac{a}{4Rb}\right)$$

となる．これらを用いると，

$$\frac{nRT_{\mathrm{c}}}{P_{\mathrm{c}}V_{\mathrm{c}}}=\frac{e^2}{2}=3.69$$

を得る．

(2) $(V,P,T)=(V_{\mathrm{c}}V_{\mathrm{r}},P_{\mathrm{c}}P_{\mathrm{r}},T_{\mathrm{c}}T_{\mathrm{r}})$ と置いて (8.10) 式に代入し，両辺を P_{c} で割ると，還元方程式が

$$P_{\rm r} = \frac{4e^2b^2}{a}\frac{nRT_{\rm r}}{(2V_{\rm r}-1)nb}\frac{a}{4Rb}\exp\left(-\frac{na}{2Rnb}\frac{4Rb}{a}\frac{1}{T_{\rm r}V_{\rm r}}\right)$$
$$= \frac{e^2T_{\rm r}}{2V_{\rm r}-1}\exp\left(-\frac{2}{T_{\rm r}V_{\rm r}}\right)$$

と得られる．

8.2 (8.11) 式を圧力一定の条件下で微小変化させると，以下のようになる．

$$0 = P_{\rm r}\left(\frac{dT_{\rm r}}{T_{\rm r}} - \frac{2\,dV_{\rm r}}{2V_{\rm r}-1} + \frac{2\,dT_{\rm r}}{T_{\rm r}^2V_{\rm r}} + \frac{2\,dV_{\rm r}}{T_{\rm r}V_{\rm r}^2}\right)$$
$$= P_{\rm r}\left\{\left(\frac{1}{T_{\rm r}} + \frac{2}{T_{\rm r}^2V_{\rm r}}\right)dT_{\rm r} - \left(\frac{2}{2V_{\rm r}-1} - \frac{2}{T_{\rm r}V_{\rm r}^2}\right)dV_{\rm r}\right\}.$$

これより，

$$\left(\frac{\partial V_{\rm r}}{\partial T_{\rm r}}\right)_{P_{\rm r}} = \frac{\frac{1}{T_{\rm r}} + \frac{2}{T_{\rm r}^2V_{\rm r}}}{\frac{2}{2V_{\rm r}-1} - \frac{2}{T_{\rm r}V_{\rm r}^2}} = \frac{V_{\rm r}(2V_{\rm r}-1)(T_{\rm r}V_{\rm r}+2)}{2T_{\rm r}(T_{\rm r}V_{\rm r}^2 - 2V_{\rm r}+1)}$$

を得る．この表式を逆転温度を決める式に代入し，以下のように変形する．

$$0 = T_{\rm r}\left(\frac{\partial V_{\rm r}}{\partial T_{\rm r}}\right)_{P_{\rm r}} - V_{\rm r} = T_{\rm r}\frac{V_{\rm r}(2V_{\rm r}-1)(T_{\rm r}V_{\rm r}+2)}{2T_{\rm r}(T_{\rm r}V_{\rm r}^2-2V_{\rm r}+1)} - V_{\rm r}$$
$$= \frac{V_{\rm r}\bigl\{(2V_{\rm r}-1)(T_{\rm r}V_{\rm r}+2) - 2(T_{\rm r}V_{\rm r}^2-2V_{\rm r}+1)\bigr\}}{2(T_{\rm r}V_{\rm r}^2-2V_{\rm r}+1)}$$
$$= \frac{V_{\rm r}\{(8-T_{\rm r})V_{\rm r}-4\}}{2(T_{\rm r}V_{\rm r}^2-2V_{\rm r}+1)}.$$

従って，

$$V_{\rm r} = \frac{4}{8-T_{\rm r}}$$

を得る．これを (8.11) 式に代入すると，$P_{\rm r}$ が次のように得られる．

$$P_{\rm r} = \frac{T_{\rm r}}{2\frac{4}{8-T_{\rm r}}-1}\exp\left(2 - \frac{2}{T_{\rm r}\frac{4}{8-T_{\rm r}}}\right) = (8-T_{\rm r})\exp\left(\frac{5}{2} - \frac{4}{T_{\rm r}}\right).$$

8.3 $\left(P + a\frac{n^2}{V^2}\right)(V-nb) = nRT$ の微小変化（全微分）は，

$$(V-nb)\,dP + \left\{\left(P + a\frac{n^2}{V^2}\right) - 2a\frac{n^2}{V^3}(V-nb)\right\}dV = nR\,dT$$

と計算できる．従って，

$$\left(\frac{\partial P}{\partial T}\right)_V = \frac{nR}{V-nb}, \quad \left(\frac{\partial V}{\partial T}\right)_P = \frac{nR}{P + a\frac{n^2}{V^2} - 2a\frac{n^2}{V^3}(V-nb)}.$$

これらを (3.15) 式に代入して次のように変形する.

$$C_P - C_V = \frac{T}{n}\left(\frac{\partial P}{\partial T}\right)_V \left(\frac{\partial V}{\partial T}\right)_P$$
$$= \frac{T}{n}\frac{nR}{V-nb}\frac{nR}{P+a\frac{n^2}{V^2}-2a\frac{n^2}{V^3}(V-nb)} = \frac{nR^2T}{\left(P+a\frac{n^2}{V^2}\right)(V-nb)-2a\frac{n^2}{V^3}(V-nb)^2}$$
$$= \frac{nR^2T}{nRT-2a\frac{n^2}{V^3}(V-nb)^2} = \frac{R}{1-2na\frac{(V-nb)^2}{V^3RT}}.$$

第 9 章

9.1 (1) $P = P_0 + bT^2$ より, $\left(\frac{\partial P}{\partial T}\right)_V = 2bT$. この式と $nC_V = aVT$ を (3.7) 式に代入すると, 次式を得る.

$$dU = aVT\,dT + (bT^2 - P_0)\,dV, \quad dS = aV\,dT + 2bT\,dV.$$

(2) S はポテンシャルなので, マクスウェルの関係式 $\frac{\partial(aV)}{\partial V} = \frac{\partial(2bT)}{\partial T}$ が成立することになる. これより,

$$b = \frac{1}{2}a.$$

dU に関するマクスウェルの関係式からも同じ結果を得る.
(3) $b = \frac{1}{2}a$ を (1) の結果に代入すると,

$$\begin{cases} dU = aVT\,dT + \left(\frac{1}{2}aT^2 - P_0\right)dV \\ dS = aV\,dT + aT\,dV \end{cases} \tag{A.12}$$

が得られる. これらの全微分を T 軸に平行な直線に沿って積分すると,

$$\begin{cases} U = \frac{1}{2}aVT^2 + g_U(V) \\ S = aVT + g_S(V) \end{cases} \tag{A.13}$$

が得られる. 積分 “定数” $g_U(V)$ と $g_S(V)$ を決めるために, これらの式を V で偏微分し, (A.12) 式の V 方向の勾配と等号で結ぶと,

$$\frac{1}{2}aT^2 + g'_U(V) = \frac{1}{2}aT^2 - P_0, \quad aT + g'_S(V) = aT$$

となる．この二式を積分すると，

$$g_U(V) = -P_0V + \text{定数}, \quad g_S(V) = \text{定数}.$$

これらの結果を (A.13) 式に代入し，第三法則 (9.3) 式を考慮すると，最終的に

$$U = \frac{1}{2}aVT^2 - P_0V + \text{定数}, \quad S = aVT$$

が得られる．

(4) 準静的（= 可逆）断熱過程ではエントロピーは一定なので，aVT は変化しない．従って，始状態を (T_0, V_0)，終状態を $(T_1, 2V_0)$ とすると，$V_0T_0 = 2V_0T_1$ が成立．これより，

$$\frac{T_1}{T_0} = \frac{1}{2} = 0.5.$$

9.2 (1) $U = aVT^4$ の微小変化は

$$dU = 4aVT^3\,dT + aT^4\,dV$$

と表せる．一方，外部から系への微小仕事 $d'W = -P\,dV$ は，

$$d'W = -\frac{1}{3}aT^4\,dV$$

となる．上の二式と熱力学第一法則 $dU = d'Q + d'W$ より，エントロピーの微小変化 $dS = \frac{d'Q}{T}$ の表式が，

$$\begin{aligned} dS &= \frac{dU - d'W}{T} \\ &= 4aVT^2\,dT + \frac{4}{3}aT^3\,dV \end{aligned} \tag{A.14}$$

と得られる．この全微分を，まず，T 軸に平行な直線に沿って積分すると，

$$\begin{aligned} S(T,V) &= 4aV\int T^2\,dT \\ &= \frac{4}{3}aVT^3 + f(V) \end{aligned} \tag{A.15}$$

となる．ここで $f(V)$ は積分 “定数” で，V のみの関数である．この式を V で偏微分し，(A.14) 式の V 方向の勾配と等号で結ぶと，$\frac{4}{3}aT^3 + f'(V) = \frac{4}{3}aT^3$，すなわち

$$f'(V) = 0$$

が得られる．従って，「$f(V) =$ 定数」が結論される．この結果を (A.15) 式に代入し，第三法則 (9.3) 式を考慮すると，$S(T,V)$ の最終的な表式として，次式を得る．

$$S(T,V) = \frac{4}{3}aVT^3. \tag{A.16}$$

(2) 準静的断熱過程では $0 = d'Q = T\,dS$ が成立し，エントロピーは変化しない．従って，(A.16) 式より，「$VT^3 =$ 一定」が成立する．この式に $P = \frac{1}{3}aT^4$ からの関係 $T \propto P^{\frac{1}{4}}$ を代入すると，「$VP^{\frac{3}{4}} =$ 一定」，すなわち「$PV^{\frac{4}{3}} =$ 一定」が成り立つことがわかる．

第 10 章

10.1 証明は，次のように実行できる．

$$\begin{aligned}
\langle E^2\rangle - \langle E\rangle^2 &= \sum_\nu w_\nu E_\nu^2 - \left(\sum_\nu w_\nu E_\nu\right)^2 \\
&= \sum_\nu \frac{e^{-\beta E_\nu}}{Z} E_\nu^2 - \left(\sum_\nu \frac{e^{-\beta E_\nu}}{Z} E_\nu\right)^2 \\
&= \sum_\nu \frac{1}{Z}\frac{\partial^2}{\partial\beta^2} e^{-\beta E_\nu} - \left(-\sum_\nu \frac{1}{Z}\frac{\partial}{\partial\beta} e^{-\beta E_\nu}\right)^2 \\
&= \frac{1}{Z}\frac{\partial^2 Z}{\partial\beta^2} - \frac{1}{Z^2}\left(\frac{\partial Z}{\partial\beta}\right)^2 = \frac{\partial}{\partial\beta}\left(\frac{1}{Z}\frac{\partial Z}{\partial\beta}\right) = \frac{\partial}{\partial\beta}\left(\frac{\partial}{\partial\beta}\ln Z\right) \\
&= \frac{\partial^2}{\partial\beta^2}\ln Z.
\end{aligned}$$

10.2 (10.1), (10.14), (10.19) 式の条件下で (10.5) 式を最大にする問題は，(T,μ,λ) をラグランジュの未定乗数として，関数

$$\begin{aligned}
\Omega &\equiv U - TS - \mu N + \lambda\left(\sum_{\nu'} w_{\nu'} - 1\right) \\
&= \sum_{\nu'} w_{\nu'}\left(E_{\nu'} + k_{\mathrm{B}}T\ln w_{\nu'} - \mu\mathcal{N}_{\nu'} + \lambda\right) - \lambda
\end{aligned} \tag{A.17}$$

の極値問題に置き換えることができる．持ち込んだ三つの未定乗数 (T,μ,λ) は，拘束条件 (10.1), (10.14), (10.19) 式により決定できる．(6.18) 式と見比べると，(A.17)

式の Ω が，"非平衡状態" のグランドポテンシャル Ω に他ならず，未定乗数 T と μ はそれぞれ温度と化学ポテンシャルであることがわかる．(A.17) 式が $w_\nu = w_\nu^{\mathrm{eq}}$ で極値を取るための必要条件は，

$$0 = \left.\frac{\partial \Omega}{\partial w_\nu}\right|_{w_\nu = w_\nu^{\mathrm{eq}}} = E_\nu - \mu \mathcal{N}_\nu + k_{\mathrm{B}} T (\ln w_\nu^{\mathrm{eq}} + 1) + \lambda.$$

すなわち

$$w_\nu^{\mathrm{eq}} = e^{-\beta(E_\nu - \mu\mathcal{N}_\nu + \lambda) - 1}$$

と求まる．ここで，新たな定数 $Z_{\mathrm{G}} \equiv e^{\beta\lambda + 1}$ を導入すると，w_ν^{eq} は

$$w_\nu^{\mathrm{eq}} = \frac{e^{-\beta(E_\nu - \mu\mathcal{N}_\nu)}}{Z_{\mathrm{G}}}$$

と簡潔に表現できる．また，規格化条件 (10.1) より，定数 Z_{G} が

$$Z_{\mathrm{G}} = \sum_\nu e^{-\beta(E_\nu - \mu\mathcal{N}_\nu)}$$

と求まる．さらに，上で得た w_ν^{eq} の表式を (A.17) 式に代入すると，平衡状態のグランドポテンシャル $\Omega_{\mathrm{eq}} \equiv \Omega\left[w_\nu^{\mathrm{eq}}\right]$ が，

$$\Omega_{\mathrm{eq}} = \sum_\nu w_\nu \left\{ E_\nu + k_{\mathrm{B}} T \left(\ln \frac{1}{Z_{\mathrm{G}}} - \frac{E_\nu - \mu\mathcal{N}_\nu}{k_{\mathrm{B}} T} \right) - \mu\mathcal{N}_\nu \right\} = -k_{\mathrm{B}} T \ln Z_{\mathrm{G}}$$

と得られる．以上の結果を導出の際の添字 eq を取り除いてまとめると，(10.20) 式のようになる．

10.3 証明は，次のように実行できる．

$$\begin{aligned}
\langle \mathcal{N}^2 \rangle - \langle \mathcal{N} \rangle^2 &= \sum_\nu w_\nu \mathcal{N}_\nu^2 - \left(\sum_\nu w_\nu \mathcal{N}_\nu \right)^2 \\
&= \sum_\nu \frac{e^{-\beta(E_\nu - \mu\mathcal{N}_\nu)}}{Z_{\mathrm{G}}} \mathcal{N}_\nu^2 - \left\{ \sum_\nu \frac{e^{-\beta(E_\nu - \mu\mathcal{N}_\nu)}}{Z_{\mathrm{G}}} \mathcal{N}_\nu \right\}^2 \\
&= \sum_\nu \frac{1}{Z_{\mathrm{G}}} \frac{1}{\beta^2} \frac{\partial^2}{\partial \mu^2} e^{-\beta(E_\nu - \mu\mathcal{N}_\nu)} - \left\{ \sum_\nu \frac{1}{Z_{\mathrm{G}}} \frac{1}{\beta} \frac{\partial}{\partial \mu} e^{-\beta(E_\nu - \mu\mathcal{N}_\nu)} \right\}^2 \\
&= \frac{1}{\beta^2} \left\{ \frac{1}{Z_{\mathrm{G}}} \frac{\partial^2 Z_{\mathrm{G}}}{\partial \mu^2} - \frac{1}{Z_{\mathrm{G}}^2} \left(\frac{\partial Z_{\mathrm{G}}}{\partial \mu} \right)^2 \right\} \\
&= \frac{1}{\beta^2} \frac{\partial}{\partial \mu} \left(\frac{1}{Z_{\mathrm{G}}} \frac{\partial Z_{\mathrm{G}}}{\partial \mu} \right) = \frac{1}{\beta^2} \frac{\partial^2}{\partial \mu^2} \ln Z_{\mathrm{G}}.
\end{aligned}$$

第 11 章

11.1 (1) 分配関数 Z は，運動量積分を極座標表示で行うことで，次のように計算できる．

$$\begin{aligned}
Z &= \frac{1}{N!}\prod_{j=1}^{N}\int \frac{d^3r_j d^3p_j}{(2\pi\hbar)^3}e^{-\beta H} = \frac{1}{N!}\left\{\frac{V}{(2\pi\hbar)^3}\int d^3p\, e^{-\beta cp}\right\}^N \\
&= \frac{1}{N!}\left\{\frac{V}{(2\pi\hbar)^3}4\pi\int_0^\infty p^2 e^{-\beta cp}\,dp\right\}^N \\
&= \frac{1}{N!}\left\{\frac{4\pi V}{(2\pi\hbar)^3}\frac{\Gamma(3)}{(\beta c)^3}\right\}^N = \frac{1}{N!}\left\{\frac{V}{\pi^2\hbar^3}\frac{1}{(\beta c)^3}\right\}^N \\
&\approx \frac{1}{(2\pi N)^{\frac{1}{2}}}\left\{\frac{eV}{N}\frac{1}{\pi^2(\hbar\beta c)^3}\right\}^N.
\end{aligned}$$

ここで，(11.5) 式を用いた．

(2) ヘルムホルツ自由エネルギーは，

$$F = -\frac{1}{\beta}\ln Z \approx -Nk_{\mathrm{B}}T\left\{\ln\frac{V}{N} + \ln\frac{(k_{\mathrm{B}}T)^3}{\pi^2(\hbar c)^3} + 1\right\}$$

と計算できる．これより，エントロピー $S = -\frac{\partial F}{\partial T}$，圧力 $P = -\frac{\partial F}{\partial V}$，化学ポテンシャル $\mu = \frac{\partial F}{\partial N}$ が以下のように求まる．

$$\begin{aligned}
S &= Nk_{\mathrm{B}}\left\{\ln\frac{V}{N} + \ln\frac{(k_{\mathrm{B}}T)^3}{\pi^2(\hbar c)^3} + 4\right\}, \\
P &= \frac{Nk_{\mathrm{B}}T}{V}, \\
\mu &= -k_{\mathrm{B}}T\left\{\ln\frac{V}{N} + \ln\frac{(k_{\mathrm{B}}T)^3}{\pi^2(\hbar c)^3}\right\}.
\end{aligned}$$

また，内部エネルギー $U = -\frac{\partial}{\partial\beta}\ln Z$ は，

$$U = -N\frac{\partial}{\partial\beta}\left\{\ln\frac{V}{N} - \ln\left\{\pi^2(\beta\hbar c)^3\right\} + 1\right\} = \frac{3N}{\beta} = 3Nk_{\mathrm{B}}T$$

と得られる．これより，定積モル比熱が，以下のように求まる．

$$C_V = \frac{1}{n}\frac{\partial U}{\partial T} = 3N_{\mathrm{A}}k_{\mathrm{B}}.$$

ただし，n はモル数，N_{A} はアボガドロ数 (1.4) である．

11.2 (1) (11.4) 式を用いて，次のように計算できる．

$$Z=\prod_{i=1}^{N}\int\frac{d^3p_id^3r_i}{(2\pi\hbar)^3}e^{-\beta H}=\left\{\int\frac{d^3p}{(2\pi\hbar)^3}e^{-\frac{\beta}{2m}p^2}\int d^3q\,e^{-\frac{\beta\kappa}{2}q^2}\right\}^N$$
$$=\left\{\frac{1}{(2\pi\hbar)^3}\left(\frac{2\pi m}{\beta}\right)^{\frac{3}{2}}\left(\frac{2\pi}{\beta\kappa}\right)^{\frac{3}{2}}\right\}^N.$$

(2) 内部エネルギー $U=-\frac{\partial}{\partial\beta}\ln Z$ は，次のように計算できる．

$$U=-\frac{\partial}{\partial\beta}\frac{3N}{2}\left\{\ln\frac{2\pi m}{\beta}+\ln\frac{2\pi}{\beta\kappa}-2\ln(2\pi\hbar)\right\}$$
$$=-\frac{3N}{2}\left(-\frac{1}{\beta}-\frac{1}{\beta}\right)=3Nk_{\mathrm{B}}T.$$

これより，定積モル比熱 $C_V=\frac{1}{n}\frac{\partial U}{\partial T}$ が，(11.50) 式のように求まる．

第 12 章

12.1 (1) (10.16b) 式に E_ν を代入し，以下のように変形する．

$$Z=\sum_{\nu}e^{-\beta E_\nu}=\sum_{\{m_j\}}\exp\left(\beta\sum_{j=1}^{N}\mu_0m_jB\right)$$
$$=\left(\sum_{m_1}\sum_{m_2}\cdots\right)e^{\beta\mu_0m_1B+\beta\mu_0m_2B+\cdots}$$
$$=\sum_{m_1}e^{\beta\mu_0m_1B}\sum_{m_2}e^{\beta\mu_0m_2B}\cdots$$
$$=\prod_{j=1}^{N}\sum_{m_j=-\frac{1}{2}}^{\frac{1}{2}}e^{\beta\mu_0m_jB}=\left(e^{\frac{1}{2}\beta\mu_0B}+e^{-\frac{1}{2}\beta\mu_0B}\right)^N$$
$$=\left(2\cosh\frac{\beta\mu_0B}{2}\right)^N.$$

(2) Z が $\beta\mu_0B$ のみの関数であることを考慮し，内部エネルギー $U=-\frac{\partial}{\partial\beta}\ln Z$ が次のように計算できる．

$$U=-\frac{\partial}{\partial\beta}N\left\{\ln\left(\cosh\frac{\beta\mu_0B}{2}\right)+\ln 2\right\}=-N\frac{\mu_0B}{2}\tanh\frac{\mu_0B}{2k_{\mathrm{B}}T}.$$

(3) モル比熱 $C \equiv \frac{1}{n}\frac{\partial U}{\partial T}$ は，次のように求まる．

$$C = -\frac{1}{2}N_{\mathrm{A}}\mu_0 B\frac{\partial}{\partial T}\tanh\frac{\mu_0 B}{2k_{\mathrm{B}}T} = N_{\mathrm{A}}k_{\mathrm{B}}\frac{\left(\frac{\mu_0 B}{2k_{\mathrm{B}}T}\right)^2}{\cosh^2\frac{\mu_0 B}{2k_{\mathrm{B}}T}}.$$

第 13 章

13.1 (1) $E = \sum_q \varepsilon_q n_q, \quad N = \sum_q n_q.$

(2) 粒子の全スピンの大きさを s とすると，$s = 0, 1, \cdots$ を持つ粒子をボーズ粒子，$s = \frac{1}{2}, \frac{3}{2}, \cdots$ を持つ粒子をフェルミ粒子と呼ぶ．

(3) ボーズ粒子系の波動関数は，置換に対して符号を変えない（すなわち，置換に対して対称である）．フェルミ粒子系の波動関数は，偶置換に対しては不変であるが，奇置換に対して符号を変える（すなわち，置換に対して反対称である）．

(4) $n_q = \begin{cases} 0, 1, 2, 3, \cdots & \text{：ボーズ粒子系} \\ 0, 1 & \text{：フェルミ粒子系} \end{cases}$

13.2 ^{6}Li, ^{7}Li 共に，電子数と陽子数はそれぞれ 3 個で等しい．中性子数は，^{6}Li が $6 - 3 = 3$ 個，^{7}Li が $7 - 3 = 4$ 個．従って，^{6}Li はフェルミ粒子，^{7}Li はボーズ粒子．

13.3 図のようになる．

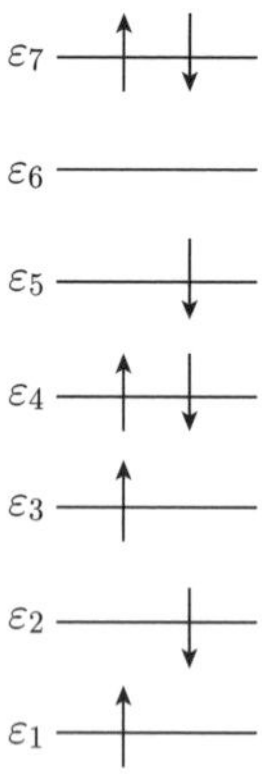

第 14 章

14.1 変数 $x_q \equiv -\sigma e^{-\beta(\varepsilon_q-\mu)}$ を導入すると，占有数が $\overline{n}_q = \frac{-\sigma x_q}{1+x_q}$ と表せる．これより，$x_q = -\frac{\sigma\overline{n}_q}{1+\sigma\overline{n}_q}$ および $1 + x_q = \frac{1}{1+\sigma\overline{n}_q}$ と表せる．x_q の定義式を考慮して最後の式を (14.3) 式に用いると，(14.11) 式が得られる．

第 15 章

15.1 (1) (15.3) 式を (14.3) 式に代入し，$\sigma = 1$ および $\mu = 0$ と置いて次のように変形する．

$$
\begin{aligned}
\Omega &= \frac{1}{\beta}\int_{-\infty}^{\infty} D(\epsilon)\ln\left(1-e^{-\beta\epsilon}\right)d\epsilon \\
&= \frac{8\pi V}{(hc)^3\beta}\int_0^{\infty}\epsilon^2\ln\left(1-e^{-\beta\epsilon}\right)d\epsilon \\
&\quad (\epsilon \text{ について部分積分}) \\
&= \frac{8\pi V}{(hc)^3\beta}\,\frac{\epsilon^3}{3}\ln\left(1-e^{-\beta\epsilon}\right)\Bigg|_{\epsilon=0}^{\infty} - \frac{8\pi V}{3(hc)^3\beta}\int_0^{\infty}\frac{\epsilon^3\beta e^{-\beta\epsilon}}{1-e^{-\beta\epsilon}}\,d\epsilon.
\end{aligned}
$$

関数 $\epsilon^3\ln\left(1-e^{-\beta\epsilon}\right)$ は，$\epsilon = 0$ 近傍で $\epsilon^3\ln(\beta\epsilon)$，また $\epsilon \to \infty$ で $-\epsilon^3 e^{-\beta\epsilon}$ のように振る舞う．ただし，それぞれ $1 - e^{-x} = x - \frac{x^2}{2} + \cdots$ （$|x| \ll 1$）および $\ln(1-y) = -y - \frac{y^2}{2} - \cdots$ （$|y| \ll 1$）を用いて評価した．従って，第一項は上下限で共にゼロとなる．残る第二項から，問題の等式が次のように示せる．

$$
\Omega = -\frac{8\pi V}{3(hc)^3}\int_0^{\infty}\frac{\epsilon^3}{e^{\beta\epsilon}-1}\,d\epsilon = -\frac{1}{3}\int_0^{\infty}\frac{D(\epsilon)\epsilon}{e^{\beta\epsilon}-1}\,d\epsilon = -\frac{1}{3}U.
$$

最後の等式では (14.6) 式を用いた．

(2) $\mu = 0$ の場合の熱力学関係式 $d\Omega = -S\,dT - P\,dV$ と (1) の結果より，S と P が (15.6) 式から次のように求まる．

$$
S = \frac{1}{3}\frac{\partial U}{\partial T} = \frac{32\pi^5 k_{\mathrm{B}}^4}{45(hc)^3}VT^3 = \frac{4U}{3T}, \quad P = \frac{1}{3}\frac{\partial U}{\partial V} = \frac{U}{3V}.
$$

15.2 (1) (15.4) 式と (15.19) 式を (14.6) 式に代入すると，

$$
U = \int_{-\infty}^{\infty}\frac{D(\epsilon)\epsilon}{e^{\beta\epsilon}-1}\,d\epsilon = 3N\frac{\varepsilon_0}{e^{\beta\varepsilon_0}-1} \tag{A.18}
$$

が得られる．

(2) $T \gg \frac{\varepsilon_0}{k_\mathrm{B}}$ の高温では $\beta\varepsilon_0 \ll 1$ が成立する．従って，$e^{\beta\varepsilon_0} - 1 \approx \beta\varepsilon_0$ という近似が良い精度で成立する．この近似を (A.18) 式で行うと，内部エネルギーが

$$U \approx 3Nk_\mathrm{B}T$$

と得られる．対応する定積モル比熱 $C_V = \frac{1}{n}\frac{\partial U}{\partial T}$ は，

$$C_V = 3N_\mathrm{A}k_\mathrm{B}$$

となり，(11.50) 式，すなわち，デュロン - プティ則を再現する．ここで n はモル数，N_A はアボガドロ数である．

(3) $T \ll \frac{\varepsilon_0}{k_\mathrm{B}}$ の低温では，(A.18) 式は，次のように近似できる．

$$U = 3N\frac{\varepsilon_0}{e^{\beta\varepsilon_0} - 1} \approx 3N\varepsilon_0 e^{-\beta\varepsilon_0}.$$

対応する定積モル比熱 $C_V = \frac{1}{n}\frac{\partial U}{\partial T}$ は，

$$C_V = 3N_\mathrm{A}k_\mathrm{B}\left(\frac{\varepsilon_0}{k_\mathrm{B}T}\right)^2 e^{-\frac{\varepsilon_0}{k_\mathrm{B}T}}$$

と得られ，指数関数的にゼロに近づくことが予言される．

第 16 章

16.1 分布関数 (16.10) を，高温で $e^{-\widetilde{\beta}(\widetilde{\epsilon}-\widetilde{\mu})} \ll 1$ についてテイラー展開し，次のように近似する．

$$\widetilde{n}(\widetilde{\epsilon}) = \frac{1}{e^{\widetilde{\beta}(\widetilde{\epsilon}-\widetilde{\mu})} - \sigma} = \frac{e^{-\widetilde{\beta}(\widetilde{\epsilon}-\widetilde{\mu})}}{1 - \sigma e^{-\widetilde{\beta}(\widetilde{\epsilon}-\widetilde{\mu})}} \approx e^{-\widetilde{\beta}(\widetilde{\epsilon}-\widetilde{\mu})} + \sigma e^{-2\widetilde{\beta}(\widetilde{\epsilon}-\widetilde{\mu})}.$$

すると，(16.11) 式が次のように変形できる．

$$\begin{aligned}
1 &\approx \frac{\pi}{4}\int_0^\infty \widetilde{\epsilon}^{\frac{1}{2}}\left\{e^{-\widetilde{\beta}(\widetilde{\epsilon}-\widetilde{\mu})} + \sigma e^{-2\widetilde{\beta}(\widetilde{\epsilon}-\widetilde{\mu})}\right\} d\widetilde{\epsilon} \\
&\quad (\widetilde{\epsilon} = \widetilde{T}x \text{ と変数変換}) \\
&= \frac{\pi}{4}\widetilde{T}^{\frac{3}{2}} e^{\widetilde{\beta}\widetilde{\mu}}\left(\int_0^\infty x^{\frac{1}{2}}e^{-x}dx + \sigma e^{\widetilde{\beta}\widetilde{\mu}}\int_0^\infty x^{\frac{1}{2}}e^{-2x}dx\right) \\
&\quad (\text{第二項で } x = \tfrac{y}{2}) \\
&= \frac{\pi}{4}\widetilde{T}^{\frac{3}{2}} e^{\widetilde{\beta}\widetilde{\mu}}\varGamma\left(\frac{3}{2}\right)\left(1 + \sigma\frac{e^{\widetilde{\beta}\widetilde{\mu}}}{2^{\frac{3}{2}}}\right) = \left(\frac{\pi\widetilde{T}}{4}\right)^{\frac{3}{2}} e^{\widetilde{\beta}\widetilde{\mu}}\left(1 + \sigma\frac{e^{\widetilde{\beta}\widetilde{\mu}}}{2^{\frac{3}{2}}}\right).
\end{aligned}$$

すなわち,

$$e^{\widetilde{\beta}\widetilde{\mu}} \approx \left(\frac{\pi\widetilde{T}}{4}\right)^{-\frac{3}{2}} \left(1+\sigma\frac{e^{\widetilde{\beta}\widetilde{\mu}}}{2^{\frac{3}{2}}}\right)^{-1}$$

が成立する．これより，最低次の量子補正を含んだ $\widetilde{\mu}$ が，次のように得られる．

$$\begin{aligned}
\widetilde{\mu} &\approx \widetilde{T}\left\{-\frac{3}{2}\ln\frac{\pi\widetilde{T}}{4} - \ln\left(1+\sigma\frac{e^{\widetilde{\beta}\widetilde{\mu}}}{2^{\frac{3}{2}}}\right)\right\} \\
&\qquad (\ln(1+x)\approx x \text{ と近似}) \\
&\approx -\frac{3}{2}\widetilde{T}\ln\frac{\pi\widetilde{T}}{4} - \sigma\widetilde{T}\frac{e^{\widetilde{\beta}\widetilde{\mu}}}{2^{\frac{3}{2}}} \\
&\qquad \left(\text{補正項で } e^{\widetilde{\beta}\widetilde{\mu}} \approx \left(\tfrac{\pi\widetilde{T}}{4}\right)^{-\frac{3}{2}} \text{ と近似}\right) \\
&\approx -\frac{3}{2}\widetilde{T}\ln\frac{\pi\widetilde{T}}{4} - \sigma\left(\frac{2}{\pi}\right)^{\frac{3}{2}}\frac{1}{\widetilde{T}^{\frac{1}{2}}}.
\end{aligned}$$

同様にして内部エネルギー (16.12) が，上記の $e^{\widetilde{\beta}\widetilde{\mu}}$ の表式も用いて，次のように評価できる．

$$\begin{aligned}
\widetilde{u} &\approx \frac{\pi}{4}\int_0^\infty \widetilde{\epsilon}^{\frac{3}{2}}\left\{e^{-\widetilde{\beta}(\widetilde{\epsilon}-\widetilde{\mu})} + \sigma e^{-2\widetilde{\beta}(\widetilde{\epsilon}-\widetilde{\mu})}\right\} d\widetilde{\epsilon} \\
&= \frac{\pi}{4}\widetilde{T}^{\frac{5}{2}}\Gamma\left(\frac{5}{2}\right) e^{\widetilde{\beta}\widetilde{\mu}}\left(1+\sigma\frac{e^{\widetilde{\beta}\widetilde{\mu}}}{2^{\frac{5}{2}}}\right) \\
&\approx \frac{\pi}{4}\widetilde{T}^{\frac{5}{2}}\Gamma\left(\frac{5}{2}\right)\left(\frac{\pi\widetilde{T}}{4}\right)^{-\frac{3}{2}}\left(1+\sigma\frac{e^{\widetilde{\beta}\widetilde{\mu}}}{2^{\frac{3}{2}}}\right)^{-1}\left(1+\sigma\frac{e^{\widetilde{\beta}\widetilde{\mu}}}{2^{\frac{5}{2}}}\right) \\
&\approx \frac{3}{2}\widetilde{T}\left(1-\sigma\frac{e^{\widetilde{\beta}\widetilde{\mu}}}{2^{\frac{5}{2}}}\right) \approx \frac{3}{2}\widetilde{T}\left\{1-\sigma\frac{1}{2^{\frac{5}{2}}}\left(\frac{\pi\widetilde{T}}{4}\right)^{-\frac{3}{2}}\right\} \\
&= \frac{3}{2}\widetilde{T}\left(1-\frac{\sqrt{2}\,\sigma}{\pi^{\frac{3}{2}}\widetilde{T}^{\frac{3}{2}}}\right).
\end{aligned}$$

さらに，この式を $\widetilde{T}$ で微分すると，無次元化された比熱が問題文のように得られる．

16.2 (1) (14.5) 式に状態密度と $\sigma=-1$ の分布関数 (14.7) を代入して絶対零度の極限を取り，積分を以下のように実行する．

$$N = \int_{-\infty}^{\infty} D(\epsilon)\bar{n}(\epsilon)\,d\epsilon = \int_{-\infty}^{\infty} A\epsilon^{\eta-1}\theta(\epsilon)\theta(\varepsilon_{\mathrm{F}}-\epsilon)\,d\epsilon$$

$$= A\int_0^{\varepsilon_{\mathrm{F}}} \epsilon^{\eta-1}\,d\epsilon = \frac{A}{\eta}\varepsilon_{\mathrm{F}}^{\eta}.$$

この式より，フェルミエネルギーが，

$$\varepsilon_{\mathrm{F}} = \left(\frac{N}{A}\eta\right)^{\frac{1}{\eta}}$$

と求まる．

(2) (14.5) 式に対して (16.21) 式の低温展開を行う．すなわち，(16.21) 式で上つきの波線を除いて通常の単位系に移り，$g(\epsilon) = D(\epsilon)$ と置いて次のように積分を行う．

$$\begin{aligned}
N &\approx \int_0^{\mu} A\epsilon^{\eta-1}\,d\epsilon + \frac{\pi^2}{6}(\eta-1)A\mu^{\eta-2}(k_{\mathrm{B}}T)^2 \\
&= \frac{A}{\eta}\mu^{\eta}\left\{1 + \frac{\pi^2}{6}\eta(\eta-1)\left(\frac{k_{\mathrm{B}}T}{\mu}\right)^2\right\} \\
&\approx \frac{A}{\eta}\mu^{\eta}\left\{1 + \frac{\pi^2}{6}\eta(\eta-1)\left(\frac{k_{\mathrm{B}}T}{\varepsilon_{\mathrm{F}}}\right)^2\right\}.
\end{aligned}$$

最後の近似式では，温度補正項において μ を ε_{F} で置き換えた．この式と (1) の結果を考慮すると，低温における化学ポテンシャルが，

$$\begin{aligned}
\mu &= \left(\frac{N}{A}\eta\right)^{\frac{1}{\eta}}\left\{1 + \frac{\pi^2}{6}\eta(\eta-1)\left(\frac{k_{\mathrm{B}}T}{\varepsilon_{\mathrm{F}}}\right)^2\right\}^{-\frac{1}{\eta}} \\
&\approx \varepsilon_{\mathrm{F}}\left\{1 - \frac{\pi^2}{6}(\eta-1)\left(\frac{k_{\mathrm{B}}T}{\varepsilon_{\mathrm{F}}}\right)^2\right\} \\
&= \varepsilon_{\mathrm{F}}\left\{1 - \frac{\pi^2}{6}\frac{D'(\varepsilon_{\mathrm{F}})\varepsilon_{\mathrm{F}}}{D(\varepsilon_{\mathrm{F}})}\left(\frac{k_{\mathrm{B}}T}{\varepsilon_{\mathrm{F}}}\right)^2\right\}
\end{aligned}$$

と得られる．このように，低温の化学ポテンシャルにおける温度補正項の符号は，フェルミエネルギーでの状態密度の傾き $D'(\varepsilon_{\mathrm{F}})$ の符号で決まる．

(3) (14.6) 式に対して (16.21) 式の低温展開を行う．すなわち，$g(\epsilon) = \epsilon D(\epsilon)$ と置いて，次のように積分を行う．

$$\begin{aligned}
U &= \int_0^{\mu} A\epsilon^{\eta}\,d\epsilon + \frac{\pi^2}{6}\eta A\mu^{\eta-1}(k_{\mathrm{B}}T)^2 \\
&= \frac{A}{\eta+1}\mu^{\eta+1} + \frac{\pi^2}{6}\eta A\mu^{\eta-1}(k_{\mathrm{B}}T)^2
\end{aligned}$$

$$= \frac{A}{\eta+1}\mu^{\eta+1}\left\{1+\frac{\pi^2}{6}\eta(\eta+1)\left(\frac{k_\mathrm{B}T}{\mu}\right)^2\right\}$$

((2) で求めた μ の表式を代入)

$$\approx \frac{A}{\eta+1}\varepsilon_\mathrm{F}^{\eta+1}\left\{1-\frac{\pi^2}{6}(\eta-1)\left(\frac{k_\mathrm{B}T}{\varepsilon_\mathrm{F}}\right)^2\right\}^{\eta+1}\left\{1+\frac{\pi^2}{6}\eta(\eta+1)\left(\frac{k_\mathrm{B}T}{\varepsilon_\mathrm{F}}\right)^2\right\}$$

($(1+x)^{\eta+1}\approx 1+(\eta+1)x$ と近似)

$$\approx \frac{A}{\eta+1}\varepsilon_\mathrm{F}^{\eta+1}\left\{1+\frac{\pi^2}{6}(\eta+1)\left(\frac{k_\mathrm{B}T}{\varepsilon_\mathrm{F}}\right)^2\right\}$$

$$= D(\varepsilon_\mathrm{F})\frac{\varepsilon_\mathrm{F}^2}{\eta+1}+\frac{\pi^2}{6}D(\varepsilon_\mathrm{F})(k_\mathrm{B}T)^2.$$

従って，定積モル比熱が，

$$C_V=\frac{1}{n}\frac{\partial U}{\partial T}=\frac{\pi^2}{3n}D(\varepsilon_\mathrm{F})k_\mathrm{B}^2T$$

と求まる．

16.3 T_0 を決める式は，(14.5) 式に (16.31) 式を代入して $\mu=\varepsilon_0$ および $T=T_0$ と置くことにより得られ，次のように変形できる．

$$N=\int_{\varepsilon_0}^{\infty}\frac{A(\epsilon-\varepsilon_0)^{\eta-1}}{e^{\beta_0(\epsilon-\varepsilon_0)}-1}\,d\epsilon$$
$$=A(k_\mathrm{B}T_0)^{\eta}\int_0^{\infty}\frac{x^{\eta-1}}{e^x-1}\,dx$$
$$=A(k_\mathrm{B}T_0)^{\eta}\zeta(\eta)\Gamma(\eta).$$

ここで (14.9) 式を用いた．この式より，転移温度の表式が (16.32) 式のように得られる．特に η を上から 1 に近づけると，$\lim_{\eta\to1}\zeta(\eta)\to\infty$ より，$T_0\to 0$ となることがわかる．つまり，$\eta<1$ の場合には BEC が起こらない．特に $\eta=1$ の二次元理想ボーズ気体では，$T=0$ が転移温度である．

参考文献

[1] 山本義隆，熱学思想の史的展開：熱とエントロピー，ちくま学芸文庫，2008–2009.

[2] 齋藤正彦，線型代数入門，東京大学出版会，1996.

[3] 久保亮五編，大学演習熱学・統計力学，裳華房，1998.

[4] 鈴木久男，大谷俊介，演習しよう量子力学，数理工学社，2016.

[5] Kaye & Laby Tables of Physical & Chemical Constants.
http://www.kayelaby.npl.co.uk, archived version.
$\frac{C_V}{R}$ の値は，比熱比 γ のデータから，$\gamma = 1 + \frac{R}{C_V}$ の関係を仮定して算出した.

[6] 引原俊哉，演習しよう物理数学，数理工学社，2016.

[7] J. E. Mayer, M. G. Mayer, *Statistical Mechanics*, Wiley, New York, 1977.

[8] J.J. Sakurai，現代の量子力学 第 2 版 上，下，吉岡書店，2014, 2015.

[9] 浅野啓三，永尾汎，群論，岩波全書，1965.

[10] 北孝文，統計力学から理解する超伝導理論 [第 2 版]，サイエンス社，2021;
（初版英訳：T. Kita, *Statistical Mechanics of Superconductivity*, Springer, Tokyo, 2015.）

[11] Teragon's Summary of Cryogen Properties
http://www.trgn.com/database/cryogen.html

[12] C. Kittel, *Introduction to Solid State Physics*, Wiley, New York, 2005.

索　　引

● な行 ●

● は行 ●

● ま行 ●

● や行 ●

● ら行 ●

● 欧字 ●

監修者略歴

鈴《すず》木《き》久《ひさ》男《お》

1988年　名古屋大学大学院理学研究科博士後期課程修了　理学博士

現　在　北海道大学大学院理学研究院教授

（2006 年,「風間・鈴木模型の提唱」により素粒子メダル受賞）

専門分野　素粒子理論

主要著書　「超弦理論を学ぶための 場の量子論」（サイエンス社，2010 年）

「演習しよう 物理数学」（監修，数理工学社，2016 年）

「演習しよう 量子力学」（共著，数理工学社，2016 年）

「演習しよう 電磁気学」（監修，数理工学社，2017 年）

「演習しよう 振動・波動」（監修，数理工学社，2017 年）

「演習しよう 熱・統計力学」（監修，数理工学社，2018 年）

「演習しよう 力学」（監修，数理工学社，2022 年）

「カラー版 レベル別に学べる 物理学 I, II 改訂版」

（共著，丸善出版，2015, 2016 年）

著者略歴

北《きた》　孝《たか》文《ふみ》

1985年　東京大学大学院工学系研究科物理工学専攻博士課程中退　工学博士

現　在　北海道大学大学院理学研究院教授

専門分野　物性理論・統計力学

主要著書　「演習しよう 熱・統計力学」（数理工学社，2018 年）

「統計力学から理解する 超伝導理論」（サイエンス社，2013 年）

（英訳：*Statistical Mechanics of Superconductivity*, Springer, Tokyo, 2015）

「統計力学から理解する 超伝導理論［第 2 版］」（サイエンス社，2021 年）

ライブラリ 物理を理解しよう＝5

ここがポイント！

理解しよう 熱・統計力学

2023年 1月 25日© 初 版 発 行

監修者 鈴木久男 発行者 矢沢和俊

著 者 北 孝文 印刷者 小宮山恒敏

【発行】 株式会社 数理工学社

〒151–0051 東京都渋谷区千駄ヶ谷1丁目3番25号

編集☎（03）5474–8661（代） サイエンスビル

【発売】 株式会社 サイエンス社

〒151–0051 東京都渋谷区千駄ヶ谷1丁目3番25号

営業☎（03）5474–8500（代） 振替 00170–7–2387

FAX☎（03）5474–8900

印刷・製本 小宮山印刷工業（株）

≪検印省略≫

ISBN978–4–86481–097–5

PRINTED IN JAPAN

サイエンス社・数理工学社の

ホームページのご案内

https://www.saiensu.co.jp

ご意見・ご要望は

suuri@saiensu.co.jp まで．